Beck'sche Reihe

BsR 1205

W0218447

BsR

Ein Alpen-Lexikon ohne Gipfel, Berggruppen, alpinistische Daten ist ein absolutes Novum. Während die früheren Alpen-Lexika von einer touristischen Perspektive, also einer Sicht von außen auf die Alpen geprägt waren, stehen hier die Alpen selbst und die in ihnen lebenden und wirtschaftenden Menschen im Zentrum. Die Stichworte reichen von der Abgrenzung und Definition der Alpen über Geologie, Gletscher, Vegetation, Naturgefahren, Geschichte der Landnutzung, Tourismus, Industrie, Verkehr, Sprachen, Kulturen, Mythos bis hin zur Berggebietspolitik und Alpenkonvention.

Werner Bätzing ist Professor für Kulturgeographie an der Universität Erlangen; er ist wissenschaftlicher Berater der Internationalen Alpenschutz-Kommission CIPRA, Beiratsmitglied im internationalen Verein „Pro Vita Alpina", Mitglied im Umweltausschuß des Deutschen Alpenvereins. Von ihm liegt bei C.H.Beck vor: Die Alpen, Entstehung und Gefährdung einer europäischen Kulturlandschaft (1991).

WERNER BÄTZING

Kleines Alpenlexikon

Umwelt – Wirtschaft – Kultur

VERLAG C. H. BECK

Mit 1 Tabelle und 16 Karten

Die Deutsche Bibliothek – CIP-Einheitsaufnahme

Bätzing, Werner:
Kleines Alpenlexikon : Umwelt, Wirtschaft, Kultur ;
[mit 1 Tabelle u. 16 Karten] / Werner Bätzing –
Orig.-Ausg. – München : Beck, 1997
Beck'sche Reihe ; 1205
ISBN 3 4066 42005 2
NE: HST; GT

Originalausgabe
ISBN 3 406 42005 2

Umschlagentwurf: Uwe Göbel, München
Umschlagabbildung: Das Berner Oberland mit Eiger, Mönch und Jungfrau. Unten der Dauersiedlungsraum mit der traditionellen Streusiedlung; darüber die Zone des Bannwaldes, darüber (bereits im Schnee) die Almen und das Ödland. Die Schneegrenze markiert etwa die Untergrenze der Hochgebirgsregion im engen Sinn
Foto: W. Bätzing
© C. H. Beck'sche Verlagsbuchhandlung (Oscar Beck), München 1997
Gesamtherstellung: C. H. Beck'sche Buchdruckerei, Nördlingen
Gedruckt auf säurefreiem, alterungsbeständigem Papier
(hergestellt aus chlorfrei gebleichtem Zellstoff)
Printed in Germany

Vorwort

Ein Alpen-Lexikon ohne Gipfel, Gebirgsgruppen, alpinistische Daten und Sehenswürdigkeiten wird viele überraschen und auf einige vielleicht sogar deplaziert wirken. Aber der Gegenstand dieses Lexikons sind nicht die Alpen als touristische Region, sondern die Alpen als europäischer Lebens- und Wirtschaftsraum mit ihren bekannten (Massentourismus, Berglandwirtschaft, Transitverkehr, Waldsterben) und weniger bekannten Problemen (Verstädterung, Pendelverkehr, Entsiedlung).

Mit der Alpenkonvention und anderen politischen Initiativen wird seit einigen Jahren intensiv versucht, die zahlreichen Einzelprobleme zu bündeln und eine gemeinsame Lösungsstrategie für „die Alpen“ im Sinne einer „nachhaltigen Entwicklung“ zu erarbeiten. Deshalb dürfte heute ein breiteres politisches Bedürfnis nach einem Lexikon bestehen, das die zahlreichen wichtigen, aber sehr verstreuten Fakten und Hintergrundinformationen sammelt und auswertet, die oft nur noch wenige Fachleute überblicken, an denen aber viele Menschen inner- und außerhalb der Alpen interessiert sein dürften.

Dieses Lexikon ist ganz bewußt alpenweit ausgerichtet, ohne bestimmte Gebiete zu bevorzugen. Aufgrund der Größe und Vielfalt des Alpenraumes ist es jedoch nicht möglich, einzelne Regionen oder Täler gesondert zu thematisieren (58 politische Einheiten, 70 Gebirgsgruppen, 80 Landschaften/Talschaften, 143 Städte, 600 Tourismusorte, 6000 Gemeinden), weil dies den Umfang dieses Lexikons verdoppelt hätte. In den einzelnen Artikeln wird aber stets die regionale Vielfalt herausgearbeitet, ohne deren Berücksichtigung alle Lösungsvorschläge scheitern müßten.

Die thematischen Schwerpunkte dieses Lexikons sind diejenigen, die auch bei der Diskussion der Nachhaltigkeit im Zentrum stehen, nämlich die Bereiche Umwelt, Wirtschaft, Kultur und Politik. Die Auswahl der Stichworte konzentriert sich in erster Linie auf die aktuellen ökologischen, wirtschaftlichen und kulturellen Probleme der Alpen und auf diejenigen Informationen, die zum Verständnis dieser meist komplexen Phänomene notwendig sind. Ergänzt werden diese Stichworte durch einige allgemeine und einige zur Geschichte, weil die heutige Situation ohne geschichtlichen Hintergrund nicht angemessen verstehbar ist. Das „Verzeichnis der zentralen Stichworte“ soll es ermöglichen, dieses Lexikon nach systematischen Gesichtspunkten gezielt zu lesen, und das am Schluß beigefügte Register erlaubt es, einen bestimmten Begriff, der nicht als Stichwort auftaucht, gezielt zu finden.

Weiterhin findet sich im Anhang eine kommentierte Auswahlbibliographie mit Hinweisen zur vertiefenden Lektüre zu allen im Lexikon angesprochenen wichtigeren Themenbereichen, sowie eine Adressenliste mit einer Auswahl von wichtigen Institutionen, Initiativen und Gruppen, die sich mit den Alpen beschäftigen.

Ein herzlicher Dank geht an Herrn Thomas von der Fecht (Dipl.-Ing. Landespflege, TU München-Weihenstephan), der mich bei der Erarbeitung v.a. naturwissenschaftlicher Artikel sehr hilfreich und kompetent unterstützte und an Frau Eva Göncü für die aufmerksame und sorgfältige Abschrift der Texte.

Dieses Lexikon soll mit dazu beitragen, einer breiteren Öffentlichkeit ein vertieftes Verständnis für die aktuellen Probleme in den Alpen zu vermitteln und die zahlreichen Initiativen für eine nachhaltige Alpen-Entwicklung, die seit einigen Jahren auf fast allen politischen Ebenen und in allen Alpenregionen zu finden sind, zu bündeln und zu stärken. Dies ist gedacht als *ein* Baustein für die notwendige Ökologisierung der europäischen Wirtschaft und Gesellschaft. Die Alpen-Erfahrungen unterstreichen dabei die Erkenntnis, daß eine nachhaltige Entwicklung Europas nur in der dezentralen Form eines „Europas der Regionen“ möglich sein dürfte, das mit der Alpenkonvention die erste konkrete Gestalt angenommen hat.

Erlangen, im Oktober 1996 *Werner Bätzing*

Verzeichnis der zentralen Stichworte zu den einzelnen Themenbereichen

Abkürzungen

A	Österreich (A ohne Punkt)
A.	Alpen (A mit Punkt)
AK	Alpenkonvention
bayer.	bayerisch
CH	Confoederatio Helvetica = Schweiz
D	Deutschland
dt.	deutsch
EU	Europäische Union, früher: Europäische Gemeinschaften
europ.	europäisch
F	Frankreich
FL	Fürstentum Liechtenstein
franz.	französisch
geolog.	geologisch
I	Italien
ital.	italienisch
Jh.	Jahrhundert
MC	Fürstentum Monaco
österr.	österreichisch
schweiz.	schweizerisch
SLO	Slowenien
slow.	slowenisch

70/80/90er Jahre = 1970er, 1980er, 1990er Jahre.

Aa
Bestandteil des Namens zahlreicher Flüsse im deutschen Sprachraum (von althochdeutsch aha = Wasser, Fluß), auch in den A. sehr häufig, z.B. in Ache, Aare, Salzach (= Salzaha).

Abgrenzung der A.
Abgrenzung gegen andere Gebirge: An drei Stellen gehen die A. in andere Gebirge über, so daß es Abgrenzungsprobleme gibt:

1. Apennin. Eher selten wird heute der Passo dei Giovi, 472 m (nördl. v. Genua) als Grenzpaß zwischen A. und Apennin genannt; meist übernimmt der Colle di Cadibona (auch Colle di Altare genannt), 426 m (zwischen Mondovì und Savona) diese Funktion, so daß die A. etwa durch die Autobahn Turin – Fossano – Savona begrenzt werden. Die AK rechnet auch das Langhe-Gebiet (zwischen Mondovì und Alba) zu den A., was jedoch nicht gerechtfertigt ist, da dieses Hügelgebiet naturräumlich und kulturgeschichtlich eindeutig zum Apennin zählt.

2. Jura. Dieser franz.-schweiz.-dt. Gebirgszug ist geologisch eng mit den franz. randlichen Kalkalpen im Bereich des Chartreuse-Massivs verzahnt. Als Grenze wird meist die Rhone bezeichnet, die hier zugleich Départementsgrenze (Savoie – Ain) ist.

3. Das Dinarische Gebirge ist die geolog. Fortsetzung der südl. Kalkalpen in Richtung Südost auf dem Balkan (als Teilstück des Gebirgszuges Alpen – Himalaya). Manchmal wird das große Krainer Karst-Plateau (Suha Krajina) und der Triestiner Karst zu den A. gezählt, meist werden diese jedoch ausgeschlossen und die Alpengrenze verläuft nahe den Städten Gorizia/Gorica/Görz – Ajdovšcina – Postojna.

Abgrenzung der A. am Alpenrand: Während die A. im Süden steil aus der Poebene aufsteigen (keine Abgrenzungsprobleme), ist die Alpengrenze am West-, Nord- und Nordostrand weniger eindeutig, und hier sind den A. teilweise Hügelgebiete (z.B. provenzalische Kalkhochflächen, Emmental, Hausruck nordöstl. von Salzburg) vorgelagert, bei denen der Bezug zu den A. umstritten ist.

Grundsätzlich gibt es zwei Abgrenzungsmethoden: eine naturräumliche, geolog.-geomorph. geprägte (Unterschiede im Ausgangsgestein und im Relief), die sich an naturräumlichen Grenzen (Hangfuß) orientiert, und eine anthropogen geprägte (Benachteiligung für Wirtschaft durch steiles Relief, ungünstigen Boden, hohe Niederschläge sowie schlechte Einkommenssituation), die sich an den Gemeindegrenzen orientiert. Die gesetzlich festgeschriebenen Grenzen des Berggebiets basieren auf dem zweiten Kriterium, und da die Gemeinden am Alpenrand immer ebene *und* gebirgige Flächen umfassen, fällt diese Abgrenzung etwas großzügiger als die naturräumliche aus. Ein besonderes Problem stellen die Städte direkt am Alpenrand dar: Sollen Wien, Salzburg, Graz, Brescia, Bergamo, Luzern oder Annecy zu den Alpen gezählt werden? Damit die A. nicht von den randalpinen Großstädten dominiert werden, wäre es sinnvoll, Alpenrandstädte mit mehr als 40./50.000 Einwohnern von den A. auszuschließen (so auch das neue italienische Berggebietsgesetz).

Acker-Alp-Betrieb
Volkskundlicher Begriff für die traditionelle Agrarstruktur der inneralpinen Trockenzonen und des mediterran beeinflußten Südsaums der A. bzw. der Alpenregionen mit romanischer Sprache und Kultur (Gegenbegriff: Wiesen-Alp-Betrieb). Der Ackerbau nimmt eine zentrale Stellung ein, die Viehwirtschaft hat nur ergänzende Funktion, Hütetätigkeiten werden oft an Kinder delegiert. In diesem System werden fast alle Kulturflächen im Dauersiedlungsraum als Ackerflächen genutzt (heute noch an den Akkerterrassen zu erkennen), auf denen meist Roggen (seit Beginn des 19. Jh. auch Kartoffeln) in verschiedensten Fruchtwechselsystemen angebaut wird. Nur wenige, sehr schattige und sehr feuchte Flächen werden als Wiesen genutzt, um Winterfutter für die Tiere zu gewinnen. Im Bereich der Maiensäße wird ebenfalls noch Getreide angebaut (hier oft mit Höhenbrache), der Anteil von Wiesen ist aber höher als im Tal. Die Viehwirtschaft spielt sich im Sommer auf den Almen ab, wobei die Winterfutterbasis durch Bergmähder ergänzt wird. Gelegentlich ist dieses System durch Rebbau erweitert, der zumeist in einer zusätzlichen Nutzungsstufe unterhalb der Dauersiedlungen betrieben wird.

Da in den A. die Almflächen meist groß sind, liegt der Engpaß dieses Systems bei den Ackerflächen im Dauersiedlungsraum: Wo sie klein sind (steiles Relief, felsiger Untergrund) oder nur alle zwei Jahre genutzt werden können (Höhen-, Trockenbrache), ist die Lebensgrundlage (Brotgetreide) der Einheimischen so schmal, daß sie die Almflächen nicht intensiv nutzen können. Dieses nicht ausgeschöpfte Nutzungspotential wird dann in der Regel durch Transhumanz genutzt. Da Ackerbau auf kleiner Fläche relativ hohe Erträge abwirft, haben die landwirtschaftlichen Betriebe meist eine geringe Fläche. Die Täler sind hier sehr dicht besiedelt.

Älpler
Doppeldeutiger Begriff, der entweder einen im Sommer auf der Alm lebenden Menschen (alte Bedeutung) oder allgemein einen Alpenbewohner (neue Bedeutung) bezeichnet.

AEM
Association européenne des élus de montagne (europ. Vereinigung der gewählten Berggebietsvertreter). 1991 gegründete Lobby zur Stärkung der Berggebietspolitik in den europ. politischen Strukturen (v.a. EU und Europa-Rat), zur Förderung der Solidarität der europ. Berggebiete untereinander und zur Erarbeitung einer spezifischen europ. Berggebietspolitik. Die ordentlichen Mitglieder kommen aus den EU-Mitgliedsstaaten, stammen aus allen Parteien und sind als Berggebietsvertreter ins Europa-Parlament, in ein nationales Parlament oder ein Regionalparlament gewählt worden.

Agglomeration
Wissenschaftliche Bezeichnung für eine städtisch geprägte Region, die aus einer größeren Stadt (= Kernstadt), aus verstädterten Gemeinden am Stadtrand (Nebenzentren; bei kleinen Agglomerationen nicht vorhanden) und aus Pendlergemeinden (Ergänzungsgebiet; Orte teilweise in größerer Entfernung zur Kernstadt) bestehen. Die sieben Staaten mit Alpenanteil benennen, definieren und grenzen Agglomerationen sehr verschieden ab, deshalb gibt es in Europa keine anerkannte, geschweige denn eine alpenspezifische Agglomerationsdefinition.
Namen: A = Stadtregion, CH = Agglomeration, D = Verdichtungsraum; F = Unité urbain bzw. Zone de peuplement industriel ou urbain (ZPIU); I = area metropolitana. Deutschland und Italien haben bei der Definition sehr hohe Schwellenwerte (100.000 E. für Kernstadt) gewählt, so daß in den bayer. Alpen keine, in den ital. A. nur Randbereiche außeralpiner Agglomerationen ausgewiesen werden. Frankreich hat einen sehr niedrigen Schwellenwert (nur

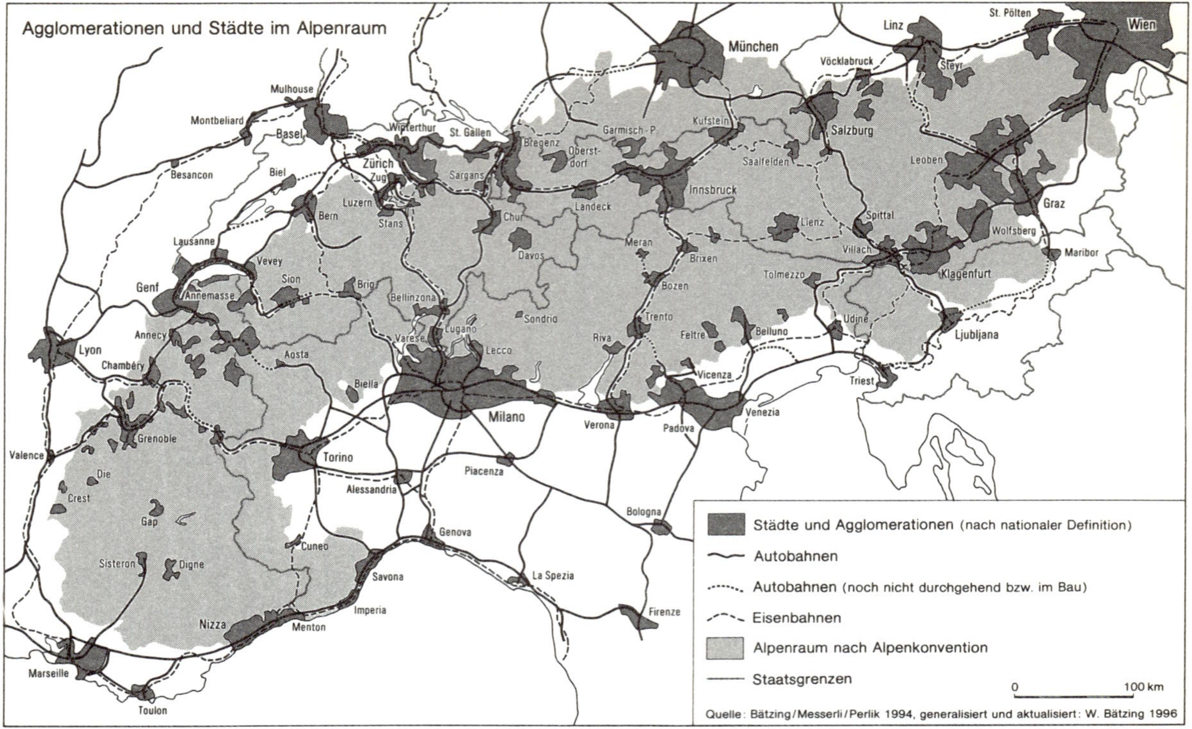

Agglomerationen und Städte im Alpenraum

2000 E. für Kernstadt) angesetzt, und Österreich und die Schweiz gehen von einer Kernstadt mit mind. 10.000 E. (= für A. gut geeignete Definition) aus. Wenn man diese nationalen Abgrenzungen und Definitionen zugrundelegt und die wichtigsten Differenzen auf einfache Weise (u.a unter Einbezug aller Einzelstädte mit mehr als 10.000 E. korrigiert), dann ergibt sich folgendes Bild: Im Jahr 1990 gibt es in den A. 128 Agglomerationen mit insgesamt 882 Gemeinden, in denen 4,8 Mio. Menschen (= 43,7 % der Alpenbevölkerung) auf nur 12 % der Alpenfläche leben. An der Spitze steht die Agglomeration Grenoble mit 412.934 Einwohnern, gefolgt von Innsbruck-Hall, 247.714 E., Klagenfurt, 144.600 E. und Lugano, 104.547 E. An 3. und 4. Stelle müßten eigentlich Trento und Bozen folgen, die beide knapp über 100.000 E. in der Kernstadt und wahrscheinlich 200.000 E. als Agglomeration besitzen, aber diese sind in Italien nicht als Agglomeration ausgewiesen.

Neben diesen sechs inneralpinen Agglomerationen gibt es zwei weitere Agglomerationen in den A. mit mehr als 100.000 Einwohnern, deren Kernstädte jedoch außerhalb der A. liegen: Die sehr große Agglomeration Mailand-Bergamo-Como mit insgesamt knapp 6 Mio. Einwohnern zählt 61 Gemeinden, die als Berggebiet klassifiziert sind (Bergamasker A.) und in denen 309.705 Menschen leben. Und in den 21 Berggemeinden der Agglomeration Turin (2 Mio. E.) leben 117.655 Menschen.

Damit wird deutlich, daß die A. heute bereits eine wichtige Rolle als Wohnraum für außeralpine Agglomerationen spielen: Unter den 128 Agglomerationen in den A. sind 28, deren Kernstadt außerhalb der A. liegt, und im Alpenteil dieser außeralpinen Agglomerationen leben 1990 fast 1 Mio. Menschen, also 9 % der Alpenbevölkerung; hier stellt sich die Frage der Fremdbestimmung der A. in besonders zugespitzter Weise. In den 8 Agglomerationen mit mehr als 100.000 Einwohnern leben 1,7 Mio. Menschen, das sind 16 % der gesamten Alpenbevölkerung. Diese Gebiete verzeichnen in den letzten 30 Jahren ein besonders starkes Bevölkerungswachstum.

Aktiv- oder Trendsportarten

Bezeichnung für neue sportliche Freizeitaktivitäten, die sich seit etwa 1985 in den A. ausbreiten und seit 1990 dominant werden. Teilweise handelt es sich um Weiterentwicklungen und Spezialisierungen früherer Freizeitformen, teils um völlig neue Aktivitäten, die alle ein bestimmtes Gerät, technische Hilfsmittel oder eine entsprechende Ausrüstung erfordern.

Wandern entwickelt sich zu Trekking, Weitwandern, Walking, Klettersteigwandern.

Klettern entwickelt sich zu Sportklettern, Eisfallklettern, Wettkampfklettern, free climbing.

Fahrradfahren entwickelt sich zu Mountain-Biking in verschiedenen Ausprägungen.

Skifahren wird durch Snow-Boarding abgelöst.

Neue Aktivitäten am Boden sind Tennis und Golf, an Brücken Bungee-Jumping, auf Straßen und Plätzen Inline-Skating, in der Luft Paragliding und Sky-Surfing, auf und in Fließgewässern River-Rafting, Cañoning, Hydro-Speeding und auf Seen Surfen. Während der Wintersport v.a durch Snow-Boarding modernisiert, aber nicht fundamental verändert wird (der seit 1965 zur Mode gewordene Abfahrtsskilauf ist eine der ersten Aktivsportarten), wird der alpine Sommertourismus revolutioniert: Traditionelles Spazierengehen und Bergwandern stellen geradezu archaische Freizeitaktivitäten dar und werden seit etwa 1975 immer weniger von Jüngeren und Jugendlichen ausgeübt, was mit zur Krise im Sommertourismus führte.

Mit den neuen Aktivsportarten werden nun bestimmte Teilräume (Wildwasserstrecken, Schluchten, Luftraum) aufgesucht, die früher so gut wie gar nicht vom Menschen betreten wurden. Dies wirkt sich besonders nachteilig auf die Tierwelt aus, deren letzte Rückzugsräume gestört werden.

Während der traditionelle Alpenwanderer die A. meist gesamthaft wahrnahm und neben den Bergen oft auch ein Verhältnis zu ihren Bewohnern entwickelte, besteht die Gefahr bei den Aktivsportlern, daß sie die A. nur aus einem sehr engen, hochspezialisierten Blickwinkel wahrnehmen und aufgrund von Zeitknappheit und der teilweise wettkampfmäßig bzw. als Mega-Event organisierten Aktivitäten weder eine Beziehung zur alpinen Landschaft noch zu den Bewohnern aufbauen können.

Albedo

Reflexionsfähigkeit bzw. -grad der Sonneneinstrahlung durch die Erdoberfläche. Der Wert für die gesamte Erde beträgt 0,43, für Rasenflächen und Laubwald 0,2, für eine frische Schneedecke jedoch 0,85 (d.h. 85 % der Sonneneinstrahlung werden wieder reflektiert). Leichte Klimaverschlechterungen, die zu Gletschervorstößen führen, erhöhen die Albedo, wodurch Selbstverstärkungsprozesse entstehen. Diese werden dann besonders stark, wenn die vorstoßenden Gletscher weite, zuvor unvergletscherte Verebnungshochflächen erreichen, weil sich dann die Albedo der Region stark erhöht.

Allmende
Aus dem mitelhochdeutschen Wort „allgemeinde“ = das, was allen gemeinsam gehört, also die Flächen, die nicht in Privatbesitz, sondern im Besitz der Dorfgemeinschaft sind. In den A. besteht die Allmende meist aus Almen, Bergmähdern, Waldflächen und großen Ödlandanteilen; dabei kommt den Almen die größte wirtschaftliche Bedeutung zu.

Alm/Alp
Aus vorrömischen Alpensprachen stammendes Wort (lateinisch alpes, bajuwarische Form Alm, alemannische Form Alp), das die Hochweidestufe oberhalb des Waldes bezeichnet. Obwohl dieses Wort für das gesamte Gebirge namensgebend wurde, ist es nicht in allen Alpenregionen verbreitet: Seealpen: gias/jas, franz. A.: montagne (neben alpage), ital. A.: malga und casere (neben alpeggio), Alpennordrand: Berg (neben Alm/Alp), slow. A.: planina.

Def.: Flächen im Gebirge, die während des Sommers vom Vieh beweidet werden und die aufgrund der Entfernung vom Heimgut (Hof) einen täglichen Heimtrieb des Viehs unmöglich machen, weshalb eine getrennte Bewirtschaftung erforderlich ist. Trotzdem stehen die Almen mit dem Heimgut in einem engen wirtschaftlichen Kontakt.

Wegen der kurzen Vegetationszeit können die Almen nur viehwirtschaftlich genutzt werden und der Nutzungszeitraum beträgt im Durchschnitt um die 100 Tage. Grundsätzlich gibt es für die viehwirtschaftliche Almnutzung drei verschiedene Betriebsformen: Almwirtschaft, Transhumanz und Bergnomadismus (letzteres in den A. nicht vorhanden). Werden größere Flächen oberhalb der Waldgrenze nicht beweidet, sondern gemäht, heißen sie Bergmähder oder Heuberge.

Almen sind durch Rodung von Zwergsträuchern und subalpinem Wald nach unten hin sehr vergrößert. Selbst inselförmige

Weideflächen im Wald werden als Alm bezeichnet, wenn sie almwirtschaftlich genutzt sind.

Am Alpenrand und in den östlichen Ostalpen sind die einzelnen Almen relativ klein, im eigentlichen Hochgebirge, v.a. im Bereich des Alpenhauptkammes, meist sehr groß. Sie können hier Flächen von über 25 km^2 und Höhenunterschiede bis zu 1 000 m erreichen. Die größten Almen finden sich dort, wo die Talschlüsse der Seitentäler so hoch liegen, daß sie nicht mehr ackerbaulich nutzbar sind, und die Almen von dort über mehrere Verebnungsflächen bis an die hochliegende Schneegrenze reichen. Während die Almfläche in den randalpinen Gebirgsgruppen und im östlichen Teil der Ostalpen etwa 20 % der Gesamtfläche beträgt, steigt sie zum Alpeninnern hin an und kann dort bis zu 60–80 % der Fläche erreichen. Insgesamt umfassen die Almen etwa die Hälfte der gesamten Alpenfläche.

Almbrauchtum

Mit der Almwirtschaft waren und sind wichtige kulturelle und soziale Ereignisse verbunden. Sie sind im Bereich der Wiesen-Alp-Betriebe wegen des größeren Stellenwertes der Viehwirtschaft häufiger und wichtiger als bei den Acker-Alp-Betrieben.

1. *Almauf- und -abtrieb* (Alpfahrt) wurden oft als festliche Ereignisse inszeniert, allerdings nur im Wiesen-Alp-Bereich, nicht im Acker-Alp-Bereich, und meist bei Genossenschaftsalpung. Beim Almabtrieb werden die Tiere aber nur dann festlich geschmückt, wenn es während des Almsommers keinen schweren Unfall bei Mensch und Tier gegeben hat. Dies wird heute aus touristischen Gründen nicht mehr immer beachtet. Pervertiert wird dieses Brauchtum, wenn zur Steigerung der touristischen Attraktivität im Herbst mehrere Almabtriebe (mit den gleichen Tieren) organisiert werden.

2. *Kuhkämpfe* finden sich v.a. in den Alpenregionen, in denen die kleinen schwarzen Eringer-Rinder gesömmert werden (Wallis, Aostatal, Savoyen). In dieser sehr alten Rinderrasse haben sich Verhaltensweisen aus Wildtierzeiten erhalten, so daß die Tiere bei Ankunft auf der Alm miteinander um die soziale Rangfolge in der Herde kämpfen. Heute haben sich die Kuhkämpfe zu großen Festen entwickelt. Im Wallis gibt es die Tendenz, Eringer-Rinder nicht mehr zu Produktionszwecken zu halten, sondern um an den Kuhkämpfen teilzunehmen und dabei möglichst gut abzuschneiden.

3. Milchmeßtage gab es nur bei Genossenschaftsalpung, weil der Anteil der einzelnen Almgenossen am gemeinsamen Alpnutzen (dem Ertrag der Almzeit, also Käse, Butter, Ziger) festgestellt werden mußte. Da früher der Milchertrag der einzelnen Kühe nicht täglich erfaßt wurde, wurde ein Milchmeßtag in der Mitte der Almzeit veranstaltet, an dem die Milchleistung jeder einzelnen Kuh als Grundlage der späteren Verteilung des Alpnutzens gemessen wurde. Obwohl dies seit langem nicht mehr erforderlich ist, hat sich der sonntägliche Milchmeßtag (dafür viele Dialektausdrücke) als geselliger und kultureller Höhepunkt der Almzeit bis heute erhalten.

4. Alpspenden wurden in früheren Jahrhunderten dargebracht, um Unfälle oder Krankheiten auf der Alm zu bannen: Nach einem feierlichen Gelübde wird im Rahmen einer Stiftung der Alpnutzen von ein oder zwei bestimmten Tagen getrennt verarbeitet und jedes Jahr an Bedürftige ausgeteilt. Die älteste Alpspende der A. hat sich in Ferden (Lötschental/Wallis) erhalten, und sie wird noch heute am Ostermontag feierlich ausgeteilt. Weil wegen des Gelübdes kein Handgriff bei der Alpspende verändert werden darf, wird die Milch dabei noch immer auf mittelalterliche Weise zu Käse bzw. Ziger verarbeitet.

5. Alpsegnungen oder Alpsegen heißt die Einsegnung einer Alm durch einen Priester zur Abwehr von Unglück und Krankheiten am Beginn der Almzeit. Traditionellerweise hat der Priester damit Anrecht auf den Alpnutzen eines Tages. In der heutigen christlichen Ausprägung sind noch viele Elemente aus vorchristlicher Zeit enthalten.

6. Alpruf oder Betruf heißt der abendliche Ruf der Innerschweizer Sennen durch den Milchtrichter (als Verstärker), der die Alp vor Unheil schützen soll und dessen Wirkung nur so weit wie der Ton des Betrufs reicht. Auch wenn in der überlieferten Form Gott, Christus und christliche Heilige zum Schutz angerufen werden, geht er auf vorchristliche Zeiten zurück. Er ist heute noch zu hören, wird aber ganz bewußt nicht touristisch vermarktet.

Almrausch
Populärer Name für die Alpenrose.

Almrechte/Alprechte

1. Almrechte im eigentlichen Sinne: Das Recht auf (anteilige) Almnutzung durch einen Berechtigten, oft ausgedrückt als Kuhgras (Weiderecht), also das Recht, eine Milchkuh oder eine entsprechende Zahl anderer Tiere (z.B. fünf Schafe oder Ziegen) auf der Alm zu sömmern. Die Dokumentation erfolgte häufig über besondere Hölzer mit speziellen Kerbzeichen, den Tesseln. Je nach Eigentumsstruktur wurden die Almrechte vererbt (Gemeinschaftsalmen), oder sie konnten verkauft und wie Aktien gehandelt werden (Genossenschaftsalmen).

2. Almrechte im weiteren Sinne: Nur bei Genossenschaftsalmen haben sich detaillierte Rechtsstrukturen bei der Nutzung und Verwaltung einer Alm herausgebildet, die durch Alpmeister oder Alpvögte überwacht wurden, um egoistisches Handeln einzelner Genossen oder des Almpersonals zu verhindern.

3. Begriff im übertragenen Sinne: Mit der Almnutzung haben sich mittelalterliche Rechtsverhältnise, sog. Rechtsaltertümer, bis ins 20. Jh. erhalten. Nur wenige sind alpenspezifisch wie das Schneefluchtrecht, also das Recht, bei Schneefall auf der Alm mit den Tieren auf tieferliegende Privatflächen ausweichen zu dürfen, oder das mittelalterliche Kriegsfluchtrecht, das allen Bewohnern des Dorfes erlaubte, bei Annäherung eines feindlichen Heeres mit den Tieren auf die Alm fliehen zu dürfen. Viele andere Rechte haben mit den Almen direkt nichts zu tun, haben sich aber einzig hier erhalten wie die Viehpfändung (Vieh, das Schaden angerichtet hatte, konnte solange gepfändet werden, bis der Schaden behoben bzw. entgolten war), zahlreiche Weidedienstbarkeiten (Servitute) auch in Waldflächen, Wegdienstbarkeiten und Viehdurchtriebsrechte mit/ohne Weidegenuß, Beherbergungsrechte auf der Alm, Holz-, Streu-, Düngerbezugsrechte, Pferchrecht u.ä. Viele dieser Rechte bestehen bis heute; die meisten werden aber nicht mehr genutzt oder sind abgelöst.

Alm-/Alpwirtschaft

Die Almen und die Almwirtschaft gelten zu Recht als Charakteristikum der A.: Während sich die Verhältnisse im Tal schon immer von denen der Alpenvorländer relativ wenig unterschieden, stellen die Almen in kulturgeographischer Sicht die Besonderheit der A. dar. Hier entwickelten sich in Auseinandersetzung mit der Umwelt in der alpinen Höhenstufe besondere Nutzungsformen, und archaische Strukturen, die im übrigen Europa schon vor langer Zeit verschwanden, blieben bis ins 20. Jh. erhalten. Auch in den anderen europ. Gebirgen gibt bzw. gab es Almwirtschaft (Pyrenäen, Vogesen, Schwarzwald, Skandinavische Gebirge, Dinariden), allerdings ist bzw. war sie dort unbedeutender und weniger ausdifferenziert als in den A.

Die Vielfalt der traditionellen almwirtschaftlichen Verhältnisse ist so groß, daß es fast nicht möglich ist, sie alpenweit in kurzer Form darzustellen.

Alm-/Alpstafel: Weil sich die meisten Almen über große Höhendifferenzen und teilweise über mehrere Verebnungsflächen erstrecken, sind sie in mehrere Nutzungsstockwerke, sog. Almstafel, unterteilt, die nacheinander beweidet werden. Meist gibt es drei Stafel (teilweise als Nieder-, Mittel-, Hochalm benannt), manchmal bis zu zehn, und im Wallis sogar bis zu 32 Stafel. Mit der Stafel-Nutzung folgt das Vieh in der ersten Sommerhälfte der Vegetationsentwicklung in die Höhe. Ab Anfang-Mitte August geht es wieder abwärts, wobei das inzwischen nachgewachsene Gras abgeweidet wird. Die sehr ausgeklügelten traditionellen Stafelsysteme sind durch Rationalisierung in der Almwirtschaft meist verschwunden oder stark vereinfacht worden.

Kuh-/Galt-/Schafalmen: Die Almen werden nach den gesömmerten Tieren bezeichnet: Kuhalmen mit vorwiegend Milchkühen und Käseproduktion (Sennerei), Galtalmen mit Rindern und Jungtieren, die noch keine Milch geben (mittelhochdeutsch „galt" = trocken), Pferdealmen (seltener, v.a. im Bereich von wichtigen Saumwegen), Schafalmen sowie (selten) Stier-, Ochsen- und Ziegenalmen. In der Regel liegen die Kuhalmen am niedrigsten, die Galtalmen in der Mitte und die Schafalmen am höchsten. Heute sind diese Unterscheidungen weniger wichtig: Milchkühe kommen seltener auf die Alm. Am häufigsten sind Galtalmen, bei denen das Vieh oft vom Tal aus mit dem Geländefahrzeug betreut wird. Die Schafalpung hat seit 15 Jahren zwar wieder zugenommen, aber nicht im Sinne der traditionellen Almwirtschaft mit permanenter Betreuung durch Hirten und Hirtenhunde (systematischer Weidewechsel), sondern meist als unbeaufsichtigte Hochweide.

Die Eigentumsverhältnisse der Almen sind sehr vielfältig (Staat, Gemeinde, Genossenschaften oder Privatpersonen als Eigentümer) und oft sehr kompliziert, weil sich hier mittelalterliche Eigentums- bzw. Besitzverhältnisse erhalten haben, die nicht in das System des Römischen Rechtes (ein Ding = ein Eigentümer mit alleiniger Nutzungsberechtigung) passen, und weil Eigentums- und Nutzungsrechte oft auseinanderfallen. Im Mittelalter waren die Almen im Besitz der Grundherren oder Klöster, im Laufe der Zeit aber ging das Nutzungs-, später teilweise auch das Eigentumsrecht auf die Bauern über. Daraus entstanden vier Eigentumsgruppen:

1. Gemeinschaftsalmen: Die Alm ist als Allmende gemeinschaftliches Eigentum *aller* Bauern eines Ortes oder einer Gemeinde, einer Gruppe von Gemeinden oder von einzelnen Orten oder von Gemeindeteilen (im Altsiedelraum sehr häufig).

2. Genossenschaftsalmen: Die aus verschiedenen Orten eines Tales oder einer Region stammenden Almberechtigten schließen sich zur Wahrung ihrer gemeinschaftlichen Alminteressen zu einer privatrechtlichen Genossenschaft oder Alpkorporation zusammen (in den Schweizer A. und im Altsiedelraum häufig).

3. Privatalmen: Almen im Eigentum einer einzigen Bauernfamilie. Entweder im Rahmen des hochmittelalterlichen Siedlungsausbaus (vom neugegründeten Hof aus selbst gerodete Almfläche im Bereich des Waldes) oder durch historische Sonderfälle (Verkauf des 1789 in F. verstaatlichten Klosterbesitzes an Privatpersonen) entstanden (im Jungsiedelraum häufig).

4. Berechtigungsalmen: Almen im Besitz ehemaliger Herrschaften (Klöster, Grundherren, Stiftungen), die im 19./20. Jh. an den Staat als Rechtsnachfolger fallen, die aber mit dem Servitut des Weide-, Schwand- und Holzrechtes durch die ehemaligen Untertanen belastet sind (in bayer. und österr. A. häufig). Diese Eigentumsverhältnisse spielen heute bei touristischen, wasserwirtschaftlichen u.ä. Projekten auf Almen eine große Rolle, weil in den meisten Fällen keine Einzelperson, sondern größere Personengruppen gemeinsam entscheiden müssen.

Die *Nutzungsstrukturen* sind mit den Eigentumsverhältnissen nicht identisch. Sie zerfallen in drei Gruppen:

1. Einzelalpung auf Gemeinschafts- und Genossenschaftsalmen: Jede Bauernfamilie sömmert ihr eigenes Vieh für sich, macht ihren Käse alleine und verfügt über ein eigenes (privates) Gebäude auf gemeinschaftlichem Grund, so daß dadurch richtige Almdörfer entstehen. Die Almarbeit (Melken, Käseherstellung) ist Frauenarbeit, die Männer kümmern sich währenddessen um die Mahd und

die Äcker im Tal. Typische Nutzungsform im Altsiedelraum, die sich in vielen Fällen bis weit ins 20. Jh. hinein erhalten hat.

2. Genossenschaftsalpung: Die Almberechtigten stellen Personal gegen Bezahlung an, das die Tiere aller Berechtigten betreut und die Käseherstellung übernimmt. Diese Almarbeiten sind hierarchisch gegliedert mit dem Senn an der Spitze (verantwortlich für die Käseproduktion), assistiert vom Zusenn, gefolgt vom Hirten bis hin zum Hüterbuben und werden nur von Männern ausgeführt. Diese junge Form der Almnutzung entstand im 13./14. Jh. in der Schweiz, breitete sich aber bald in die angrenzenden Alpenregionen aus.

3. Einzelalpung auf Privatalmen durch die Familie des Eigentümers oder Pächters. Nur hier fallen Eigentums- und Nutzungsstruktur zusammen. Die Almarbeit ist Frauensache. Im Jungsiedelraum sehr häufig; oft romantisiert („die Sennerin auf der Alm“).

Almgebäude: Lange Zeit gab es nur auf den Kuhalmen sehr einfache und kleine Gebäude zur Käseherstellung. Ställe fehlten ganz, ebenfalls Unterkünfte für Hirten auf Galt- und Schafalmen. Anstelle eines Stalles gab es Steinpferche, in die die Tiere nachts zusammengetrieben wurden (häufig heute noch sichtbar). Erst in nachmittelalterlicher Zeit wurden Gebäude errichtet; oberhalb der Waldgrenze meist aus Stein, im Waldbereich meist aus Holz. In der Regel repräsentierten die Almgebäude des 19./20. Jh. vor der Modernisierung diejenige Architektur, die einige Jahrhunderte zuvor in den zugehörigen Dauersiedlungen üblich war. Heute dagegen verfügen die meisten der noch genutzten Almen über eine moderne Infrastruktur.

Nutzungsregelungen: Um eine kurzfristige Übernutzung der Almen zu verhindern, gab es sehr ausgeklügelte Regelungen, die oft schriftlich niedergelegt waren (Alpbrief, -satzung, Stuhlung) und durch den Alpvogt streng kontrolliert wurden.

Basisbestimmung war, daß die Berechtigten nur jenes Vieh auf die Alm treiben durften, das sie selbst im Tal ohne Zukauf von Futter überwintert hatten. Außerdem wurden Nutzungsobergrenzen (maximale Viehzahlen, ausgedrückt in Kuhrechte) festgelegt sowie genaue Nutzungszeiträume (weder zu früh, noch zu spät, noch zu lange usw.), damit sich die Vegetation gut regenerieren konnte. Hinzu kamen zahlreiche Pflegearbeiten wie Räumen, Putzen, Schwenden, die als Gemeinwerk von allen Berechtigten oder vom angestellten Almpersonal ausgeführt wurden. Auf sehr großen Almen, wo Unternutzung drohte und zur Entlastung der Heimweiden im Tal, gab es den Almzwang (Verpflichtung aller Berechtigten, ihre Tiere auf die Alm zu schicken), oder es wurde Lehnvieh/Pensionsvieh (Vieh fremder Eigentümer gegen Bezahlung) aufgenommen, um die „richtige" Viehzahl zu erreichen.

Diese Regelungen sind heute teilweise vergessen, und auch die arbeitsintensiven Pflegearbeiten werden kaum noch ausgeführt, bzw. seit kurzem werden sie durch gezielte Programme gefördert.

Geschichte der Almnutzung: Die Entwicklung läßt sich in fünf Phasen zusammenfassen:

1. Kleinviehhaltung (Schafe, Ziegen) mit geringer Käseproduktion (Sauerkäse), alpenweit bis etwa 1000/1100 n.Chr. dominierend.

2. Großviehhaltung (Rinder) mit Orientierung auf Schlachtvieh oder Käseproduktion = Intensivierung der Almwirtschaft im Rahmen des hochmittelalterlichen Siedlungsausbaus, ab etwa 11./12. Jh., teilweise aber auch erst im 17./18. Jh. Erste Blütephase der Almwirtschaft.

3. Labkäserei: Großviehhaltung mit Genossenschaftsalpung, Käseproduktion (wichtiges Exportprodukt, große Mengen und hohe Qualität) als handwerkliche Spezialistentätigkeit der Männer (Sennen). Innovation im 14./15. Jh. am westlichen Nordrand der schweiz. A. (Gruyère, westl. Berner Oberland), die ab dem 15./16. Jh. den gesamten Nordrand der schweiz. A., Savoyen, Tirol und das Allgäu, später weitere Alpengebiete erreicht, sich aber keineswegs flächenhaft in den A. ausbreitet. Ende der Blütezeit um 1820 mit der Entstehung von Talkäsereien.

4. Almverbesserungen: Ab der 2. Hälfte des 18. Jh., getragen zuerst von Privatpersonen, ab etwa 1850 durch Vereine und den Staat. Ziele sind die Verbesserung der Wohnverhältnisse für das Personal, die Errichtung von Ställen für das Vieh, eine hygienische Trink- und Wasserversorgung, sichere Weganlagen für Mensch und Vieh, gleichmäßigere Verteilung des Viehdungs auf die Weideflächen, Verbesserung der Nutzungssysteme und Einführung ertragreicherer Viehrassen durch Einkreuzung. Promotoren dieser Entwicklung sind städtische Kreise, die sich allgemein für die Verbesserung der Landwirtschaft einsetzen; die Schweiz ist alpenweit führend, und die Südwest- und Südalpen werden davon oft erst im 20. Jh. erfaßt.

5. Rationalisierung der Almwirtschaft: Ab etwa 1965 gerät die traditionelle, arbeitsintensive Almwirtschaft in Schwierigkeiten (kein Personal, Arbeitszeit zu teuer, Produktpreise zu niedrig), zahlreiche Almen werden aufgelassen (in Tirol 10 %, in den Südalpen 50–60 %). Die Nutzung der noch bewirtschafteten Almen wird vereinfacht und rationalisiert (Umwandlung von Kuh- in Galtalmen, Reduzierung der Stafel, Betreuung der Tiere mittels Pkw-Besuch, Einstellung der Almpflegearbeiten). Noch ist jedoch die almwirtschaftliche Vielfalt nicht ganz verschwunden. Eine einzelne agrarpolitische Maßnahme in Österreich (die auf der Alm erzeugte Milch unterliegt nicht dem Milchkontingent des Hofes) hat dazu geführt, daß der drastische Rückgang der Kuhalmen seit 10 Jahren gestoppt wird.

Alpen

Doppeldeutiger Begriff:

1. Viehweiden der alpinen Höhenstufe (alemannische Sprachform);

2. Bezeichnung für das gesamte Gebirge.

Diese Doppeldeutigkeit rührt daher, daß das indo- oder sogar vorindoeurop. Wort -alp- wahrscheinlich zuerst nur die Hochweiden bezeichnete und später auf das gesamte Gebirge ausgeweitet wurde.

Alpen, Definition

Die A. gelten zwar als das größte und höchste Gebirge Europas, eine allgemein anerkannte, verbindliche Vorstellung davon, wie sie abzugrenzen und zu definieren seien, existiert aber weder in den Naturwissenschaften noch in Wirtschaft und Politik. Vielmehr hängen die verschiedenen Definitionen entscheidend von den Zielen ab, die jeweils damit verbunden sind. In beiden Bereichen gibt es drei Definitionsmöglichkeiten (eng/mittel/weit gefaßt):

1. Naturräumliche Alpendefinitionen:

a) enge Def.: Die naturräumlichen Verhältnisse und Prozesse, die die Besonderheit der A. im Unterschied zu anderen europ. Räumen ausmachen, finden sich v.a. im oberen Höhenstockwerk. Die mittleren und unteren Bereiche unterscheiden sich dagegen von außeralpinen Regionen nur wenig. Im engen Sinn bestehen so die A. nur aus der (subalpinen), alpinen und nivalen Höhenstufe.

b) mittlere Def.: Meist wird jedoch das obere mit dem mittleren und unteren Höhenstockwerk zusammengefaßt, wobei größere ebene Talräume (wie das Rheintal zwischen Chur und Bodensee oder das Rhonetal zwischen Martigny und Genfer See) und inneralpine Becken (als größtes das Klagenfurter Becken) zu den A. hinzugerechnet werden. Zur Abgrenzung nach außen wird fast immer eine Kombination von Geologie (A. = Gesteine, die im Prozeß der Alpenbildung unter hohem Druck verfestigt wurden; Voralpen = Gesteine, die durch glaziale oder fluviale Erosion aus den Alpen heraustransportiert wurden) und Relief (A. = deutlich steileres Relief als im Alpenvorland) verwendet.

c) weite Def.: Weil große Gebiete um die A. herum direkt oder indirekt von ihnen beeinflußt sind (Geologie: Gesteine, die aus den Alpen stammen; Geomorphologie: eiszeitliche Moränen; Hydrologie: Wasserführung der Flüsse von den A. bestimmt; Klima: Stauniederschläge und Föhn), werden diese gelegentlich ebenfalls zu den A. gezählt. Grenzen sind dann Rhone – Jura-Südfuß (Genfer See – Neuenburger See – Aare) – Hochrhein – Donau und Po.

2. *Wirtschaftlich-politische Alpendefinitionen:*

a) enge Def.: Zum Ausgleich naturräumlicher Benachteiligungen wurde von fast jedem Staat mit Alpenanteil ein „Bergbauerngebiet“ oder ein System von „Erschwerniszonen“ für die Landwirtschaft ausgewiesen (Grundlage: Der einzelne Hof/A; naturräumliche Einheiten/CH; Gemeinden/F). Gebiete innerhalb der A. ohne besondere Benachteiligung für die Landwirtschaft (Talböden, Beckenlagen) wurden dabei ausgeschlossen, so daß die bergbäuerliche Def. der A. eng ausfällt (ca. 5 Mio. Einwohner). Noch enger werden die A. in touristischer Perspektive verstanden: Hier fangen sie oft erst bei mind. 1.000 m Seehöhe an bzw. dort, wo die Hochgebirgsregion (siehe 1 a) beginnt. Allerdings existieren diese „Grenzen“ nur in den Köpfen.

b) mittlere Def.: Fast alle Staaten mit Alpenanteil haben für ihre Berggebietsgesetze ein „klassifiziertes Berggebiet“ gesetzlich festgelegt, womit das Ziel verfolgt wird, die Berggebiete insgesamt (nicht bloß die Berglandwirtschaft) zu fördern. Die Abgrenzung orientiert sich an naturräumlichen Benachteiligungen und wirtschaftlicher Strukturschwäche und erfolgt auf Gemeindeebene (in I und F auch Teilflächen von Gemeinden). In etwa entspricht dies der Def. 1b, nur fällt diese Def. am Alpenrand etwas großzügiger

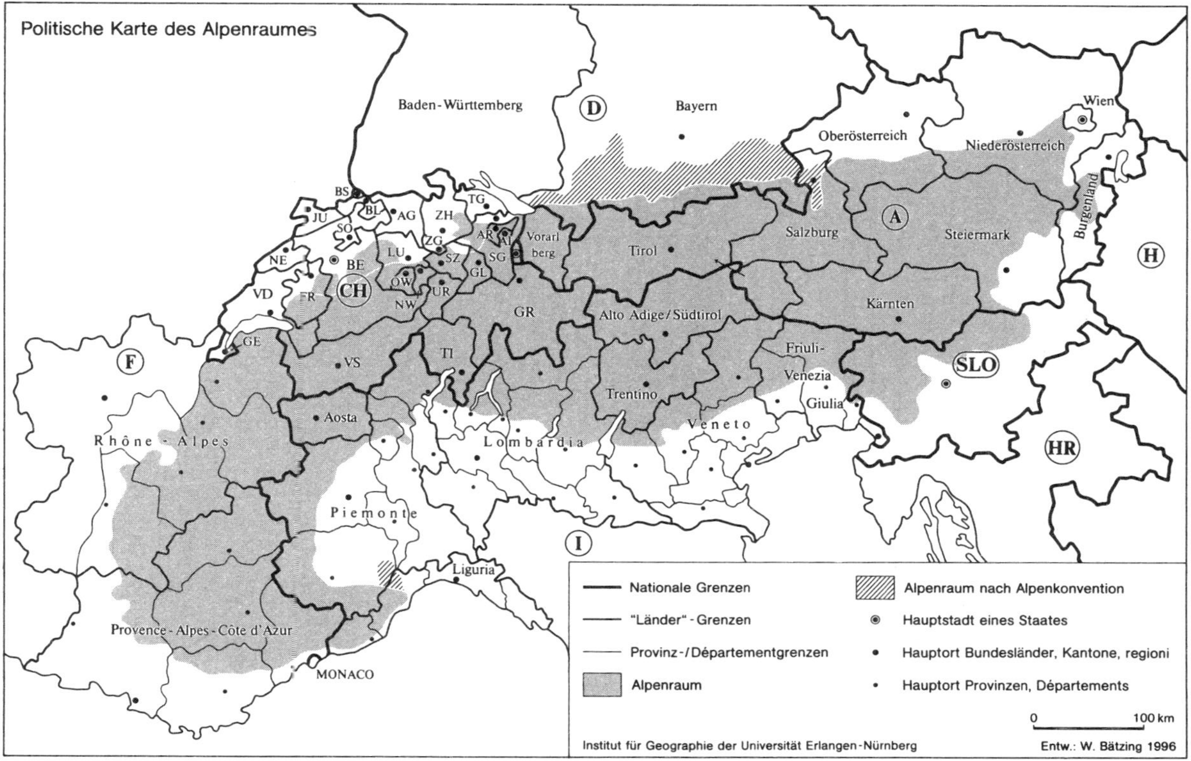
Politische Karte des Alpenraumes
Baden-Württemberg
D
Bayern
Oberösterreich
Niederösterreich
Wien
Burgenland
H
A
Salzburg
Steiermark
Tirol
Vorarl berg
Kärnten
Alto Adige/Südtirol
Friuli-Venezia Giulia
SLO
HR
Trentino
Veneto
Lombardia
GR
TI
VS
Aosta
Piemonte
Liguria
I
MONACO
Provence-Alpes-Côte d'Azur
Rhône-Alpes
F
GE
VD
NE
FR
JU
BS
BL
SO
BE
CH
AG
LU
OW
NW
ZG
ZH
SZ
UR
GL
SG
AR
AI
TG
Nationale Grenzen
"Länder"-Grenzen
Provinz-/Départementgrenzen
Alpenraum
Alpenraum nach Alpenkonvention
Hauptstadt eines Staates
Hauptort Bundesländer, Kantone, regioni
Hauptort Provinzen, Départements
0
100 km
Institut für Geographie der Universität Erlangen-Nürnberg
Entw.: W. Bätzing 1996

aus, weil die Alpenrandgemeinden immer ebene und gebirgige Flächen umfassen. Die AK basiert auf dieser Def., modifiziert sie aber etwas: 1) In der Schweiz werden unverständlicherweise die randalpinen Hügelgebiete (Emmental, Zürcher Oberland) aus dem Geltungsbereich der A. ausgeschlossen; 2) in Bayern wird das gesamte Alpenvorland zu den A. gezählt (Kreis- und nicht Gemeindegrenzen als Bezugspunkt), wodurch die Fläche der Bayer. A. verdoppelt und die Einwohnerzahl verdreifacht wird; 3) mit den Städten am Alpenrand verfährt die AK widersprüchlich, indem sie manchmal einbezogen (z.B. Salzburg), manchmal ausgeschlossen werden. Hier besteht noch Handlungsbedarf für eine stimmige Konzeption und Abgrenzung. Da der Alpenrand vergleichsweise dicht besiedelt ist (Landwirtschaft, Auspendler) und da hier zahlreiche große und kleine Städte liegen, kommt einer sehr genauen Abgrenzung dieser mittleren Def. ein hoher Stellenwert zu: Flächendifferenzen von nur 10 % haben zur Folge, daß die Alpenbevölkerung zwischen 7 und 14 Mio. Einwohner schwanken kann.

c) weite Def.: Schon in den ersten internationalen Konferenzen für eine gesamtalpine Raumordnung in den frühen 70er Jahren wurden die Alpen mit ihren Vorländern zu einem großen „perialpinen Raum“ zusammengefaßt, um den wirtschaftlichen und kulturellen Verflechtungen der A. gerecht zu werden und um keine politischen Einheiten (wie Bayern, Lombardei, Rhone-Alpes) zu zerschneiden. Die Konzeption der drei alpinen Arbeitsgemeinschaften ist dieser Abgrenzung verpflichtet und geht daher weit über die A. nach Def. 2b hinaus. Im Jahr 1995 hat die EU im Rahmen ihrer Gliederung Europas in neun Großregionen einen „Alpenbogen“ mit einer Fläche von 450.000 km^2 und 70 Mio. Einwohnern ausgewiesen, der aus Bayern, Baden-Württemberg, Österreich, Schweiz, Oberitalien usw. besteht („Europa 2000+“). Dies könnte für künftige europäische Raumentwicklungs- und Regionalpolitik wichtige Folgen haben.

3. Def. dieses Lexikons: In naturräumlicher Perspektive sind die A. ein Hochgebirge der kühl-gemäßigten Zone, das im Südwesten in die mediterrane Klimazone hineinreicht. In kulturgeographischer Perspektive sind die A. eine europ. Großregion, die einerseits Lebens- und Wirtschaftsraum der hier lebenden Menschen, andererseits ein wichtiger Ergänzungsraum der europ. Agglomerationen (ökologischer Ausgleichs-, Erholungs-, Transit-, Wasserkraft-, Wohnraum für Alpenrandstädte) ist. Um diese Aufgaben langfristig und nachhaltig erfüllen zu können, bedarf es alpenspezifischer Rahmenbedingungen für Wirtschaft und Gesellschaft, die der besonderen Umweltsituation der A. (die nicht nur eine Bedrohung und Behinderung, sondern auch eine Chance darstellt), ihrer Geschichte und ihrer Kultur bewußt Rechnung tragen. Grenzt man die A. zu weit ab (Def. 2c), dann wird dieser Raum ökonomisch und politisch von den großen Städten und Agglomerationen mit deren spezifischen Problemen und Möglichkeiten dominiert. Grenzt man die A. zu eng ab (Def. 2a), dann werden zentrale ökonomische, kulturelle und ökologische Vernetzungen zerrissen. Deshalb ist für diesen Zweck die Def. 2b am besten geeignet, bei der zusätzlich am Alpenrand Städte mit mehr als 50.000 Einwohnern aus den A. ausgeschlossen werden, weil sie in der Regel auf die europ. Zentren und nicht auf ihr alpines Hinterland orientiert sind. Die A. bestehen somit aus 5.814 Gemeinden in 7 Staaten (A, CH, D, F, FL, I, SLO) mit einer Fläche von 181.489 km^2 und 11,01 Mio. Einwohnern im Jahr 1990/91.

Alpen-Bewußtsein

Ein Bewußtsein aller Alpenbewohner, einer gemeinsamen (Groß)-Region anzugehören, gab es früher nicht bzw. es war nur randlich verbreitet und bezog sich auf Äußerlichkeiten. Die Menschen lebten in ihren regionalen Identitäten (gemeinsame Wertsysteme) und fühlten sich in erster Linie als Tiroler, Bayer, Savoyarde, Walliser, später im 20. Jh. dann auch als Österreicher, Deutscher, Franzose oder Schweizer.

Erst seit etwa 25 Jahren entstehen allmählich Ansatzpunkte für ein einheitliches Alpen-Bewußtsein im Sinne gemeinsamer alpenspezifischer Umgehensweisen mit den Herausforderungen der Gegenwart. Diese entwickeln sich über die aktuellen Probleme, indem man in einem Alpental feststellt, daß die eigenen Probleme mit Transitverkehr, Landwirtschaft, Tourismus, Wasserwirtschaft usw. in ganz ähnlicher Form in anderen weit entfernten Alpentälern anzutreffen sind und dort auf großes Verständnis treffen, während im außeralpinen Teil des eigenen Landes die Sympathien sehr begrenzt sind. Inzwischen haben sich einige alpenweite Formen der Zusammenarbeit von oben *und* unten entwickelt, die sich mit dem Prozeß der AK vervielfacht haben, so daß man heute davon sprechen kann, daß ein Alpen-Bewußtsein in Teilbereichen (am stärksten in der Transitproblematik) existiert. Die AK und ihre Umsetzung ist ohne ein solches Alpen-Bewußtsein nicht denkbar und zugleich selbst sein stärkster Ausdruck.

Alpenforschung
Eine eigentliche Alpenforschung gibt es nicht, sondern sie wird in zahlreichen Disziplinen jeweils getrennt voneinander betrieben: In den Naturwissenschaften v.a. durch Geologie, Klimatologie und Biologie, in den Humanwissenschaften v.a. durch Volkskunde, Geschichte, Sprachwissenschaften, während Wirtschaftswissenschaften, Soziologie, Psychologie eher selten in den A. forschen. Einzig die Geographie bemüht sich immer wieder um eine Synthese der Einzelforschungen.

In Wissenschaftskreisen ist es sehr umstritten, ob Alpenforschung nur Forschung am *Beispiel der A.* ist, wo man zwar Klimaerwärmungen oder Stadt-Land-Gegensätze besonders exemplarisch studieren kann, wo die Ergebnisse aber auf etwas anderes abzielen (globale Klimamodelle oder Theorien zum Wandel des ländlichen Raumes in der Postmoderne), oder ob Alpenforschung einen *eigenen Gegenstand* hervorbringt, also als transdisziplinäre Erforschung der Wechselwirkungen zwischen Umwelt, Wirtschaft, Kultur in den A. unter der problemorientierten Leitfrage einer nachhaltigen Entwicklung zu verstehen ist.

Mit der Verabschiedung der AK hat die Alpenforschung einen großen Auftrieb erhalten, und seitdem sind eine Reihe einschlägiger wissenschaftlicher Institutionen neu entstanden.

Alpenhauptkamm
Hauptwasserscheide bzw. höchste Gratlinie. Da die A. zu vier großen Flußeinzugsgebieten gehören (Po: Adriatisches Meer; Rhone: westl. Mittelmeer; Rhein: Nordsee; Donau: Schwarzes Meer) und sich in den Ostalpen in mehrere parallele Ketten auffächern, gibt es keine durchgehende Hauptwasserscheide. Am eindeutigsten ist die Lage in den Westalpen zwischen Mittelmeer und Mt. Blanc, wo die Wasserscheide Po-Rhone (meist Grenze I-F) mit dem Alpenhauptkamm identisch ist. In den Zentralalpen ist es bereits komplizierter, weil die durch den Einzugsbereich des Po gebildete Hauptwasserscheide (Walliser A. – Gotthardmassiv – Bernina – Ötztaler A.) auf der Nordseite zu Rhone, Rhein und Inn gehört und sich so nördlich des Alpenhauptkammes weitere wichtige und markante Wasserscheiden (z.B. Berner A.) befinden.

Östlich der Zillertaler A. verzweigt sich der Alpenhauptkamm in einen südlichen Teil (Karnische A., Karawanken) und einen nördlichen Teil (Hohe und Niedere Tauern), wobei jedoch die markanten Gratlinien meist nicht mehr mit der Hauptwasserscheide identisch sind: Die Hohen Tauern entwässern z.B. sowohl nach Norden wie nach Süden zur Donau.

Alpen-Initiative

Name einer schweiz. Volksinitiative aus den Kantonen Wallis, Graubünden, Uri und Tessin, deren Ziel lautet: „Der alpenquerende Gütertransitverkehr von Grenze zu Grenze erfolgt auf der Schiene", realisierbar bis zum 20.2.2004. Im Mai 1989 gestartet, im Mai 1990 gut 100.000 Unterschriften eingereicht, Volksabstimmung am 20.2.1994, bei der sich 52 % der Schweizer Stimmbürger dafür aussprachen. Damit ist die Alpen-Initiative die erste erfolgreiche Volksinitiative aus dem Alpenraum seit Bestehen dieses Instrumentes (1891).

Die schweiz. Regierung, die schon während des Abstimmungskampfes gegen diese Initiative war, versucht seit ihrer Annahme die Umsetzung (Verlagerung des *gesamten* Gütertransitverkehrs von der Straße auf die Schiene) zu verwässern bzw. zu unterlaufen. Heftigen Streit gab es dabei um die Simplon-Route und die Frage, ob die Schließung der Autobahnlücke zwischen Sierre und Brig (der Simplonpaß ist bereits gut ausgebaut) nur regionale oder Transitbedeutung habe, weil dann der Lückenschluß durch die Alpen-Initiative blockiert worden wäre.

Alpeninnenbogen/-rand

Bezeichnung für den Südrand der A. zwischen Savona und Triest.

Alpenkonferenz

Von der AK geschaffene internationale Konferenzreihe aller Staaten mit Alpenanteil im zweijährigen Rhythmus unter Beteiligung aller Umweltminister. Ziel ist es, über den Stand der AK zu informieren, zu diskutieren, neue Protokollentwürfe zu unterzeichnen sowie weitere Beschlüsse zum Fortgang der AK zu fassen. Die bisherigen Konferenzen: Berchtesgaden 1989, Salzburg 1991, Chambéry 1994, Brdo/SLO 1996. Die nächste wird 1998 wieder in Slowenien stattfinden.

Alpen-Konvention (AK)
Internationales Vertragswerk zur Durchsetzung einer nachhaltigen Entwicklung im Alpenraum, mit dem „die Alpen" zum erstenmal in der Geschichte *gemeinsam* in Europa auftreten.

Vorgeschichte: Bereits im Gründungsdokument der Internationalen Alpenschutzkommission CIPRA war 1952 die Forderung nach einer Alpenschutzkonvention enthalten; Mitte der 80er Jahre stellte die CIPRA diese Forderung in den Mittelpunkt und leistete dazu wesentliche Vorarbeiten. Dabei war einige Zeit lang unklar, ob es sich bei einer solchen Konvention um ein Instrument des Natur- und Umweltschutzes (sektorale Umweltpolitik = Alpen*schutz*konvention) oder um ein integratives Instrument im Sinne des nachhaltigen Wirtschaftens (integrative, ressortübergreifende Raumordnungspolitik = Alpenkonvention) handeln solle. Es setzte sich die zweite Position durch, weil ein auf (mehr oder weniger kleine) Schutzgebiete beschränkter Umweltschutz den aktuellen ökologischen Problemen nicht gerecht werden kann, weil in den A. als flächenhafter Kulturlandschaft eine rigide Trennung zwischen Schutz- und Nutzgebieten nicht sinnvoll ist und weil die A. nicht als europ. Naturschutzgebiet, sondern als menschlicher Lebens- und Wirtschaftsraum eine Zukunft haben sollen.

Das langfristig angelegte Engagement der CIPRA für eine AK, das von weiteren Gruppen (Deutscher Naturschutzring, BUND, Arge Alp und Parteien (ASA) unterstützt wurde, führte schon 1989 sehr plötzlich und für alle Beteiligten völlig unerwartet zum Erfolg: Der damalige deutsche Umweltminister Klaus Töpfer lud seine Amtskollegen der Staaten mit Alpenanteil zu einer Alpenkonferenz nach Berchtesgaden ein, wo über die Ausarbeitung einer AK diskutiert werden sollte. Auf dieser Konferenz waren sich die Umweltminister über die Notwendigkeit einer AK einig. Es wurde ein *87*-Punkte-Programm mit Leitideen für die AK verabschiedet und der politische Prozeß in die Wege geleitet.

Konvention: Eine Konvention ist ein verbindlicher (= einklagbarer) völkerrechtlicher Vertrag zwischen Staaten, der *über* nationalem Recht steht. Diese Rechtsform wurde gewählt, weil man *verbindliche* Regelungen und nicht nur Empfehllungen (wie bei den alpinen Arbeitsgemeinschaften) erarbeiten wollte. Außerdem hatte sich diese Rechtsform bei zahlreichen internationalen Umweltproblemen bereits bewährt. Damit hatte man aber de facto

Neuland betreten, weil die bisherigen Umweltkonventionen eng umgrenzte Sachverhalte behandelten (sektorale Umweltinstrumente), die AK dagegen integrativ angelegt ist.

Inhalt: Das Ziel der AK ist die Durchsetzung bzw. Gewährleistung eines umweltverträglichen Wirtschaftens im *gesamten* Alpenraum, und zwar sowohl im Wirtschaften der Einheimischen als auch bei allen europ. Wirtschaftsaktivitäten in den A. (Transitverkehr, Wasserwirtschaft, Tourismus usw.). Auch wenn der Begriff „nachhaltig" nicht ausdrücklich fällt (zwei Jahre vor der Rio-Konferenz), so ist doch die gesamte Konzeption der AK von solchem Denken geprägt: Realisierung der Umweltschutzziele nicht durch Schutz der Natur vor menschlicher Nutzung, sondern mittels angepaßter Nutzung.

Obwohl das 87-Punkte-Programm von Berchtesgaden sehr eindeutig und klar konzipiert wurde, war den Politikern anfangs nicht ganz klar, worauf sie sich eingelassen hatten: Schon der offizielle Titel der AK „Übereinkommen zum Schutz des Alpenraumes (Alpenkonvention)" erweckt den Anschein eines reinen Umweltschutzinstruments. Auch die politische Federführung lag zunächst lange Zeit beim Umweltministerium, bis man merkte, daß dies der AK nicht gerecht wurde, sodaß eine ressortübergreifende, interministerielle Kommission eingerichtet wurde.

Mitglieder und Beobachter: Die Mitglieder bzw. Vertragspartner der AK sind die Staaten mit Alpenanteil, also A, CH, D, F, FL, I, SLO, seit 1994 auch MC, sowie die EU, weil die zentralen Alpenprobleme nationales Recht betreffen und auf Länderebene (Arge Alp) keine ausreichenden Kompetenzen zur Problemlösung bestehen.

Daneben gibt es gegenwärtig neun offizielle Beobachter, die in den einzelnen Arbeitsgruppen mitarbeiten, jedoch nicht abstimmungsberechtigt sind: Internationale Alpenschutzkommission CIPRA, Internationale Naturschutz-Union IUCN, die Europ. Vereinigung der gewählten Berggebietsvertreter AEM, die Internationale Föderation der Berg- und Seilbahnen FIANET, der Club Arc Alpin, die drei alpinen Arbeitsgemeinschaften und die Arbeitsgemeinschaft Alpenstädte.

Geltungsbereich und Abgrenzung: 1991 wurde der Geltungsbereich der AK auf Gemeindeebene festgelegt. Dabei gab es bedauerlicherweise z.T. Differenzen zum klassifizierten Berggebiet und größere Inhomogenitäten zwischen den Mitgliedsstaaten:

Bayern grenzte im Gegensatz zu allen anderen Staaten sein AK-Alpengebiet mittels Landkreisgrenzen ab, wodurch das gesamte Alpenvorland in den Geltungsbereich der AK fällt. Die Schweiz grenzte größere randalpine Gebiete wie das Emmental oder das Zürcher Oberland aus der AK aus, obwohl sie als Berggebiet klassifiziert sind. Größere Städte am Alpenrand werden teils zur AK gezählt (Luzern, Salzburg), teils ausgeschlossen (Graz, Biella).

Rahmenkonvention und Protokolle: Da eine Konvention als völkerrechtlicher Vertrag vom Parlament jedes Mitgliedsstaates ratifiziert werden muß (ein aufwendiges Verfahren), wurde die AK in eine Rahmenkonvention, die das allgemeine Procedere vorgibt, und in Fach-Protokolle, die die inhaltlichen Dinge regeln, zerlegt. Von den Parlamenten muß nur die Rahmenkonvention ratifiziert werden, bei den Protokollen genügt die Unterzeichnung durch die Umweltminister.

Stand Rahmenkonvention: Die Rahmenkonvention wurde 1991 von den Umweltministern von A, CH (CH nur unter Vorbehalt bis zur Kenntnis der Protokolltexte), D, F, FL, I, YU, EU sowie 1994 von MC unterzeichnet und bislang von den Parlamenten in A, D, F, FL, SLO (als Nachfolger für YU) sowie von der EU ratifiziert. In Italien wurde die Ratifizierung durch Staatskrise und Regierungswechsel verzögert, dürfte aber 1997 erfolgen. In der Schweiz wehrten sich die Alpenkantone unter Führung Graubündens jahrelang vehement gegen die AK, weil sie darin eine politische Bevormundung und Fremdbestimmung sahen. Nachdem im August 1996 dieses Problem politisch gelöst wurde, dürfte auch hier 1997 die Ratifizierung erfolgen. Seit dem 6. März 1995 ist die Rahmenkonvention offiziell in Kraft getreten.

Stand Fach-Protokolle: Die Protokolle „Raumplanung und nachhaltige Entwicklung“, „Berglandwirtschaft“ sowie „Naturschutz und Landschaftspflege“ wurden 1994, die Protokolle „Bergwald“ und „Tourismus“ (letzteres erst nach harter Konfrontation und inhaltlicher Entschärfung) 1996 unterzeichnet und sind in Kraft getreten. Beim Protokoll „Verkehr“ gibt es 1995/96 noch heftige Differenzen zwischen Österreich, das auf dem Neubauverbot von alpenquerenden Hochleistungsstraßen besteht, und den übrigen Staaten. Sollte kein tragfähiger Kompromiß gefunden werden, kann die AK daran scheitern (Ausscheiden Österreichs aus der AK) oder zum Papiertiger verkommen (Verlust eindeutiger Festlegungen führt zur inhaltlichen Beliebigkeit). Die Protokolle „Bodenschutz“ und „Energie“ sind in Bearbeitung.

Die Probleme der AK: Die AK muß als völkerrechtlicher Vertrag in nationales Recht übernommen werden. Dies ist bisher nicht einmal ansatzweise geschehen (Bezug AK-Berggebietsgesetze) bzw. bei den Protokollen nicht möglich, weil sie zu allgemein formuliert sind und keine eindeutigen juristischen bzw. planungsrechtlichen Begriffe enthalten. Deshalb hat die AK bislang nur den Stellenwert einer politischen Absichtserklärung. Wenn man die unterschiedlichen politischen und raumplanerischen Systeme in den A. betrachtet, wird verständlich, warum ein schnelleres Vorgehen nicht realistisch ist: Der Aufbau einer wirklich gemeinsamen Alpenpolitik braucht viele Jahre, gerade wenn die verschiedenen politischen Ebenen und die betroffene Bevölkerung aktiv miteinbezogen werden sollen.

Weitere Probleme: Die sehr allgemein gehaltenen Aussagen der ersten Protokolle, denen noch regionsspezifische Ziele fehlen (was für eine 2. Protokoll-Generation geplant ist, die bald nach Abschluß der 1. Protokoll-Generation eingeleitet werden soll); das Fehlen eines ständigen AK-Sekretariates, das erst eine effektive und aktive Arbeit ermöglicht (Bewerbungen für den Sitz: Bozen und Innsbruck); sowie die völlig ungeklärte Frage nach der Instanz, die bei Verstößen gegen die AK zuständig wäre (Alpen-Gericht).

Trotz aller Schwierigkeiten und Probleme ist das Ziel, das mit der AK verfolgt wird, weiterhin richtig und notwendig. Der politische Prozeß ist inzwischen so weit vorangeschritten, daß er nicht mehr von außen abgeblockt, wohl aber in verschiedene Richtungen (zahnlose Absichtserklärungen – griffiges Instrument) gelenkt werden kann.

Zum Charakter der AK: Die AK steht im Kontext ähnlicher politischer Strukturen in Europa: Nordsee-Konferenz, Ostseekonvention, Mittelmeeranrainer-Konferenz, Arktischer Rat. Sie alle sind entstanden, um grenzüberschreitende (Umwelt-)Probleme auf internationaler Ebene durch die unmittelbar Betroffenen (und nicht via EU oder Europarat) zu lösen. Im Unterschied zu den anderen Initiativen ist die AK bereits sehr viel konkreter geworden; sie stellt derzeit europaweit den ernsthaftesten und konkretesten Versuch dar, in einer europ. Großregion die Prinzipien eines nachhaltigen Wirtschaftens flächenhaft umzusetzen. Viele ihrer Probleme sind damit verbunden, daß es für einen solchen

Ansatz noch kein Vorbild gibt und man erst mühsam aus Fehlern lernen muß. Die AK besitzt deshalb eine Pilot- und Vorreiterfunktion für viele andere europ. (Groß-)Regionen.

Aktionsplan zur Umsetzung der AK: Weil die AK nicht kurzfristig realisiert werden kann, hat die CIPRA seit 1989 immer wieder gefordert, daß Einzelpunkte aus den Protokollen kurzfristig beschlossen und umgesetzt werden sollten, damit in den A. und in Europa konkret sichtbar wird, daß es mit der AK vorwärts geht. Zu diesem Zweck wurden „entscheidungsreife Fragen und Punkte" zusammengestellt (Einzelpunkte, bei denen alpenweit bereits ein Konsens besteht) und „Pilotprojekte" zur exemplarischen Umsetzung vorgeschlagen. Im Herbst 1996 veröffentlichte die CIPRA erneut einen „Aktionsplan zur Umsetzung der AK" mit einer Reihe von konkreten Vorschlägen, und es ist zu hoffen, daß ihn die Hohen Beamten der AK aufgreifen. Ohne kurzfristige konkrete Maßnahmen kann die AK langfristig nicht realisiert werden.

Alpenplan, bayerischer

Fachplan „Erholungslandschaft Alpen", 1970 aufgrund des starken Nutzungsdruckes in den bayer. A. erarbeitet und 1972 als vorgezogener Teilabschnitt des Landesentwicklungsprogramms Bayern in Kraft getreten. Er grenzt den Alpenraum geomorphologisch ab (= mittlere Abgrenzung), so daß er 95 Gemeinden (61 vollständig und 34 nur mit Teilfächen) umfaßt.

Kernpunkt ist die Gliederung der *gesamten* bayr. Alpen in drei Zonen: Zone A (Erschließungszone) umfaßt 35 % der Fläche fast ohne Auflagen. Zone B (Pufferzone) umfaßt 23 % der Fläche; neue Projekte müssen relativ strengen Auflagen im Rahmen von Raumordnungsverfahren gerecht werden. Zone C (Ruhezone) umfaßt 42 % der Fläche, hier sind keine neuen Projekte erlaubt. Es handelt sich um eines der frühesten Beispiele einer expliziten Alpenpolitik, das wegen seiner flächenhaften Festlegungen einmalig ist. Der Alpenplan hat sich als gezielte raumplanerische Maßnahme bewährt und wird immer wieder als Vorbild für den gesamten Alpenraum genannt.

Alpenpolitik

Dieser Begriff ist heute zwar noch nicht gebräuchlich (stattdessen meist „Berggebietspolitik"), drängt sich aber inzwischen auf, weil mit den drei alpinen Arbeitsgemeinschaften und v.a. mit der AK eine spezifische Alpenpolitik sichtbar geworden ist.

1. Die bisherige Entwicklung einer Alpenpolitik

1.1. Vorläufer: In den 20er Jahren entwickelten sich – zuerst in der Schweiz und in Italien – die ersten Ansätze für eine Berggebietspolitik, bei der die A. von Beginn an eine zentrale Rolle spielten. Sie wurden in den 30er Jahren meist unter faschistischen Vorzeichen alpenweit ausgebaut. Ziel der in der Regel auf die Land- und Forstwirtschaft konzentrierten Aktivitäten war es, die A. als Wirtschafts- und Siedlungsraum zu erhalten, teilweise in explizit militärstrategischer Absicht (bessere Grenzsicherung). Charakteristisch: Alle Maßnahmen orientierten sich strikt an den Staatsgrenzen und jede grenzüberschreitende Strategie war undenkbar. In den 50er Jahren wurden dieser Ansätze z.T. wieder aufgegriffen und weiterentwickelt. Die streng nationale Orientierung blieb bestehen.

1.2. Erste alpenweite Ansätze: Zu Beginn der 70er Jahre entstand im Kontext der neuentstehenden Umweltbewegung zum ersten Mal die Erkenntnis, daß ungezügeltes Tourismus-, Siedlungs- und Verkehrswachstum in den A. zu großen (Umwelt-) Problemen führt und daß Lösungen alpenweit ansetzen müßten. Bis Ende der 70er Jahre fand fast jedes Jahr eine große, prominent besetzte, internationale Tagung statt, auf der Strategien für eine gemeinsame Raumordnungspolitik im Alpenraum intensiv diskutiert wurden – letztlich allerdings völlig erfolglos, weil die Zeit dafür noch nicht reif war und nationale Aspekte dominierten. Die Mißerfolge führten fast zehn Jahre lang zu einer tiefen Enttäuschung und Skepsis bei den Protagonisten dieser Entwicklung. Lediglich auf der Länderebene entstand in dieser Zeit mit den drei alpinen Arbeitsgemeinschaften eine erste internationale Zusammenarbeit.

1.3. Stagnations- und Vorbereitungsphase (1979–89): Ab 1979 ging das Interesse an alpenweiten Konzeptionen zurück. Politiker und Wissenschaftler konzentrierten sich jeweils auf ihre nationalen Alpenräume und Berggebiete. Das große UNESCO-Forschungsprogramm „Man-and-Biosphere/MAB“ (Mensch und Umwelt im Hochgebirge), das in der zweiten Hälfte der 70er Jahre in ausgewählten Alpentälern in A, F, CH, D einsetzte – eine alpenweit gemeinsame Forschungskonzeption war nicht zustandegekommen! – brachte dann in der ersten Hälfte der 80er Jahre viele neue Erkenntnisse und Einsichten, die jedoch die nationale Dimension stärkten und den alpenweiten Blick eher blockierten.

Parallel entstand zu Beginn der 80er Jahre erst zögernd, später dann rasch immer breiter werdend eine Basisbewegung entlang der großen Konflikte und Probleme im Alpenraum. Sie begann sich bald grenzüberschreitend zu vernetzen, weil die Probleme auf der nationalen Ebene allein nicht mehr zu lösen waren. Die Initiativen gegen den Transitverkehr erregten europaweit Aufsehen, aber auch im Bereich Tourismus, Landwirtschaft, Handwerk, Umweltschutz, Kultur entstand eine Vielzahl lokaler und regionaler Initiativen, die nicht bloß *gegen* etwas gerichtet waren, sondern die sich *für* ein ausgewogenes Verhältnis zwischen Wirtschaft-Kultur-Umwelt und *für* eine lebenswerte Gestaltung ihrer Heimat engagierten.

1.4. Aufschwung mit der AK: Der unerwartete Beschluß der Umweltminister im Jahr 1989, eine Alpenkonvention zu erarbeiten, führte innerhalb weniger Jahre zu einem wahren Boom neuer Formen der Zusammenarbeit in den A., die heute bereits so zahlreich geworden sind, daß ein Überblick kaum noch möglich ist. Davon sind jetzt mehr oder weniger *alle* Bereiche – Politik (incl. Gewerkschaften), Wirtschaft, Kultur und Wissenschaften – betroffen. Sie bilden den „Unterbau“ für die AK, die ohne diese Initiativen ziemlich wirkungslos bleiben müßte.

2. Die künftigen Herausforderungen einer Alpenpolitik: Das Ziel der Alpenpolitik – die Durchsetzung eines nachhaltigen Wirtschaftens und einer nachhaltigen Entwicklung im Alpenraum mit Hilfe des Instruments der AK – steht zwar fest, allerdings gibt es bei seiner Umsetzung noch erhebliche Unklarheiten bzw. Unsicherheiten. Diese bestehen in folgenden Punkten:

2.1. Europa der Regionen oder EU-Berggebietspolitik? Der Stellenwert der AK im europ. Kontext steht noch nicht fest. Es gibt dabei grundsätzlich zwei Alternativen: Sind die A. eine europ. Großregion (so wie von der EU im Konzept „Europa 2000+“ vorgedacht, allerdings mit problematischer Abgrenzung) und gehen andere Regionen wie die Nordseekonferenz, Ostseekonvention, Mittelmeeranrainer-Konferenz usw. einen ähnlichen Weg, so daß parallel zum Europ. Binnenmarkt ein Europa der Regionen entsteht, das analog zur AK jeweils spezifische Lösungen in den einzelnen (Groß-)Regionen realisiert? *Oder* ist die AK Bestandteil einer europ. Berggebietspolitik (z.B. Charta der europ. Berggebiete), so daß Europa in die Raumordnungsgebietstypen Berggebiete, ländlicher Raum außerhalb der Berggebiete, städtische Agglomerationen, altindustrielle Gebiete mit Strukturproblemen u.ä. zerfiele? Beide Möglichkeiten ließen sich derzeit realisieren. Die Weiterentwicklung der EU-Raumordnungs- und Regionalpolitik (über deren Konzeption derzeit heftig diskutiert wird) dürfte diese Frage langfristig beantworten. Falls der Alpenraum bald eine eindeutige Position erarbeitet, könnte er damit möglicherweise erheblichen Einfluß auf die künftige Gestaltung Europas nehmen.

2.2. Integrative versus sektorale Politikstrukturen: Die bisherigen Erfahrungen mit der AK haben gezeigt, daß eine nachhaltige Entwicklung integrative politische Strukturen anstelle sektoraler erfordert. Allerdings ist noch unklar, wie ein solcher Umbau der politischen Systeme realisiert werden kann.

2.3. Subsidiarität versus Zentralismus: Heute wird zwar gern – auch im Zusammenhang mit der AK – von der Notwendigkeit der Subsidiarität gesprochen. Wie diese aber in den Alpenregionen mit zentralistischer Vergangenheit neu aufgebaut werden könnte, ist ebenso offen wie die Frage, ob die Ebene der Berggebietsregion (Kleinregion) nicht durch Einführung direktdemokratischer Elemente politisch gestärkt werden müßte. Auch bei der „richtigen" Aufgabenverteilung zwischen AK, Staat, Bundesland, Region und Gemeinde gibt es mehr Fragen als Antworten. Denn für eine nachhaltige Entwicklung muß sowohl Zentralismus, wie auch ein egoistischer Partikularismus (Kirchturmpolitik auf Gemeinde-, Regions-, Bundeslandebene) vermieden werden.

2.4. Gebietsabgrenzung und politische Konsequenzen: Eine Abgrenzung der A. nach den Grenzen der Bundesländer ist nicht sinnvoll, und auf der Ebene der Landkreise, Bezirke usw. gilt in abgeschwächter Form das gleiche. Wie ist eine internationale Zusammenarbeit zu organisieren, bei der politisch relevante Einheiten manchmal vollständig, manchmal nur in Teilfächen zum Geltungsbereich gehören?

2.5. Aufbau einer außeralpinen Lobby? Benötigt ein Prozeß wie die AK eine außeralpine Lobby im Bereich der europ. Politik und der Öffentlichkeitsarbeit oder reichen dafür die bestehenden Strukturen aus? In den letzten fünf Jahren sind eine Reihe von politischen Lobbygruppen neu entstanden – soll die AK diesen Prozeß fördern oder bremsen? Können und sollen die Alpenvereine in bezug auf eine nachhaltige Alpenentwicklung in Europa eine aktive Öffentlichkeitsarbeit betreiben, und welche anderen Gruppen könnten dabei ebenfalls einbezogen werden? Alle diese Fragen müssen mittelfristig gelöst werden, wenn aus der AK eine konsequente Alpenpolitik werden soll.

Alpentladung
Schweizerdt. Ausdruck für den Almabtrieb.

Alpenvereine
Zur touristischen Erschließung und Nutzung der A. meist im 19. Jh. gegründet: Der Alpine Club (GB) 1857 war der Vorläufer, im Alpenraum folgten dann: 1862 Österreichischer Alpenverein (ÖAV), 1863 Schweizer Alpen-Club (SAC) und Club Alpino Italiano (CAI), 1869 Deutscher Alpenverein (DAV), 1874 Club Alpin Français (CAF) und 1893 die Planinska Zvesa Slovenije (PZS). Nach 1945 entstanden die Alpenvereine Südtirols und Liechtensteins. Parallel dazu wurden zahlreiche ähnliche Vereine gegründet (Akademische Alpenvereine, Touristikvereine usw.), und heute gibt es fast in jedem Staat der Welt einen Alpenverein, die in der „Union Internationale des Associations d'Alpinisme (UIAA)" zusammengeschlossen sind.

Während sich die Alpenvereine bis 1914 sehr breit für die A. engagierten (bis hin zu sozialen und wissenschaftlichen Aktivitäten), konzentrierten sie sich anschließend auf ihren Kernbereich (Hüttenwesen, Wegbetreuung, Ausbildungswesen, Organisation von Touren und Expeditionen). In den 70er Jahren entdeckten sie (wieder) den Umweltschutz als Vereinsaufgabe, in den 90er Jahren engagieren sie sich für die nachhaltige Entwicklung der A.

1996 schlossen sich die Alpenvereine von A, CH, D, F, FL, I, SLO und Südtirol zum Europäischen Alpenverein „Club Arc Alpin (CAA)" zusammen, der mehr als eine Million Mitglieder (meist außerhalb der A.) vertritt. Zusammen mit den Vereinen in den Nachbarstaaten verfügen die A. damit über eine sehr große Lobby in Europa, die gezielt für die Unterstützung einer nachhaltigen Alpenentwicklung eingesetzt werden könnte.

Alpidisch
Geolog. Begriff zur Bezeichnung der jüngsten Phase der Gebirgsbildung seit dem Tertiär, während der neben den A. auch die Pyrenäen, der Apennin, der Himalaya und der Karakorum entstand.

alpin

Doppeldeutiger Begriff:

1. Bezeichnung der alpinen Höhenstufe, die zwischen der subalpinen und der nivalen Höhenstufe liegt, und die v.a. durch Zwergsträucher und Almweiden geprägt ist.

2. Bezeichnung des Alpenraumes in seiner Gesamtheit (als Eigenschaftwort zu „die Alpen", analog wie Land-ländlich.

Um die Doppeldeutigkeit auszuschließen, hat man das Kunstwort „alpenländisch" anstelle der Def. 2 erfunden, das in Tirol und Bayern zwar häufig gebraucht wird, das sich international jedoch nicht durchgesetzt hat.

Alpin-dinarische Grenzstörung,

auch *periadriatische Naht* genannt. Wichtigste geolog. Trennungsfuge in den A., die von Ivrea über das Pustertal (Südtirol) zur Drau verläuft, aus der Insubrischen-, Tonale-, Judikarien-, Pustertal- und Gailtallinie besteht und die die Europäische Kruste von der Afrikanischen Kruste trennt. Die Richtung der Gebirgsfaltung und die Überschiebung sind nördlich dieser Linie nach Norden, südlich von ihr nach Süden gerichtet. Ursache ist die Drehbewegung der kleinen Adriatischen Platte (als Teil der Afrikanischen Kruste) in einer relativ späten Phase der Gebirgsbildung.

Alpinisteige

Zu militärischen Zwecken angelegte Wege oder Klettersteige (Alpini = ital. Gebirgstruppen) aus dem Ersten oder Zweiten Weltkrieg. Während diese Wege in den Ostalpen seit den 70er Jahren als Wanderwege (Friedenswege) wiederhergestellt und häufig begangen werden, verfallen sie in den Westalpen.

Altschnee

Teile der Schneedecke, die aus vorangehenden Niederschlagsperioden stammen, vom Neuschnee durch eine Schichtgrenze (potentielle Lawinenbahn) getrennt.

Alt-/Jungsiedelraum

Altsiedelräume sind in den A. jene Gebiete, die bereits vor der Völkerwanderung dichter besiedelt waren und die im Frühen Mittelalter (500–1000 n.Chr.) über eine Siedlungskontinuität verfügen, also die inneralpinen Trockenzonen und der mediterran geprägte Südsaum der A. Die Jungsiedelräume waren dagegen vor der Völkerwanderung dünn besiedelt. Hier fand im Mittelalter eine meist durch Grundherren geleitete Kolonisation (Neuerschließung) statt (nördlicher Alpensaum und kontinental geprägte östliche Ostalpen).

Anbauschlacht
Schweiz. Ausdruck für die forcierte Eigenversorgung der Schweiz mit Lebensmitteln 1940–45 (Plan Wahlen), bei der auch in den Schweiz. A. – selbst im Hirtenland – wieder Getreide angebaut werden mußte und bei der Moorflächen großflächig trockengelegt wurden.

Anerbenrecht
Erbrecht, bei dem nur ein Sohn (der älteste oder der jüngste) den elterlichen Besitz (Hof) erbt und die Geschwister leer ausgehen. Relativ junges Erbrecht, das sich erst seit dem späten Mittelalter im alpinen Jungsiedelland ausbreitet.

aper
Bajuwarischer Dialektausdruck für schneefrei oder schneefrei geworden sein bzw. schneefrei werden (ausapern).

Arbeiterbauer,
auch Rucksackbauer genannt. Traditionelle Bezeichnung für einen Bauern, der einer Vollzeitbeschäftigung in der Industrie nachgeht und daneben weiterhin Landwirtschaft betreibt, genauer gesagt: dessen Frau die Hauptlast der landwirtschaftlichen Tätigkeit trägt. In Alpenregionen mit starker Industrialisierung früher häufig anzutreffen, derzeit stark im Rückgang begriffen, weil die Landwirtschaft immer mehr auf eine Freizeitaktivität reduziert wird.

Arbeitsgemeinschaft Alpenstädte
Im Jahr 1986 gegründeter Zusammenschluß von Städten im Alpenraum und am Alpenrand, der heute 13 Mitgliedsstädte und drei Beobachterstädte umfaßt. Ziel ist es, im Rahmen der Regional-, Berggebiets- und Alpenpolitik die Interessen der Alpenstädte als alpine Bevölkerungs- und Wirtschaftsschwerpunkte zu vertreten, weil das traditionelle Alpenbild (die Alpen als ländlich-touristische Region) die Städte aus den Alpen ausklammert. Seit 1991

besitzt die Arbeitsgemeinschaft Alpenstädte den Status als „Beobachter“ bei der AK.

Arbeitsgemeinschaften, alpine
Institutionalisierte Form der staatenübergreifenden politischen Zusammenarbeit im Alpenraum auf Länderebene, bestehend aus:

Arge Alp (Arbeitsgemeinschaft Alpenländer): Als erste 1972 im mittleren Alpenraum entlang der Brenner-Achse gegründet. Mitglieder: Dt. Bundesländer Bayern und Baden-Württemberg; österr. Bundesländer Vorarlberg, Tirol, Salzburg; ital. regioni Trentino-Südtirol und Lombardei; schweiz. Kantone St. Gallen, Graubünden, Tessin.

Arge Alp-Adria 1978 im Raum der Ostalpen gegründet. Mitglieder: Österr. Bundesländer Oberösterreich, Salzburg, Kärnten, Steiermark, Burgenland; ungarische Komitate Györ-Sopron, Vas, Zala, Somogy, Baranya; Staaten Kroatien und Slowenien; ital. regioni Friuli-Venezia Giulia, Veneto, Trentino-Südtirol, Lombardia; Bundesland Bayern.

COTRAO (Communauté de travail des Alpes Occidentales): 1982 im Westalpenraum nach ostalpinem Vorbild gegründet. Mitglieder: Schweiz. Kantone Vaud oder Waadt, Wallis, Genf; ital. regioni Piemonte, Liguria, Val d'Aosta; franz. régions Rhônes-Alpes und Provence-Alpes-Côte-d'Azur mit zusammen 14 départements. Damit umfassen die drei Arbeitsgemeinschaften den gesamten Alpenraum mit Ausnahme der deutsch-schweizer Kantone am westlichen Alpennordrand. Seit 1988 arbeiten sie enger zusammen und versuchen in wichtigen Fragen eine gemeinsame Position zu erzielen.

Historische und aktuelle Bedeutung: Die drei Arbeitsgemeinschaften sind das Ergebnis der ersten staatenübergreifenden Zusammenarbeit im Alpenraum, und sie haben diesen Prozeß aktiv mit vorangetrieben, allen voran die Arge Alp. In zahlreichen Erklärungen, Beschlüssen, Tagungen, Publikationen usw. haben sie deutlich gemacht, daß die A. als Gesamtheit zu sehen sind und daß staatenübergreifende, alpenspezifische Maßnahmen nötig sind, wenn die A. eine positive Zukunft haben sollen. Deshalb haben sie sich aktiv für die AK eingesetzt. Allerdings ist damit für sie auch ein neuer Abschnitt verbunden, weil es jetzt erstmalig *über* der Länderebene eine institutionalisierte Form der Zusammenarbeit im Alpenraum gibt. Sie müssen daher ihre Rolle neu definieren.

Mit der AK dürften ihre Aufgaben aber noch wachsen, weil sich die grenzüberschreitende Zusammenarbeit in den A. einerseits vervielfältigt und andererseits die drei Arbeitsgemeinschaften über zahlreiche Erfahrungen und Kontaktnetze verfügen, die im Rahmen der AK erst aufgebaut werden müssen. *Probleme:* Drei zentrale Probleme haben bisher ihre Arbeit behindert:

1. Eine Arbeitsgemeinschaft ist eine lockere Form der Zusammenarbeit, die der gegenseitigen Information dient, die aber keine verbindlichen Beschlüsse fassen kann. Dies war in der Anfangsphase sinnvoll, stellt aber heute ein immer größeres Hindernis dar.

2. Mitglieder der Arbeitsgemeinschaften sind komplette Bundesländer, egal ob sie ganz oder nur randlich in den A. liegen. Daraus erwachsen teilweise entgegengesetzte politische Interessen: Innerhalb der Arge Alp z.B. setzen sich Tirol und Südtirol vehement *gegen* den Ausbau der Transitstraßen ein, während Bayern und die Lombardei mit ihren außeralpinen Wirtschaftszentren vom Ausbau des Alpentransitverkehrs bessere Standortbedingungen und neue Arbeitsplätze erwarten.

3. Bislang wurde die Arbeit der drei Arbeitsgemeinschaften dadurch blockiert, daß zentrale politische Zuständigkeiten – in der Verkehrs-, Landwirtschafts-, Energiepolitik usw. – keine Länder-, sondern Staatsangelegenheiten waren. Mit der AK ist diese Blokkade jetzt beseitigt, was der Arbeit der Arbeitsgemeinschaften einen neuen Auftrieb geben könnte.

Artenvielfalt/-reichtum

Der geographische Artenreichtum der A., der bislang noch nie systematisch untersucht wurde, ist deutlich höher als in Mittel- und Nordeuropa (Alpen: 2000–3000 Arten/100 km^2; Mitteleuropa: 1200–1500 Arten; Nordeuropa: 1000 Arten), dürfte innerhalb Europas nur noch von der Iberischen und Balkanhalbinsel übertroffen werden, und liegt alpenweit bei etwa 5000 Arten, das sind 3/7 der europäischen Arten. Diese Vielfalt verdanken sie einerseits dem hochaufragenden, kompliziert gebauten Gebirgskörper (ausgeprägte Gesteins-, Höhen-, Expositionsunterschiede, starker Gegensatz zwischen Rand- und Innenalpen), der den Pflanzen vielfältigste Standorte bietet, andererseits ihrer großen Ausdehnung im Übergangsbereich zwischen mitteleuropäischer, mediterraner und pannonischer Vegetation.

Trotz dieses Artenreichtums ist die Baumflora der A. aber – wie überall in Europa – verhältnismäßig artenarm und beträgt nur etwa 40 ursprüngliche Arten, darunter keine einzige endemische, also ausschließlich in den A. vorkommende Art. Bei den Nadelbäumen gibt es alpenweit sogar nur sieben Arten: Weißtanne, Fichte, Lärche, Zirbe oder Arve, Waldkiefer oder Föhre, Bergkiefer, Schwarzkiefer. Ursache sind die eiszeitliche Vergletscherung mit den schwierigen Wanderungsbedingungen speziell für Baumarten und die heutigen klimatischen Verhältnisse.

Die Strauchflora weist höhere Artenzahlen auf, hier sind besonders Wacholder (sechs Arten), Heide-Zwergsträucher (elf Arten, darunter Alpenrose, Heidelbeere, Besen- und Alpenheide) und Weiden (18 Straucharten von der collinen bis zur nivalen Stufe) zu nennen. Die höchsten Artenzahlen gibt es in den Rasengesellschaften aller Höhenstufen, darunter etwa 350 endemische Arten (v.a. bei Steinbrech, Schlüsselblume, Enzian, Glockenblume, Weide), und diese finden sich v.a. in den eiszeitlich wenig vergletscherten See- und Ligurischen A., am Südalpenrand zwischen Comer See und Isonzo/Soca und in den Südostalpen südlich des Klagenfurter Beckens.

Anthropogener Beitrag zur Artenvielfalt: Die Umwandlung der Naturlandschaft A. zu traditionellen Kulturlandschaften führte zu größerer Artenvielfalt:

1. Die Einführung der aus Vorderasien stammenden Acker- und Ackerbegleitflora und weiterer mitteleuropäischer und mediterraner Pflanzen (Kastanie, Wein, Obst) erhöhte die Artenvielfalt v.a. in den unteren Höhenstufen.

2. Die oft mosaikförmige Auflichtung der relativ artenarmen Waldgesellschaften der montanen und subalpinen Stufe führte nicht zum Verlust von Arten (die verbleibenden Waldflächen waren groß genug), sondern zu neuen Wuchsmöglichkeiten für Pflanzen, die im Naturraum auf sehr kleine Sonderstandorte (Lawinenbahnen, Steinschlagrinnen u.ä.) beschränkt waren.

3. Die vielfältigen Pflanzen der alpinen Rasengesellschaften konzentrierten sich im Naturraum auf relativ kleine Flächen. Erst die menschliche Umgestaltung der subalpinen und alpinen Stufe verschaffte ihnen ausgedehnte Wuchsmöglichkeiten.

4. Die traditionelle Kulturlandschaft war sehr kleinräumig strukturiert, und naturräumliche Grenzen waren in der Regel auch Grenzen unterschiedlicher Nutzungen, die als Grenzsäume

(Ackerraine, -terrassen, Lesesteinreihen, Busch-/Baumreihen) zahlreichen Tier- und Pflanzenarten eine besondere ökologische Nische boten, die es weder im Naturzustand noch in den heutigen, ausgeräumten Kulturlandschaften gibt. Die bäuerliche Besiedlung und Nutzung der Alpen hat den Artenreichtum in den A. also deutlich erhöht.

ASA
(= Arbeitsgemeinschaft sozialdemokratischer Parteien im Alpenraum, kurz auch „Alpensozis" genannt). Gemeinsames Kontakt- und Diskussionsforum sozialdemokratischer Parteien aus dem gesamten Alpenraum, das sich seit 1972 regelmäßig mindestens einmal jährlich trifft und dann mit Stellungnahmen, Forderungen und Presseerklärungen an die Öffentlichkeit tritt. Die ASA spielte eine wichtige Rolle bei den Vorarbeiten zur AK und anderen alpenweit relevanten Themen. Sie stellt im Alpenraum die einzige Form der Zusammenarbeit politischer Parteien dar (ähnliche Ansätze gibt es sonst nur noch bei den Grünen, sie sind aber weit weniger entwikkelt).

Aue oder Talaue:
Derjenige ebene oder nur leicht geneigte Teil des Talbodens, der bei Hochwasser regelmäßig überschwemmt wird, so daß sich im Naturzustand bestimmte Böden (Auenböden = regelmäßig überschwemmte Böden mit hohem Grundwasserstand) und Pflanzengesellschaften (Auwald) ausbilden. Die Auen der mittleren und großen Alpenflüsse sind diejenigen Gebiete, die einer menschlichen Nutzung am längsten versperrt blieben: Erst zwischen 1820 und 1914 wurden sie durch Tieferlegung und Begradigung der Flüsse trockengelegt und in ertragreiches Kulturland umgewandelt. Solche technischen Maßnahmen pflegen die Illusion, daß absoluter Hochwasserschutz möglich sei, was jedoch nicht der Realität entspricht, wie die großen Überschwemmungen immer wieder (zuletzt 1987) zeigen.

Auswanderung
Die Auswanderung spielte in den traditionellen Agrargesellschaften der A. eine wichtige wirtschaftliche Rolle, zudem kam ihr ein hoher Stellenwert für eine ökologisch angepaßte Bevölkerungsgröße und für Innovationen zu.

1. Saisonale Emigration: Da das winterliche Überleben in den Alpentälern nur von den im Sommer erzeugten Vorräten (d.h. Getreide, Käse sowie Heu für die Tiere) abhängt, wanderte traditionell (die frühesten Belege stammen aus dem Mittelalter) Teile der Bevölkerung (meist Männer) im Winter aus, um die Vorräte im Heimatort zu schonen: Sie arbeiteten außerhalb der A. in der Landwirtschaft (inverse Transhumanz), im Gewerbe (meist als Wander- oder Störhandwerker im ländlichen Raum) oder im Wander- und Hausiererhandel, wobei oft große Entfernungen zurückgelegt wurden. Meist besetzten Personen aus dem gleichem Tal eine bestimmte Marktlücke, die sie mittels Geheimsprache und systematischer Organisation vehement gegen Konkurrenten verteidigten. Im Frühjahr kehrten diese Menschen zum Beginn der Feldarbeiten in ihre Heimat zurück. Hier legten sie das in der Fremde verdiente Geld in Gebäude und Grundbesitz an, was die Preise nach oben drückte.

Daneben gab es eine saisonale Auswanderung mit rein landwirtschaftlicher Ausrichtung, an der Männer und Frauen teilnahmen: Sie beruhte daruf, daß die Arbeitsspitzen in der Landwirtschaft der Voralpenregionen zu einem anderen Datum (meist früher) stattfanden als im Gebirge. Das führte zu kurzzeitigen Emigrationen von ein bis zwei, drei Wochen vom Spätwinter bis zum Frühsommer bzw. im Herbst. Unter diese landwirtschaftliche Emigration fällt auch die Vermietung von Kindern für die Sommerperiode zu Hüte- und Hilfstätigkeiten. Diese sind in Deutschland als Schwabenkinder bekannt (Kinder aus den westösterr. und Bündner Realteilungsgebieten wurden ins schwäbische Alpenvorland geschickt). Sie fanden sich aber früher in sehr vielen Alpenregionen, oft in Verbindung mit speziellen Kindermärkten, auf denen das Mietverhältnis vereinbart wurde.

Ziel solcher saisonalen Emigration war es, die ökologische Tragfähigkeit eines Alpentales voll auszunutzen, indem die Bedeutung des limitierendsten Faktors (der Alpenwinter) reduziert und die verfügbare Arbeitskraft optimal eingesetzt wurde.

2. Zeitweilige Emigration: Bei Naturkatastrophen, die einen Teil der Nutzfläche zerstörten, oder in besonders nassen oder schneereichen Sommern wanderte ein Teil der Bevölkerung (meist Unverheiratete beiderlei Geschlechts) aus und kehrte erst zurück, wenn sich die Verhältnisse wieder gebessert hatten. Damit konnte man kurzfristig die Bevölkerungszahl der veränderten ökologischen Tragfähigkeit anpassen.

3. Definitive Emigration: Auch diese Emigrationsform, bei der junge Menschen (meist Männer) mit Anfang Zwanzig ihre Heimat verließen und entweder nie oder erst am Ende ihres Arbeitslebens zurückkehrten, besitzt eine lange Tradition in den A. Ähnlich wie bei der saisonalen Emigration besaßen auch hier bestimmte Täler bestimmte Berufstraditionen. Europaweit bekannt wurden die Maurer und Baumeister aus dem Tessin und den Bergamasker A., die Zuckerbäcker aus dem Engadin (die bis nach St. Petersburg gelangten), die Söldner aus der Schweiz (sog. Reisläufer, zwischen 1373 und dem Verbot im Jahr 1848 von etwa 1 Mio. Männer praktiziert, einzige Ausnahme heute: die päpstliche Schweizer Garde im Vatikan) oder die „Schweizer" (Sennen aus dem Hirtenland, die die Innovation der Labkäserei ins Ausland exportierten).

Streng unterscheiden muß man davon die definitive Emigration aus den A. seit etwa 1850, denn jetzt taucht ein völlig neues Phänomen auf, nämlich die Landflucht im Rahmen der europ. Industrialisierung, bei der aus Bauern Fabrikarbeiter wurden.

Emigration und Innovation: Mittels der drei Emigrationsformen waren die A. in der Geschichte stets mit dem übrigen Europa verknüpft und nie ein isolierter, abgeschlossener Raum. Die saisonale Emigration blieb wegen der kurzen Zeitdauer den heimatlichen Werten und Normen eng verbunden, so daß der ökonomische Ertrag in die bestehenden Strukturen investiert wurde und Erfindungen oder Neuerungen nur zur Verbesserung und Perfektionierung dieses Systems dienten. Dadurch wurden letztlich Verhältnisse zementiert und fundamentale Veränderungen blockiert.

Ganz anders die Personen, die nach vielen Jahren oder nach Jahrzehnten in ihr Heimatdorf zurückkehrten, beide Welten gut kennengelernt hatten und deshalb in der Lage waren, dort wirkliche Veränderungen zu realisieren. Diese sind oft die Träger fundamentaler Innovation in den A.

Heutige Situation: Die traditionellen Emigrationsformen sind seit 1955 verschwunden. Heute spielt die zeitweise Emigration zu Ausbildungszwecken eine erhebliche Rolle (in den A. fehlen meist die höheren Ausbildungsgänge). Sie ist allerdings mit der Gefahr verbunden, daß die jungen Menschen nach Ausbildungsabschluß in der Großstadt bleiben. In Tourismuszentren werden immer häufiger Einheimische zur Emigration gezwungen, weil die Grundstücks- bzw. Mietpreise zu hoch sind.

Inzwischen gibt es auch eine Immigration, eine Rückwanderung ehemaliger Emigranten in die A. Dabei handelt es sich teilweise um noch sehr aktive Frührentner, die stets die Beziehung zu ihrem Heimatort gepflegt haben und die hierher zurückkehren, weil die Lebenshaltungskosten geringer und die Lebensqualität höher als in der Stadt ist. Es könnte sein, daß diese Rückwanderer – ähnlich wie in früheren Zeiten – v.a. in den strukturschwachen Alpenregionen für neue Impulse sorgen.

Autarkiewirtschaft
Das klassische Bild sieht die Landwirtschaft in den A. als geschlossenes System der Eigenversorgung (Autarkie) an, bei der jeder einzelne Hof alle Lebensmittel selbst produziert und lediglich Salz (zum Haltbarmachen von Käse und Fleisch) und Metalle (für Werkzeuge bzw. Waffen) einkaufen muß. Dies trifft jedoch seit dem Mittelalter nur noch bedingt zu: Blühende landwirtschaftliche Märkte in jedem Alpental verweisen auf einen erheblichen Tausch und Handel mit landwirtschaftlichen Produkten, der zwei Ursachen hat:

1. Unausgewogene Besitzverhältnisse einer Familie (in Realteilungsgebieten sehr häufig) oder eine ungünstige naturräumliche Ausstattung eines Tales (z.B. zu wenig Fläche für Ackernutzung) zwingen die Betroffenen, fehlende Produkte durch Tausch mit Nachbargemeinden/-tälern zu erwerben.

2. Wo Regionen mit sehr ungleichem Nutzungspotential aneinander grenzen (z.B. inneralpine Trockenzone – alpine Seitentäler; Alpen – Voralpengebiet/Ebene), entwickeln sich früh komplementäre Produktionsschwerpunkte mit bedeutenden Marktorten (z.B. am Alpenrand).

Badland
Englischer Begriff zur Bezeichnung von durch linienhafte fluviale Erosion vollständig zerstörten Hängen oder Oberflächen (Entstadium der Zerrunsung), der ins Deutsche übernommen wurde, weil ein entsprechender Begriff fehlt.

Balm

Vorrömischer Begriff für einen Felsüberhang, der von Menschen mittels einer Steinmauer leicht in einen geschützten Wohnraum verwandelt werden kann. Dies waren neben Höhlen die frühesten Wohnstätten in den A., die v.a. im Almbereich bis weit ins 20. Jh. hinein genutzt wurden. In Form von Flur-, Orts- und Almnamen heute noch sehr weit verbreitet.

Bannwald

Wald- oder Waldstück, das zum Schutz einer Siedlung vor Lawinen dient und daher nicht gerodet werden darf. Der älteste ist der Bannwald oberhalb von Andermatt (Uri/CH), der seit dem Jahr 1397 geschützt und bis heute erhalten ist.

Bauwirtschaft

Diese Wirtschaftsbranche, die zum 2. Wirtschaftssektor gehört, verzeichnete nach 1955 einen großen Aufschwung, weil von den Einheimischen zahlreiche alte Gebäude abgerissen und neu errichtet wurden und weil Touristen und Zuzügler für zahlreiche Neubauten sorgten. Damit wurden dezentral viele neue Ganzjahresarbeitsplätze und Nebenerwerbsmöglichkeiten für Bergbauern geschaffen, die den Rückgang der Landwirtschaft teilweise kompensieren konnten. Im Laufe der Zeit bekam diese Entwicklung einen kontraproduktiven Charakter: Um die Arbeitsplätze zu erhalten, mußte jährlich eine größere Zahl von Neubauten errichtet werden, was nur gelang, wenn immer mehr Bauland an Auswärtige verkauft wurde. Die Sicherung der dezentralen Arbeitsplätze war also nur zum Preis der ökonomischen, politischen und kulturellen Überfremdung möglich, was zu heftigen Konflikten unter den Einheimischen führte. Die Rezession der Baukonjunktur in den A. seit Ende der 80er Jahre hat dieses Problem etwas entschärft, aber keineswegs gelöst. Die Entwicklung der Bauwirtschaft ist ein gutes Beispiel für eine Wirtschaftsweise, bei der im Wirtschaftsprozeß die Voraussetzung des Wirtschaftens (die Existenz von bebaubaren Flächen) so lange vernutzt wird, bis sie aufgebraucht ist. Die Bauwirtschaft – als unverzichtbare Wirtschaftsaktivität in den A. – besitzt nur dann eine Zukunft, wenn sie neugeordnet wird und sich verstärkt auf baubiologisch orientierte Reparaturen, Umbauten, Sanierung und Modernisierung der bestehenden Hoch- und Tiefbauten konzentriert.

Bayerische A.
Nach Liechtenstein (und Monaco) sind sie mit 5.290 km² (= 3 % der Alpenfläche) der kleinste nationale Alpenteilraum, der jedoch mit fast 450.000 Einwohnern 1990 (= 4 % der Alpenbevölkerung) recht dicht besiedelt ist. Sie umfassen einen schmalen Streifen am Nordrand der A., der nur an drei Stellen (Oberstdorf, Garmisch, Berchtesgaden) eine etwas größere Tiefe aufweist. Der höchste Berg ist die Zugspitze, 2963 m. Die bayer. A. erhalten hohe Niederschlagsmengen und bestehen im kleineren südlichen Teil aus den siedlungs- und nutzungsfeindlichen Nördl. Kalkalpen, im nördlichen Teil aus den Voralpen (Molasse, Flysch), die den Menschen wesentlich bessere Bedingungen bieten.

Die bayer. A. sind stark dezentral-flächenhaft touristisch erschlossen. Der Urlaubstourismus wird vom Naherholungstourismus der Agglomeration München überlagert, so daß wir hier fast überall sehr hohe Tourismusintensitäten und Flächennutzungskonkurrenzen vorfinden. Der Einfluß von München ist so stark, daß sich in den gesamten bayer. A. kein Oberzentrum ausbilden konnte. Seit einiger Zeit wird die Funktion als Wohnstandort für Arbeitsplätze der Münchner Agglomeration dank verbesserter Verkehrsverbindung immer bedeutender, wodurch sich der Nutzungs- und Siedlungsdruck weiter erhöht. Lediglich der westlichste Teil der bayer. A., das Allgäu, ist davon weniger stark betroffen. Resultat dieser Entwicklung ist ein extrem hohes Bevölkerungswachstum (1870–1990: 3,5-facher Bevölkerungsanstieg), das deutlich über dem bayer. Durchschnitt liegt und das – nach Liechtenstein – das höchste aller nationalen Alpenteilräume ist. Die bayer. Regierung hat bereits 1970 einen „Alpenplan“ zur politischen Steuerung dieser Entwicklung erarbeitet und eine Zonierung der bayer. A. in drei Kategorien (Zone C: absolute, B: relative, A: keine Einschränkungen) ausgewiesen. Sie setzt sich heute im Rahmen der AK v.a. für den Schutz der A. ein, weil die gesamtwirtschaftliche Entwicklung keine zusätzliche staatliche Förderung benötigt.

Bergbahnen oder mechanische Aufstiegshilfen
Sammelbezeichnung für verschiedenste technische Systeme zur Überwindung von Höhenunterschieden in den A.

1. Reibungs- oder Adhäsionsbahnen (Steigung bis 7 %): Seit dem Bau der Semmeringbahn 1854 entsteht neben den Transitstrecken auch ein eigentliches Bergbahnnetz (meist in Schmalspur), um Alpentäler und Tourismusorte zu erschließen. Es ist im Bereich Graubündens (Rhätische Bahn) alpenweit am dichtesten ausgebaut. Der Berninapaß, 2257 m, ist der höchste Punkt einer Adhäsionsbahn in den A. (1906–10 erbaut).

2. *Zahnradbahnen* (Steigung bis 48 %): Die erste Bahn wird 1871 auf die Rigi am Vierwaldstättersee, die steilste Bahn der A. (48 % Steigung) 1889 auf den Pilatus, die höchste 1912 auf das Jungfraujoch, 3454 m, gebaut. Nur der Ausbruch des Ersten Weltkrieges verhindert die Realisierung noch ehrgeizigerer Pläne. Zwischen 1890 und 1914 entstehen solche Bahnen zahlreich, in den 20/30er Jahren vereinzelt (u.a. Zugspitzbahn), nach dem Zweiten Weltkrieg wird diese Technik nicht mehr angewandt. Die Schweiz ist das Land mit den meisten Zahnradbahnen der A.

3. *Standseilbahnen* (Steigung bis 75 %): Auf Schienen laufendes, mit einem Drahtseil verbundenes Wagenpaar, wobei der bergabfahrende Wagen den bergauffahrenden mit in die Höhe zieht (in der Streckenmitte die Ausweichstelle). Die ersten Anlagen (1891: Lauterbrunnen-Grütschalp/Mürren im Berner Oberland) benötigten keine Fremdenergie, sondern erreichten mit der Füllung eines Wassertanks, daß der bergabfahrende Wagen den anderen in die Höhe zog; später elektrifiziert. Vor dem Ersten Weltkrieg entstanden zahlreiche Anlagen, v.a. in der Schweiz, in den 50er Jahren gab es die letzten Neubauten.

4. *Luftseilbahnen* oder Seilschwebebahnen (Steigung bis 85 %): An einem Drahtseil hängende und von einem Zugseil gezogene Bahn, je nach Größe Gondelbahn (1–6 Personen), Kabinenbahn oder Großkabinenbahn (100 Personen) genannt, mit zwei (Pendelbahn) oder vielen Kabinen. Erste Anlagen im Jahr 1908 bei Bozen (Seilbahn nach Kohlern) und Grindelwald eröffnet (Wetterhornaufzug als erster Abschnitt einer Seilbahn auf das Wetterhorn, im Ersten Weltkrieg Rentabilitätsverlust, anschließend abgebrochen). Der technische Durchbruch geschah im Ersten Weltkrieg an der Dolomitenfront: Das dort erfundene Bleichert-Zuegg-System (Verwendung von stark gespannten Drahtseilen) schuf die technischen Voraussetzungen für den Boom der Luftschwebebahnen: In der Zwischenkriegszeit entstanden alpenweit etwa 30–35 Anlagen. Nach 1955 wurde die Seilbahn zur häufigsten Aufstiegshilfe im Alpenraum und zur meistbenutzen Chiffre für den Fortschritt im

Gebirge. Die höchsten Seilbahnen wurden 1955 die Aiguille du Midi, 3803 m, bei Chamonix und 1982 auf das Kleine Matterhorn, 3820 m, bei Zermatt gebaut. Seit den 80er Jahren hat sich das positive Seilbahn-Image verbraucht, und man versucht durch allerlei Veränderungen (u.a. im Kabinendesign) dieses Verkehrsmittel besser dem Zeitgeist anzupassen. Die letzten technischen Neuerungen: Kombination einer 3-Seil-Seilbahn mit einer Pendelbahn (Saas-Fee/Wallis 1992), um 360-Grad-drehbare Großkabinen (Titlis/Innerschweiz 1993) und Doppelstock-Kabinen für 180 Personen (Samnaun/Silvretta/CH 1995).

5. *Metro Alpin:* Aus Gründen des Umweltschutzes (kaum noch Baubewilligungen für neue große Luftseilbahnen) und der Betriebssicherheit im Winter erlebte Anfang der 80er Jahre die alte Standseilbahn in neuer Form – als U-Bahn – ein Comeback in den A. (1983: Zermatt; 1984: Saas Fee). Ihre große Transportkapazität und hohe Geschwindigkeit stellt heute das ideale Verkehrsmittel zur Versorgung hochgelegener, stark frequentierter Skigebiete dar. Daß die fehlende Aussicht während der Fahrt nicht als Mangel erlebt wird, gibt einen Hinweis darauf, daß es den Besuchern nicht mehr auf das Landschaftserlebnis, sondern auf die sportliche Aktivität ankommt. Die Metro Alpin von Saas Fee endet auf 3500 m (höchste Standseilbahn der A.).

6. *Skilifte:* Die bisher dargestellten Bahnen sind sog. Erschließungsbahnen, die meist von einer Dauersiedlung aus auf einen Punkt in großen Höhen führen und über erhebliche Transportkapazitäten verfügen. Mit dem Aufschwung des Abfahrtsskilaufs wurden auch kleine dezentrale Anlagen im Skigebiet nötig. Ab 1927/28 entstanden die ersten kleinen Anlagen, die ab 1965 einen Boom erlebten. Schlepplifte, die den Skifahrer aufwärts ziehen, waren anfangs sehr häufig, kommen seit den 80er Jahren aber aus der Mode, weil sie zu langsam, zu unbequem und unfallträchtig sind. Sessellifte werden dagegen immer größer (anfangs Einer-, heute Vierer- und Sechserlifte), schneller, technisch aufwendiger (kuppelbare Anlagen zur flexiblen Kapazitätsanpassung) und komfortabler (Plexiglasschutz gegen Wind und Schnee, sog. Bubble). Oder sie werden gleich durch kleine Luftseilbahnen ersetzt. Die höchsten Skilifte liegen im Bereich der höchsten Erschließungsbahnen, der allerhöchste ist der Gipfellift am Kleinen Matterhorn/Walliser A. (CH/I): Er endet auf 3885 m.

Gesamtzahlen: Insgesamt gibt es in den A. heute etwa 12.000–13.500 mechanische Aufstiegshilfen, von denen etwa 85–90 % Skilifte sind. Dies entspricht etwa 60 % des weltweiten Bestandes.

Bergfex
Bayer.-österr. Ausdruck für einen Bergsteiger oder -wanderer mit abwertendem Unterton. Heute teilweise als Selbstbezeichnung im positiven Sinne gebraucht.

Bergflucht
Traditioneller Begriff für die Entsiedlung von Alpenregionen durch Abwanderung. Bis in die 50er Jahre hinein häufig gebraucht, durch den Aufschwung des Tourismus dann in Vergessenheit geraten, obwohl das Phänomen weiter existiert.

Berggebiet, klassifiziertes
Juristischer Fachbegriff zur Bezeichnung derjenigen Gebirgsgebiete, die durch ein Berggebietsgesetz eine besondere wirtschaftliche Förderung erfahren. Alle Staaten mit Alpenanteil besitzen auch außerhalb der A. Berggebiete, z.B. D: Bayer. Wald, A: Wald- und Mühlviertel, CH: Jura, F: Zentralmassiv, I: Apennin. In den großen Flächenstaaten D, F, I sind die außeralpinen Berggebiete wesentlich umfangreicher und erheblich strukturschwächer als diejenigen des Alpenraums, in den kleinen Staaten A, CH, FL, SLO ist es genau umgekehrt. Daraus erwachsen wichtige Unterschiede in den staatlichen Berggebietspolitiken.

Die Berggebiete werden auf Gemeindeebene (gelegentlich auch Teilflächen von Gemeinden) ausgewiesen. Zur Abgrenzung dienen Ungunstfaktoren des Naturraums für die menschliche Nutzung (Relief, Boden, Klima) und eine schlechte wirtschaftliche Situation, wobei die Untergrenze je nach Staat zwischen 500 m und 800 m Höhenmeter (Höhenlage des Gemeindezentrums) variiert. Wegen der Kombination naturräumlicher *und* wirtschaftlicher Faktoren gibt es gelegentlich „Löcher“ im Berggebiet. In der Schweiz sind wirtschaftsstarke Regionen wie Davos, Oberengadin, Bellinzona, in Italien Städte mit mehr als 40.000 Einwohnern von der Berggebietsförderung ausgeschlossen. Dieser Begriff darf nicht mit dem landwirtschaftlichen Berggebiet (Bergbauerngebiet) verwechselt werden, das in der Regel enger abgegrenzt ist.

Berggebietspolitik
Als Berggebietsgesetz werden staatliche Gesetze bezeichnet, die das Ziel verfolgen, das meist benachteiligte und strukturschwache Berggebiet mittels staatlichen Maßnahmen (Raumplanungspolitik, steuerliche Erleichterungen, finanzielle Zuwendungen) zu fördern. I = 1971, CH = 1974/75 (Investitionshilfegesetz/IHG für die Berggebiete), F = 1985, A = kein Berggebietsgesetz, statt dessen Bergbauernförderung, in D = Bayer. Alpenplan 1972. Diese sog. erste Generation der Berggebietsgesetze bewertete das Berggebiet pauschal und generell als förderungsbedürftig. Zu diesem Zweck wurde das Berggebiet meist auf Gemeindeebene räumlich abgegrenzt (= Geltungsbereich des Gesetzes), und I und CH schufen zur Umsetzung eigene Berggebietsregionen (CH = IHG-Regionen, I = comunità montane). Die zweite Generation der Berggebietsgesetze beginnt in den 90er Jahren (I = 1994, CH, A, SLO in Vorbereitung) und ist dadurch geprägt, daß das Berggebiet nicht mehr pauschal als förderungsbedürftig angesehen wird, sondern daß Förderungen je nach spezifischer Situation differenziert werden sollen.

Die Berggebietsgesetze sind zwar vom Anspruch her integrativ ausgerichtete Gesetze (Querschnittsgesetze), aber in der Umsetzung dominierte in den 70er Jahren meist der Aspekt der Wirtschaftsförderung, oft rein als Infrastrukturausbau (Hof-/Erschließungsstraßen) verstanden. Erst in den 80er Jahren wurden dann gezielt ökologische und sozio-kulturelle Aspekte aufgewertet, so daß sich eine integrativere Sichtweise etablierte. In der 2. Hälfte der 80er Jahre bildeten sich alpenweit folgende Schwerpunkte und Gemeinsamkeiten heraus: Förderung einer umweltverträglichen Land- und Forstwirtschaft, Tourismusförderung nur bei dezentralen, umweltverträglichen Projekten, Förderung von Handwerks- und Industrieprojekten ohne Umweltbelastung, starke Betonung des Umweltschutzes zum Erhalt der natürlichen und menschlich geschaffenen Potentiale und Ressourcen, starke Förderung von Projekten zur Stärkung der kulturellen Identität, Betonung der notwendigen Vernetzung im Bereich der Wirtschaft selbst (regionale Vernetzungen) sowie zwischen Wirtschaft-Gesellschaft-Umwelt.

Auch wenn die konkrete Umsetzung diesen Zielen nicht immer gerecht wird, so wird damit doch auf oberster politischer Ebene eine richtige Richtung eingeschlagen, die de facto eine Abkehr von den Rahmenbedingungen des Europ. Binnenmarktes bedeutet (Sonderbedingungen für die Gebirgsräume). Sehr aufschlußreich ist dabei Frankreich: Jahrzehntelang hatte der franz. Staat die räumlichen Disparitäten in den franz. A. aktiv gestützt: Mit dem „Plan neige" förderte F. systematisch den Bau von großen Skistationen und mit der Naturparkausweisung den Sommertourismus auf kleinen Flächen, während die übrigen Alpengebiete durch keinerlei Förderung bedacht wurden. Mit dem Berggebietsgesetz von 1985 (loi montagne) verläßt F. diese Strategie und bemüht sich um eine dezentrale, umwelt- und sozialverträgliche Gesamtentwicklung der franz. A.

Diese strategischen Gemeinsamkeiten auf der Ebene der staatlichen Berggebietspolitiken sind die materielle und immaterielle Grundlage der AK, ihr inhaltliches Fundament, ohne das sie gar nicht zustandegekommen wäre. Was derzeit allerdings noch völlig fehlt, ist die explizite politische Verbindung zwischen der AK (als raumordnungspolitisches Leitbild der A.) und den einzelnen staatlichen Berggebietsgesetzen (als konkretisierte raumordnungspolitische Leitbilder für die einzelstaatlichen Alpenteilräume).

Obwohl die Berggebietspolitik eine inzwischen 25-jährige Tradition in den A. hat und die Realität der A. stark prägt, ist sie in der Öffentlichkeit kaum bekannt, weil erst detaillierte Fachkenntnisse das Verständnis ermöglichen. Hier wäre eine bessere Öffentlichkeitsarbeit zu begrüßen.

Berghilfe

Private schweiz. Organisation (Verein), die jährlich durch Sammlungen, Spenden, Erbschaften, Nachlässe u.ä. etwa 15 Mio. sFr. von privater Seite erhält (keine staatliche Förderung) und die dieses Geld zur Unterstützung bedürftiger oder notleidender Bergbauern (inkl. Beiträge zur Infrastrukturverbesserung, Wohnhaussanierung) verwendet. Eine ähnliche Aufgabe verfolgte der Verein „Stille Hilfe Südtirol" (Sitz in München), der seit kurzem aber wegen Veruntreuung von Vereinsgeldern angeklagt ist.

Diese beiden Beispiele zeigen, welche Möglichkeiten private Organisationen im Alpenraum haben und daß nicht immer nur staatlich gefördert werden muß. Eine europaweite Berghilfe nach Schweizer Muster (mit Sektionen in all jenen Staaten, die eine relevante Zahl an Alpentourisiten entsenden) könnte einiges bewirken.

Bergler
Neudeutsche Bezeichnung für einen Alpenbewohner.

Bergmähder
Mahdflächen in der alpinen und nivalen Höhenstufe, die nicht beweidet werden, weil sie zu steil, zu trocken oder für das Vieh nicht erreichbar sind. Sie werden sehr unterschiedlich benannt (CH: Wildheuberge) und sind entweder in privatem oder kommunalem Besitz (Allmende). Sie werden nicht gedüngt, geben ein kurzes, sehr nährstoffreiches Heu und können manchmal nur alle zwei bis drei Jahre gemäht werden. Das Wildheu wird meist an Ort und Stelle in Form von Tristen aufgeschichtet und im Winter mit dem Schlitten („Heuzug") ins Tal gebracht. Seit den 30er Jahren dieses Jh. werden zum Transport auch Heuseile (Drahtseile, die Felsabhänge überspannen) verwendet. In der traditionellen Landwirtschaft waren die Bergmähder besonders für die kleinen Bauern und die landlose Bevölkerung unverzichtbar. Zwischen 1960 und 1965 wurde die Nutzung der Bergmähder fast überall in den A. eingestellt; seitdem werden nur noch wenige gemäht, wofür heute oft spezielle Prämien bezahlt werden.

Wegen der gefährlichen Arbeit auf den oft von Felsen umgebenen Bergmähdern spielen sie im Brauchtum eine besondere Rolle. Dort, wo sie kommunales Eigentum sind, ist die (jährliche) Verteilung oder Verlosung der Bergmahdparzellen an die Berechtigten ein kultureller Höhepunkt. In der Zeit der Romantisierung der Alpen durch den frühen Tourismus wurde der Wildheuer eine wichtige Symbolfigur des einfachen Alpenlebens, und Schiller stellte Wilhelm Tell als Wildheuer dar.

Bergnomadismus
Volkskundlicher Begriff für eine nomadische Wirtschaftsform, die im Winter die tiefen Lagen vor bzw. außerhalb der Gebirge und im Sommer die Almstufe der Gebirge nutzt, wobei Sommer- und Winterweiden oft Hunderte von Kilometern voneinander entfernt sind. Im Unterschied zur Transhumanz zieht die gesamte Familiengruppe (und nicht nur einzelne Hirten) mit den Tieren, und es gibt keinen festen Dauerwohnsitz. Bergnomadismus findet sich in den sehr trockenen Gebirgen Vorderasiens und Nordafrikas und ist in den A. unbekannt. Wenn in den A. umgangssprachlich von Nomadismus gesprochen wird, sind damit jahreszeitliche Wande-

rungen zwischen Dauersiedlungen, Maiensäßen und Almen gemeint, die jedoch nicht unter den Begriff Nomadismus im strengen Sinne zu fassen sind.

Bergputzer
Männer, die angeseilt steile Felswände von losem Gestein und Geröll säubern, um Steinschlag zu verhindern; besonders oberhalb von Straßen, Siedlungen, touristischen Anlagen.

Bergschrund
Bezeichnung für die oberste Gletscherspalte, die den fließenden Gletscher vom Felsen bzw. am Felsuntergrund festgefrorenen Firn trennt. Vom Bergsteiger oft nur mit Mühe zu überwinden.

Bergsturz
Dieser Begriff ist mißverständlich, weil erstens kein „Berg", sondern eine Wand oder ein steiler Hang abbricht, und weil es sich zweitens nur teilweise um einen Sturz, teilweise aber um schnelle Gleitbewegungen handelt. Definition nach ABELE: Bergstürze sind Fels- und Schuttbewegungen, die mit hoher Geschwindigkeit (in Sekunden oder Minuten) aus Bergflanken niedergehen und die im Ablagerungsgebiet ein Volumen von mind. 1 Mio. m^3 besitzen und eine Fläche von mind. 1 km^2 bedecken. Ereignise, die *kleiner* sind, werden als Felssturz bezeichnet. Ereignisse, die *langsamer* ablaufen, sind Rutschungen.

Ursachen: Ein Bergsturz benötigt eine interne Ursache (bestimmte Gesteinsbeschaffenheit) als Voraussetzung und eine externe Ursache (Angriff äußerer Kräfte), die den Zeitpunkt bestimmt, wann der Bergsturz abgeht.

Interne Ursachen: Damit ein Bergsturz entstehen kann, muß das Gestein zahlreiche innere Bruchlinien aufweisen, gleichzeitig aber die Fähigkeit besitzen, Spannungen über längere Zeit auszuhalten; andernfalls entstehen statt eines Bergsturzes viele kleine Felsstürze. Diese doppelte Eigenschaft besitzen Kalk- und Dolomitgesteine am ausgeprägtesten, und daher sind hier Bergstürze am häufigsten und auch am größten. Kristalline Gesteine sind weniger anfällig für Bergstürze, in den übrigen Gesteinen gibt es praktisch keine Bergstürze.

Externe Ursachen: Ein Auslösefaktor sind Erdbeben, der zweite Wasser, das als Kluft- und Porenwasser weit in das Berginnere eindringt (v.a. nach langanhaltenden Starkniederschlägen), der dritte und häufigste ist die Übersteilung der Hänge der Trogtäler durch die eiszeitlichen Gletscher: Nach Abschmelzen des Eises brachen am Ende der letzten Eiszeit zahlreiche Bergstürze aus den Talflanken, und diese Ereignisse halten bis heute (1987) an.

Verbreitung und Größe: Bergstürze sind v.a. in den Nördlichen und Südlichen Kalkalpen zu finden, wobei sie um das Aaremassiv herum (Siders, Vierwaldstättersee, Flims), im Bereich der Linie Eibsee – Fernpaß-Tschirgant – Vorderes Ötztal sowie am Hochschwab besonders häufig sind. Es gibt insgesamt 94 Bergstürze, von denen 14 eine Fläche von mehr als 10 km^2 bedecken. Der größte ist derjenige von Flims mit 51 km^2, dann folgen der von Siders/Mittelwallis mit 28 km^2 und der Dobratsch-Bergsturz (Gailtal/Kärnten) mit 24 km^2.

Formen: Die Abrißnischen der Bergstürze am Hang sind meist noch heute gut zu erkennen. Das Ablagerungsgebiet ist durch ein sehr unruhiges, kleinhügeliges Relief mit zahlreichen kleinen Seen geprägt. Nach dem rätoroman. Lokalbegriff aus dem Vorderrheintal bei Flims (toma = isolierter kleiner Hügel aus Bergsturzmaterial, der in Gruppen auftritt), werden solche Gebiete Toma-Landschaften genannt. In vielen Fällen staute der Bergsturz einen Fluß zu einem See auf, der später das Hindernis mit einer großen Flutwelle durchbrach. Wegen des chaotischen Reliefs, der Grobblockigkeit, der Wasserdurchlässigkeit und der verzögerten Bodenbildung sind die Ablagerungsgebiete nutzungsfeindlich und fallen als bewaldete Flächen im ansonsten waldfreien Talboden meist gut ins Auge. Sie stellen für den Menschen einen Trennraum dar: Flimser Bergsturz: Sprachgrenze der rätoroman. Dialekte Sur- und Sutselvisch, Grenze katholisch-evangelisch, politische Grenze; Pfinwald/Bergsturz bei Siders: Sprachgrenze deutsch-frankoprovenzalisch, wichtige politische Grenze.

Zeitliche Dynamik: Bergstürze waren zwar am Ende der letzten Eiszeit besonders häufig, gehören aber zu den normalen geomorphologischen Prozessen des Hochgebirges. Die jüngsten Bergstürze: Goldau (Innerschweiz) 1806 mit 457 Toten, Elm (Glarner A.) 1881 mit 115 Toten, Monte Toc (Venetianische A.) 1963, durch Aufstau des Vajont-Sees ausgelöst, dessen Flutwelle im Piavetal 1900 Menschen tötete; und 1987 am Crap del Solk (Veltlin, südl. von Bormio) mit einem Volumen von 30–40 Mio. m^3, der drei Dörfer begrub (29 Tote, 407 geschädigte Personen) und die Adda aufstaute; das Ausbrechen der Flutwelle wurde durch technische Maßnahmen verhindert. Bergstürze gehören heute zu den größten Bedrohungen des Menschen in den A.; ihre Dynamik ist technisch nicht kontrollierbar, so daß bergsturzgefährdete Bereiche gemieden werden müssen.

Berg-/Talwind
Typisches Windsystem im Hochgebirge. Während des Tages wird die Luft im Tal und über den Talflanken stark erwärmt, so daß sie aufsteigt und als Talwind zum Talschluß bzw. Gebirgskamm weht. Während der Nacht kühlt sich die Luft über den Gipfeln stärker ab als im Tal, wird dadurch schwerer, sinkt ab und fließt als Bergwind talwärts.

Bestoßen
Traditioneller Ausdruck für die Weidenutzung einer Alm. Das Maß für die richtige Zahl der Tiere heißt „der Stoß" und läßt sich auf die verschiedenen Tierarten umrechnen.

Bevölkerungsentwicklung
Alpenweit vergleichbare Bevölkerungszählungen reichen nur bis zum Jahr 1870 zurück. Für die Zeit davor gibt es keinerlei gesamtalpine Untersuchungen, so daß man sich mit sehr groben Schätzungen begnügen muß. Auf der Grundlage der Wirtschaftsgeschichte der A. kann man folgende Aussagen ableiten:

Römerzeit: Etwa 2 Mio. Alpenbewohner, anschließend starker Rückgang.

Mittelalter: Um 1350 Bevölkerungsmaximum mit 3 Mio. Menschen, anschließend Rückgang der Bevölkerung. Langsames Wachstum ab dem 16. Jh., im 18. Jh. durch Protoindustrialisierung starkes Wachstum.

Im 19. Jh. setzt mit der Industrialisierung der A. eine doppelte Entwicklung ein: Agrarisch-ländliche Alpenregionen geraten in die Krise und verlieren viele Einwohner, Regionen mit Tourismus oder Industrie sowie Städte mit guter Erreichbarkeit verzeichnen einen Bevölkerungsanstieg. Dabei gibt es erhebliche nationale und regionale Unterschiede:

Franz. A.: Ab 1848 setzt der Bevölkerungsrückgang im ländl. Raum ein, der v.a. in den franz. Südalpen sehr stark ausgeprägt ist. In den Nordalpen ist das Bevölkerungswachstum durch Industrialisierung, Verstädterung und Tourismus größer als der Bevölkerungsverlust durch die Krise der Landwirtschaft.

Österr. A.: Der Bevölkerungsrückgang im ländl. Raum setzt 1870–80 ein. In den östlichen Ostalpen findet er bereits ab 1840 statt, wird dann aber durch die Industrialisierung der Mur-Mürz-Furche mehr als kompensiert. In den west-österr. Realteilungsgebieten wächst die Bevölkerung bis 1900–10 und geht erst dann zurück. Durch Industrialisierung, Städtewachstum, Tourismus wird der Verlust des ländlichen Raumes mehr als ausgeglichen.

Schweiz. A.: Der Bevölkerungsrückgang im ländlichen Raum setzt ab 1870–80 ein, ist in Graubünden und v.a. im Tessin sehr stark ausgeprägt, während das ländliche Wallis und die industrialisierten ostschweiz. A. noch einige Jahrzehnte wachsen. Die übrigen Regionen ändern sich wenig. Auch in den Schweiz. A. findet unter dem Strich ein Wachstum statt.

Ital. A.: Der Bevölkerungsrückgang setzt in den west- und zentralital. A. um 1880–90, in den ostital. A. erst ab 1920 ein und erreicht erhebliche Ausmaße. Ein deutliches Städtewachstum und eine schwache Industrie- und Tourismusentwicklung lassen die Einwohnerzahl insgesamt stagnieren.

Bayer. A.: Der Bevölkerungsrückgang im ländlichen Raum ab 1870 ist hier kaum wahrzunehmen die Alpenbevölkerung wächst seit 1840 insgesamt stark an.

Slow. A.: Diese A. sind bis 1914 ein Teil Österreichs und weisen keine davon abweichende Entwicklung auf.

1870–1990: Die Alpenbevölkerung wächst von 1870 = 7 Mio. auf 1990 = 11 Mio., also um 57 %. Dies ist im europ. Rahmen ein bescheidenes Wachstum; die 7 Staaten mit Alpenanteil wachsen um 105 %, so daß der Anteil der in A. lebenden Menschen dieser 7 Staaten von 7,4 % im Jahre 1870 auf 5,8 % im Jahr 1990 zurückgeht – die A. verlieren im europ. Kontext an Bedeutung.

Dieses 57 %-Wachstum der Alpenbevölkerung verteilt sich sehr ungleich: Die franz., ital., slow. A. wachsen nur wenig (F = +43 %, I = +30 %, SLO = +40 %), so daß sich ihre Position im alpinen Kontext verschlechtert. Die österr. und schweiz. A. verzeichnen ein leicht überdurchschnittliches Wachstum (A = +96 %, CH = +83 %), und die bayer. A. (+253 %), und Liechtenstein (+285 %) liegen an der Spitze.

Diese nationalen Durchschnittswerte setzen sich aus gegenläufigen Bewegungen – Rückgang in ländlich-agrarischen Regionen,

Bevölkerungsentwicklung 1870-1990 im Alpenraum

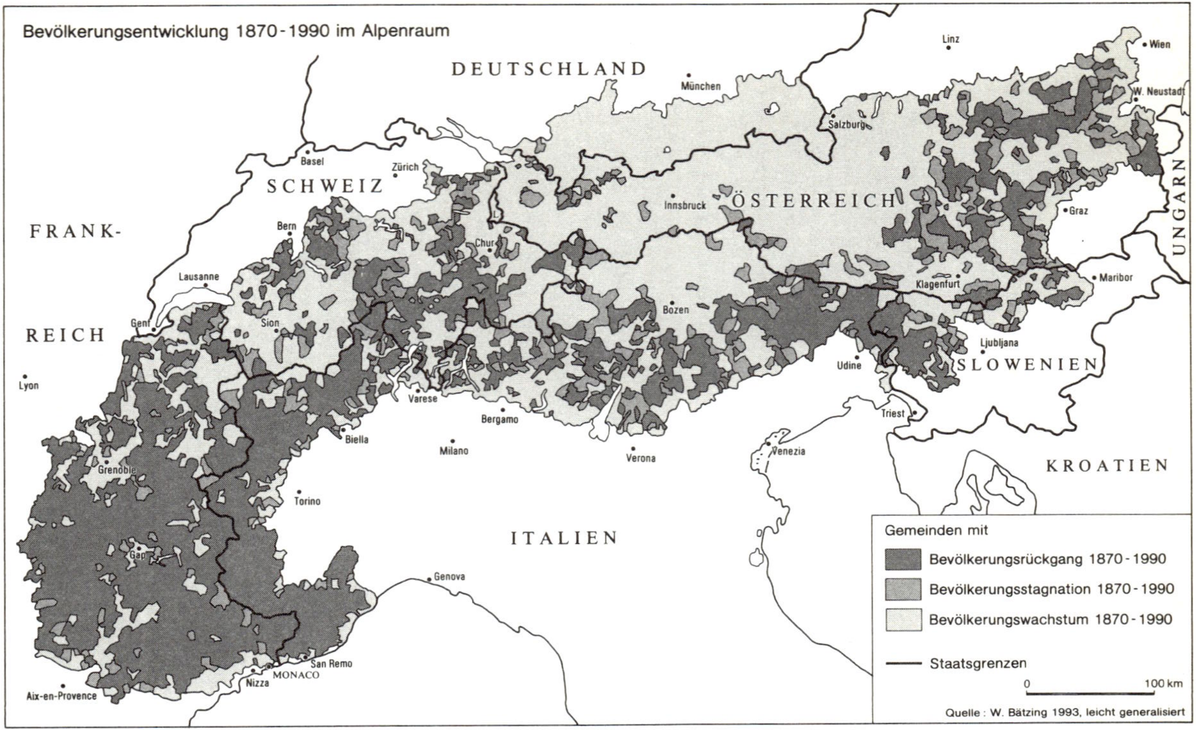

Wachstum in Regionen mit Industrialisierung, Verstädterung und Tourismus – zusammen. Die stärksten Gegensätze finden wir in den franz. A. (zwei Drittel aller Gemeinden im ländlichen Raum verlieren 1870–1990 im Durchschnitt 50 % Einwohner, ein Viertel aller Gemeinden, meist in tiefen Tallagen, verdreifachen ihre Bevölkerung), gefolgt von den ital., slow. und schweiz. A. In den österr. A. gibt es geringe Gegensätze, und in den bayer. A. und in Liechtenstein verzeichnen *alle* Gemeinden ein Bevölkerungswachstum.

Wachstums- und Entvölkerungsregionen: Ein großer flächenhafter Entvölkerungsraum findet sich in den Südwestalpen (große Teile der nordfranz. A., südfranz. A., Piemont, Ligurien), ein kleinerer in den östlichen ital. A. und den westlichen slow. A. (Karnische, Venetianische, Julische A.).

Ein großer flächenhafter Wachstumsraum findet sich in den westlichen Ostalpen (Liechtenstein, Bayer. A., Westösterreich, Südtirol).

Die übrigen Alpenregionen weisen ein mehr oder weniger kleinräumiges Mosaik aus Wachstums- und Entvölkerungsgemeinden/-regionen auf.

Doppelte Entwicklung: Charakteristisch für die Bevölkerungsentwicklung der A. im 19./20. Jh. ist also die gegenläufige Entwicklung von Wachstum und Rückgang, die sich auf jeder Maßstabsebene von großen Alpenräumen (Südwest – contra westliche Ostalpen) bis hin zur Gemeinde findet (gut erreichbares Gemeindezentrum in Tal wächst, die zur Gemeinde zählenden, aber peripher gelegenen Weiler oder Einzelhöfe stagnieren oder verlieren Einwohner). Viele Tallagen und einige gut erreichbare Orte in hoher Lage (Tourismuszentren) verzeichnen durch starkes Bevölkerungswachstum eine ausgeprägte Verstädterung, wodurch ihre traditionelle Siedlungsstruktur verlorengeht und sie europ. Agglomerationen immer ähnlicher werden. Viele Orte im eigentlichen Gebirge entvölkern sich, wodurch die traditionelle Siedlungsstruktur ebenfalls zerfällt. Nur sehr wenige Alpengemeinden, genau 575 oder 10 %, entziehen sich dieser entgegengesetzten Entwicklung und besitzen heute ähnlich viele Einwohner wie 1870 (1870–1990: 90–110 %).

Bevölkerungsregulierung

Um ein unkontrolliertes Bevölkerungswachstum zu vermeiden, gab es im Alpenraum des Agrarzeitalters zahlreiche Methoden der Empfängnisverhütung (z.B. sehr langes Stillen der Säuglinge), es wurden Abtreibungen praktiziert, oder das Heiraten wurde untersagt (im hochgelegenen Dorf Obergurgl/Ötztal herrschte von 1831–50 ein Heiratsverbot).

Im Jungsiedelraum wurde die Bevölkerungsregulierung über den Hof gesteuert: Die Zahl der Höfe konnte nicht vermehrt werden, nur der Hofnachfolger durfte heiraten und eine Familie gründen (Nachkommen zeugen). Seine Geschwister und die zahlreichen Knechte und Mägde hatten dieses Recht nicht, so daß die Geburtenrate trotz einer Reihe von unehelichen Geburten niedrig blieb.

Im Altsiedelraum wurde mit dem Tod der Eltern das Erbe gleichmäßig auf die Nachkommen aufgeteilt. War das einzelne Erbteil so klein, daß man damit und mit dem Erbteil des Ehepartners nicht existieren konnte, so wurde das Erbe nicht geteilt: Die Geschwister bewirtschafteten das elterliche Erbe gemeinsam, unter Umständen bis zum Lebensende.

Bevölkerungsverteilung, vertikale:

Im öffentlichen Bewußtsein meint man, die Alpenbevölkerung wohne in mehr oder weniger großen Höhen. Eine Auswertung der Bevölkerungsverteilung nach vier Höhenstufen korrigiert dieses Bild erheblich.

30 m–499 m: Das Gemeindezentrum von 1.912 oder 33 % aller Alpengemeinden liegt in dieser Höhenstufe, und ihre Gemeindefläche fällt mit 23 % der gesamten Alpenfläche bescheiden aus. Die niedrigsten Gemeinden finden sich am Südhang der See-, Ligurischen und Julischen A. (deutlich unter 100 m). Diese Höhenstufe ist v.a. in den ital. A. (zentrale und ostital. A.), in den österr. A. (Niederösterreich, Wiener Wald, Teile des Klagenfurter Bekkens) und in den franz. A. (Sillon alpin, Durance-Tal, Alpenrand) stark vertreten, im übrigen Alpenraum dagegen nur schwach. Im Jahr 1870 lebten in diesen Gemeinden 3 Mio. Menschen oder 44 % der Alpenbevölkerung, 1990 dagegen 5,8 Mio. oder 53 %, sodaß diese niedrigste Höhenstufe im 20. Jh. bei der Bevölkerungszahl die Spitzenposition einnimmt.

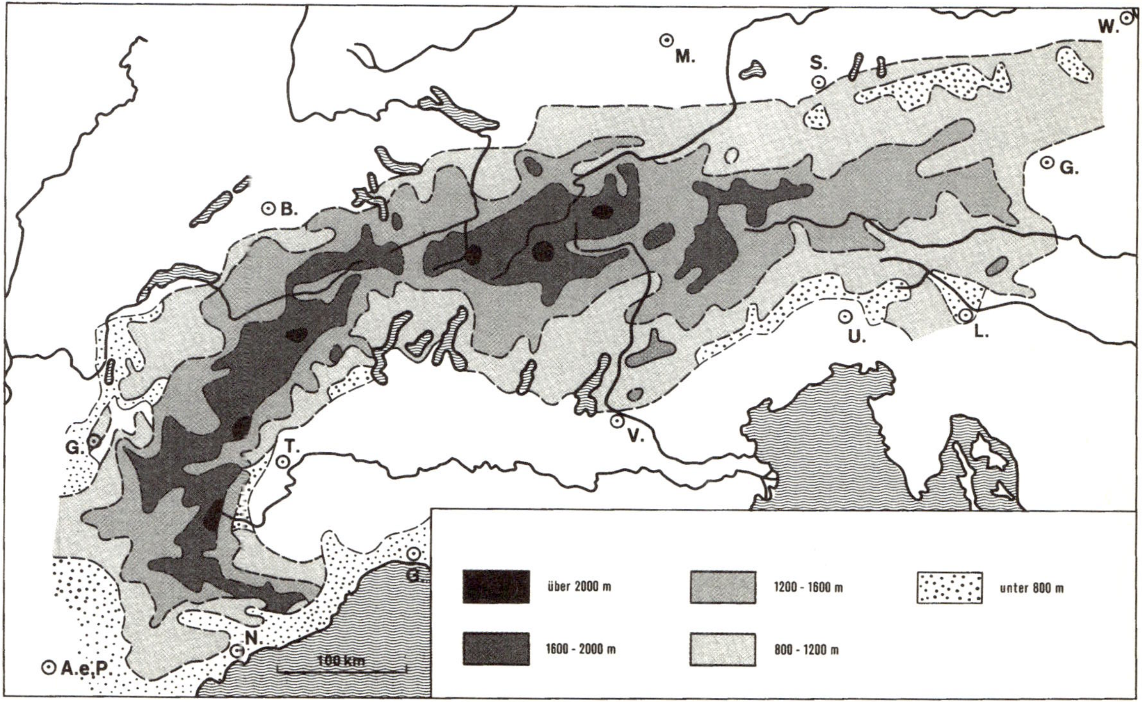

Die Obergrenze der traditionellen Dauersiedlungen in den Alpen.
Quelle: Glauert: Die Alpen, 1975 (vereinfachte Darstellung nach E. Deichmann 1936)

500 m–999 m: Das Gemeindezentrum von 2.955 oder 51 % aller Alpengemeinden liegt in dieser Höhenstufe, und die Gemeindefläche beträgt 51 % der gesamten Alpenfläche. Es handelt sich also um die wichtigste Höhenstufe der A., die im gesamten Alpenraum stark verbreitet ist, in den Ostalpen aber besonders dominiert. 1870 lebten in diesen Gemeinden 3,2 Mio. Menschen, die Höhenstufe stellt den wichtigsten traditionellen Wirtschafts- und Siedlungsraum der A. war. Allerdings fällt das Bevölkerungswachstum 1870–1990 mit +40 % bescheiden aus; 1990 wohnen hier nur 4,5 Mio. Menschen oder 41 % der Alpenbevölkerung, was einem Platz 2 gleichkommt.

1000 m–1499 m: Oberhalb von 1000 Höhenmetern nimmt die Zahl der Gemeinden und der Einwohner drastisch ab. Nur noch 838 oder 14 % aller Alpengemeinden liegen hier, sind aber relativ flächengroß (22 % der Alpenfläche). In D, FL, SLO ist diese Höhenstufe bereits bedeutungslos, und in CH/F ist sie etwas bedeutender als in A/I. Zwischen 1870 und 1990 stagniert die Bevölkerung dieser Höhenstufe (634.000–657.000 = +4 %) und verliert dadurch erheblich an Bedeutung (1870 = 9 %, 1990 = 6 % der Alpenbevölkerung).

1500 m – 2042 m: Hier gibt es alpenweit nur noch 109 oder 2 % aller Alpengemeinden, und zwar 47 Gemeinden in CH (v.a. im Oberengadin), 31 Gemeinden in F (v.a. im Queyras und Oisan), 27 Gemeinden in I (v.a im Aostatal) und nur 4 Gemeinden in A (Tirol). Die Bevölkerung wächst zwar von 1870 = 60.000 auf 1990 = 76.000 Menschen, aber dies liegt ausschließlich am starken Wachstum des touristisch stark erschlossenen Oberengadins; die anderen Gemeinden zeigen – teilweise dramatische – Rückgänge.

Zusammenfassung: Der Bereich unterhalb von 1000 Höhenmetern stellt früher und heute den zentralen Wirtschafts- und Siedlungsraum der A. dar: 1870 lebten hier 90 %, 1990 sogar 93 % der Alpenbevölkerung. Allerdings führt der Strukturwandel im 20. Jh. dazu, daß sich die Gewichtung nach unten verschiebt: Der Bereich bis 500 m, dessen Bevölkerung 1870 noch bei 44 % lag, liegt 1990 mit 53 % der Alpenbevölkerung mit Abstand an der Spitze. Die Regionen oberhalb von 1000 Höhenmetern spielen früher und heute dagegen nur eine randliche Rolle und verzeichnen trotz teilweise heftiger touristischer Entwicklung einen relativen Bedeutungsverlust (1870 = 10 %, 1990 = 7 % der Alpenbevölkerung).

Diese Situation ist auch in ökologischer Perspektive wichtig: Da sich fast alle Alpengemeinden vom Talboden bis in den Gipfelbereich erstrecken, umfaßt das Gemeindegebiet von Gemeinden mit einem tiefliegenden Gemeindezentrum häufig auch hohe Gipfel. Insgesamt umfassen die Gemeinden, deren Gemeindezentrum zwischen 30 m und 999 m hoch liegt, 74 % der gesamten Alpenfläche. Ihnen kommt daher eine sehr wichtige Flächenverantwortung zu, und es handelt sich bei ihnen keineswegs um Flachlandgemeinden.

Bewässerung

In den inneralpinen Trockenzonen, deren Bäche und Flüsse im Sommer wegen der Gletscherschmelze viel Wasser führen, dürfte die künstliche Bewässerung schon sehr früh, d.h. bald nach der ersten landwirtschaftlichen Nutzung, praktiziert worden sein, ohne daß darüber Näheres bekannt ist. Die ältesten datierten und heute meist noch erhaltenen Wasserleitungen stammen aus der Zeit des hochmittelalterlichen Siedlungsausbaus, als in allen inneralpinen Trockenzonen zahlreiche lange (bis 25 km) und teilweise sehr kühne Anlagen (durch senkrechte Felswände) gebaut wurden. Im sommertrockenen, mediterranen Südsaum der A. wurde ebenfalls häufig bewässert. Allerdings sind die Anlagen hier meist kürzer und weniger exponiert. Sogar auf der Alpennordseite finden sich lokale Wasserleitungen.

Durch Bewässerung konnte man eine Fläche intensiver nutzen: Das Wasser beschleunigte das Pflanzenwachstum, die mitgeführten Schwebstoffe düngten den Boden. In der Regel wurde das Wasser in offenen Leitungen herangeführt und dann nach einem genauen Plan auf die Parzellen der Nutzungsberechtigten geleitet. Diese waren oft in Wassergenossenschaften organisiert. Meist wurden Rebberge, Äcker und Wiesen, seltener Weiden und Bergmähder bewässert.

Seit Ende des 19. Jh. wurden moderne technische Hilfsmittel eingesetzt, um besonders gefährliche Abschnitte der Wasserleitungen sicherer zu machen. Nach 1955 wurde das Bewässerungssystem fundamental verändert: Wasserleitungen wurden in Beton gefaßt und abgedeckt, exponierte Felspartien durch Tunnelstrekken ersetzt und die Bewässerung der Parzellen auf Beregnungsanlagen umgestellt. Damit ging der Düngeeffekt verloren, und die jetzt völlig abgeschlossenen Leitungen verloren ihre landschaftsprägende Wirkung (oberhalb der Leitung traditionell braune Flächen, unterhalb davon ein grüner Vegetationsstreifen). Seit einigen Jahren engagieren sich Heimat-, Umweltschützer und Bauern gemeinsam für den Erhalt noch bestehender bzw. für die Wiederinstandsetzung traditioneller Wasserleitungen, weil diese wertvolle Kulturdenkmäler der A. darstellen, wichtige ökologische Funktionen erfüllen und sinnvoll für eine umweltverträgliche Landnutzung (natürliche Düngung) sind. In Verbindung damit werden die traditionellen Wege zur Kontrolle der Wasserleitungen als Wanderwege (meist nur für absolut Schwindelfreie) hergerichtet. Ein guter Einblick in alte alpine Techniken wird so möglich.

Blaike oder Plaike
Durch Abgleiten der obersten Bodenschicht vegetationsfrei gewordene Fläche (Größe: 1–100 m^2). Ursachen sind ausgeprägte Gleithorizonte im Boden und Druck durch Kriechschnee oder hohe Durchfeuchtung. Diese natürlichen Prozesse wurden vom Menschen früher bekämpft (Einsäen der Blaiken mit Heublumen, Sicherung gegen Bodenabtrag durch Pflöcke oder Bretter) und sind heute v.a. auf aufgelassenen Bergmähdern in den feuchten Nordalpen sehr häufig.

Blockgletscher
Mischung aus Schuttmassen (40–50 %) und Eis in Tropfen- oder Gletscherform mit ausgeprägter Stirnwulst im Bereich der nivalen Stufe, gelegentlich auch tiefer, wenn der Schutt in schattiger Lage das Eis im Inneren vor dem Abschmelzen schützt. Die heutigen Blockgletscher bewegen sich nicht oder nur sehr langsam, sie dürften aber während der kleinen Eiszeit stärker geflossen sein. Sie sind in den Seealpen besonders häufig und dort in der nivalen Stufe landschaftsprägend.

Blockhalde
Von großen Felsblöcken übersätes Gelände, durch Verwitterung oder Bergsturz entstanden oder Teil einer ehemaligen Moräne.

Blümlisalpsage
In vielen Alpenregionen verbreitete Sage, bei der eine fruchtbare Alm durch Hartherzigkeit und Hochmut der Älpler in eine Eiswüste verwandelt wird. Möglicherweise stellt diese Sage eine Verarbeitung der Klimaverschlechterung seit 1348 dar.

Boden

Die Böden gehören zu den am wenigsten erforschten Bestandteilen des Naturraums A. Wie bei vielen anderen Naturphänomenen versteht man auch hier unter alpinen oder alpentypischen Böden nur jene der oberen (subalpinen, alpinen, nivalen) Höhenstufen. Sie stehen auch im Folgenden im Mittelpunkt.

Merkmale alpiner Böden: Wegen der hohen geomorphologischen Dynamik geht die Bodenbildung in den A. seltener vom anstehenden, verwitterten Muttergestein, sondern öfter von Schutthalden, Sedimenten, Moränen o.ä. aus. Dabei verläuft die Bodenentwicklung wegen der kurzen Vegetationszeit sehr langsam, und es dominieren die physikalischen Prozesse, so daß man oft wenig entwickelte Böden (Rohböden) vorfindet. Dem Boden kommt die zentrale Aufgabe zu, Nährstoffe, Wasser und Energie zu speichern, umzuwandeln und Pflanzen zur Verfügung zu stellen. Boden und Vegetation zusammen dämpfen die hohe Dynamik der geomorphologischen Prozesse.

Bodenprozesse: Am Anfang steht die physikalische Verwitterung (Frostsprengung, Druckentlastung, auskristallisierende Salze, mechanische Beanspruchung der Gesteine), durch die das Gestein zerkleinert wird und in kleine Partikel zerfällt. Bei der folgenden chemischen Verwitterung werden die Gesteinspartikel mit Hilfe von Wasser zersetzt und schließlich in Tonminerale verwandelt, die Wassermoleküle festhalten, Nährstoffe anlagern und Ionen austauschen können. Außerdem gibt es biologische Prozesse: Die organische Substanz (abgestorbene Pflanzen/Tiere bzw. deren Reste wie Laub, Wurzeln, Losung) wird durch Bodenorganismen unter Einsatz von Sauerstoff mineralisiert (Abbau zu pflanzenverfügbaren Nährstoffen). Endprodukte des biologischen Abbaus sind Huminstoffe. Sie sind die zentrale Substanz des Humus (Formen: Mull, Moder, Rohhumus, Humus, je nach Grad der Zersetzung). Hier haben sich die Huminstoffe mit den Tonmineralien zu einem Krümelgefüge, dem sog. Ton-Humus-Komplex verbunden, der eine hohe Wasser- und Nährstoffspeicherkapazität besitzt, sehr stabil ist und nicht ausgewaschen werden kann.

Bodenbildung: Durch die physikalischen und chemischen Prozesse entstehen haus Fest- und Lockeregestein zunächst flachgründige, sog. Rohböden. Im Anfangsstadium besitzen sie einen nahezu humusfreien, geringmächtigen Horizont, der direkt auf dem unverwitterten Grundgestein aufliegt. Bei hohem Steinanteil spricht man auch von Schutt- oder Skelettböden. Sog. (A)-C-Profil (A = schwach humose Bodenschicht; C = Ausgangsgestein). Nach Einsetzen der biologischen Prozesse entwickelt sich unter der organischen Auflage (Streu = O-Horizont) ein humoser Mineralboden (A-Horizont) auf dem Ausgangsgestein (C-Horizont). Solche A-C-Böden heißen auf carbonatarmem Gestein Ranker (österr. Dialektausdruck für Berghalde), auf Carbonatgestein Rendzina bzw. bei hohem Sand- und Schluffanteil Pararendzina. In der weiteren Fortentwicklung entsteht eine Bodenschicht namens B-Horizont, in den Humus und andere Stoffe aus den oberen Schichten eingetragen werden. Ein solcher „reifer" Boden hat vier Horizonte (O, A, B, C) und wird Braunerde genannt. Dieser Prozeß läuft bei hohen Temperaturen schneller, bei niedrigeren langsamer ab und wird bei Trockenheit oder zu großer Nässe unterbrochen. In feuchten Klimaregionen führt die fortgesetzte Verlagerung von Stoffen in den B-Horizont (= Podsolierung) zu einem sog. Podsol-Boden: Der A-Horizont ist nährstoffarm und sehr sauer (dazu trägt auch Vegetation: Alpenrose, Beerensträucher bei) und besitzt eine aschgraue Farbe (daher sein aus dem Russischen stammender Name). Zwar sind in den B-Horizont Nährstoffe eingelagert, sie sind für die Pflanzen aber nicht mehr verfügbar.

Die idealtypische Abfolge der Bodenentwicklung lautet: Rohboden – Ranker/Rendzina (mit Mullauflage) – Braunerde – podsolige Braunerde – Podsol.

Alpentypische Bodenbildung: Wegen der kurzen Vegetationszeit und den niedrigen Temperaturen dauert es sehr lange, bis in den A. reife Böden entstehen (in der alpinen Stufe bis zu 4000 Jahre). Daher sind Rohböden sehr verbreitet, und dort, wo wir biologische Prozesse finden, laufen diese so langsam ab, daß sich oft mächtige Rohhumusauflagen (Tangelhumus) bilden. Weil das obere Höhenstockwerk sehr hohe Niederschläge erhält, ist die Podsolierung häufig, und die meisten Böden oberhalb der montanen Stufe sind saure Böden. Weil die physikalische und chemische Verwitterung auf Silikat-Gesteinen schneller abläuft als auf Kalkstein, ist die Bodenbildung hier schneller und führt zu differenzierteren Böden mit größerer Vegetationsvielfalt.

Alpine Bodentypen nach Höhenstufen:

1. Nivale Stufe: Der Permafrost verhindert eine eigentliche Bodenbildung. Neben Frostmusterböden, die aber keine Böden, sondern geomorphologische Strukturen sind, gibt es hier nur an

sonnenexponierten Standorten Rohböden. Lediglich in den sog. Schneetälchen, in denen sich Feinboden und Flugstaub in kleinen Mulden ansammeln, die durch Permafrost eine temporäre Staunässe aufweisen, entwickelt sich unter Luftabschluß ein nährstoffreicher, schwarzgrauer Boden, ein sog. alpiner Pseudogley (durch Stauwasser beeinflußter Boden). In Schutthalden bilden sich unter einer beweglichen Stein-Luft-Schicht Feinböden mit geringem Anteil an organischer Substanz, sog. Reptosole.

2. Alpine Stufe: Neben den auch hier verbreiteten Rohböden finden sich weiter entwickelte Böden, die nach dem Ausgangsgestein unterschieden werden müssen:

2.1. Böden auf Kalkstein: Zuerst entwickelt sich eine alpine Mull-Rendzina, als feuchte und mineralreichere, tiefschwarze Variante, eine Pechrendzina. Mit einem deutlich schwarzbraunen A-Horizont folgt dann unter Polsterseggenrasen eine Polsterrendzina (noch nicht flächenhaft ausgeprägt, sondern durch Schuttflächen unterbrochen). Flächenhaft bildet sich die Tangelrendzina aus, deren kalkhaltige Rohhumusauflage 20/30 cm bis hin zu einem Meter betragen kann, und die bereits einen B-Horizont aufweist. Bei der alpinen Rasenbraunerde ist dann der B-Horizont voll ausgebildet.

2.2. Böden auf Silikatgestein: Nach den Rohböden entstehen Humussilikatböden oder alpine Ranker, anschließend alpine Pararendzinen, gefolgt von alpinen Rasenbraunerden. Bei hohen Niederschlägen entwickeln sich alpine Rasenpodsole. Unabhängig vom Ausgangsgestein finden sich auf nassen Standorten vernäßte Böden, sog. (grundwasservernäßte) Gleye, (schmelzwasservernäßte, abflußlose) Pseudogleye oder Hanggleye. Während in feuchten Gebieten (Alpenrand) Podsolböden häufig sind, stellen in trockeneren Gebieten oft (flachgründige) Rendzinen oder Ranker bereits das Endstadium der Bodenentwicklung dar.

3. Subalpine Stufe: Auf Kalk finden wir hier die dystrophe (stark versauerte) Tangelrendzina, auf Silikat Braunerden, podsolige Braunerden und Eisenhumuspodsole (subalpine Podsole).

4. Montane und colline Stufe: Hier verschwinden die alpinen Charakteristika, und die Bodentypen werden denen außeralpiner Gebiete sehr ähnlich. Wir finden hier von Kalksteinbraunlehmen über Pararendzinen und Braunerden bis hin zu Podsolen eine große Vielfalt vor. Auf nassen Standorten gibt es auch hier Gleye und Hanggleye, in den Talauen sog. Auenböden mit einem mächtigen,

oft mehr als einen Meter tiefen Aulehm (Sinkstoffe und feinkörnige Sedimente, die vom Fluß abgelagert werden).

Menschliche Veränderungen in der oberen Höhenstufe: Die Versauerung (Podsolierung) der Böden wird im Naturzustand durch die Nadelbäume (sehr saure Nadelstreu) der subalpinen Stufe und die Zwergsträucher der alpinen Stufe stark gefördert. Durch Rodung und almwirtschaftliche Nutzung (Nährstoffeintrag durch den Dung der Weidetiere) wird die Bodenentwicklung erheblich verbessert, denn anstelle der Tangelrendzinen und der Podsole entwickeln sich nun subalpine bzw. alpine Rasenbraunerden mit hohem Humusgehalt. Wenn zu feuchte Flächen ent- und zu trockene bewässert werden, sorgt der Mensch überall dort, wo die Bodenentwicklung von Natur aus durch Nässe oder Trockenheit blockiert ist, für eine stärkere Bodenentwicklung.

Brauchtum in den A.

Das traditionelle Brauchtum in den A. unterscheidet sich in der Regel nur wenig von dem der angrenzenden Flachländer; allerdings dringen Neuerungen meist verspätet in die Täler ein (Kulturretardierung), so daß sich hier ältere Formen des Brauchtums länger halten als außerhalb. Und zahlreiche Bräuche verschwinden hier später, so daß man die A. diesbezüglich als Rückzugsgebiet ansehen kann. Auch heute gibt es noch eine unübersehbare Vielfalt von Bräuchen, die teilweise bewußt nicht touristisch instrumentalisiert und oft von bestimmten Organisationen (Vereine, Bruder-, Knabenschaften) durchgeführt werden. Sie lassen sich wie folgt gliedern:

1. Von der Wiege bis zur Bahre: Alle einschneidenden Ereignisse im Verlauf des Lebens – Geburt, Taufe, Firmung, Heirat, Tod – waren früher von sog. Übergangsriten („rites de passage“) begleitet, deren traditionell-feste Formen die persönliche Verarbeitung der Veränderungen erleichterte. Andere Bräuche wie Kiltgang oder Knabenschaftsrituale waren an bestimmte Lebensabschnitte zwischen diesen Ereignissen gebunden.

2. Mit dem Beruf verbundenes Brauchtum: Sieht man von der Landwirtschaft ab, so hatte jede Berufsgruppe ihr eigenes Brauchtum. Dies betrifft in den A. die Forstwirtschaft, die Jägerei, die verschiedensten Handwerke und die Knappen im Bergbau. Viele heute als bäuerlich erscheinende Bräuche haben einen solchen Ursprung.

3. Jahreszeitliches bäuerliches Brauchtum: Bestimmte Bräuche sind mit dem Jahresbeginn, mit Frühjahrsbeginn, mit dem Mai, mit dem Almsommer, mit dem Mittsommer, mit dem Erntedank, mit den Rauhnächten und mit der Wintersonnenwende verbunden. Dabei gibt es wichtige Unterschiede zwischen Gebieten mit Acker-Alp-Betrieben und solchen mit Wiesen-Alp-Betrieben.

4. Jahreszeitliches religiöses Brauchtum: Zahlreiche Bräuche sind mit dem Dreikönigstag, Karneval, der Fasten-, Oster- und Pfingstzeit, der Advents- und Weihnachtszeit sowie mit bestimmten Heiligen- und Patronatstagen (Namenstag eines Heiligen, dem eine Kirche geweiht ist = Festtag der Gemeinde) verbunden. Hierbei haben sich im christlichen Gewand oft noch vorchristliche Elemente erhalten. Die inneralpinen Unterschiede beruhen hierbei oft auf alten Bistumsgrenzen.

Neue Bräuche: Brauchtum ist ständig im Wandel, andernfalls ist es erstarrt oder gar museal. Deshalb gerät einiges in Vergessenheit, anderes entsteht neu. Als neue Bräuche sind meist in Zusammenhang mit politischen Protestaktionen entstanden:

- Errichtung von Steinfrauen: Steinmänner (Türme aus aufgeschichteten Steinen) haben eine lange Tradition in den A. Seit Mitte der 80er Jahre werden besonders große Gebilde am Ort von geplanten Stauseen errichtet und bewußt Stein*frauen* genannt.
- Feuer in den A.: Jahresfeuer an bestimmten Tagen (Oster-, Mai-, Walpurgisfeuer usw.) haben eine lange Tradition in den A. Seit 1988 brennen – ausgehend von der Schweiz – jedes Jahr am zweiten Augustwochenende alpenweit mehr als tausend Feuer, um gemeinsam gegen den Ausverkauf der A., die Transitlawine, den ungehemmten Tourismus, den Kraftwerksbau und das Gewässersterben zu protestieren.

Zahlreiche andere Bräuche sind in vielen Regionen bei bestimmten Gelegenheiten verändert worden, um dem Widerstand gegen unerwünschte Großprojekte ein größeres Gewicht zu verleihen. Es könnte sein, daß sich in Zukunft die Blockade von Autobahnen und Transitstrecken überall in festen Formen abspielen wird, so daß daraus auch ein regelrechter Brauch werden könnte.

Brot

wurde um 3000 v.Chr. im Vorderen Orient erfunden und gelangte über die Hochkulturen auch in die A. Es war traditionell im alpi-

nen Altsiedelraum das zentrale Grundnahrungsmittel, im alpinen Jungsiedelraum besaß es dagegen einen geringeren Stellenwert.
Mus oder Brei: Die ursprüngliche Form der Getreideverarbeitung war das Mus, eine dicke, eingekochte Masse aus verschiedenen Getreidesorten, Butter und Milch, die v.a. dort verbreitet war, wo man mit Getreide, nicht aber mit Milch und Butter sparen mußte, also im Jungsiedelraum. Hier hat sich das Mus neben dem Brot bis heute erhalten, wurde aber dennoch seit dem späten Mittelalter vom Brot zurückgedrängt. Im Altsiedelraum dürfte das Mus (hier in anderer Zusammensetzung) schon zu Römerzeiten durch das Brot verdrängt worden sein. Alpiner Alt- und Jungsiedelraum unterscheiden sich bei der Brotherstellung deutlich voneinander:

Fladenbrot (im alpinen Altsiedelraum): Brot, das ohne Verwendung von Sauerteig aus einem teigartigen Getreidebrei auf den erhitzten Steinplatten des Herdes gebacken wird. Es entstehen runde, niedrige und sehr feste Brote, die lange haltbar sind. Früher wurde oft nur einmal im Jahr, im November, gebacken. Diese Backwoche war ein besonderer Festtag für das Dorf, der mit einem vielfältigen Brauchtum verbunden war. Das sehr harte Brot wurde mit einem speziellen Instrument zerkleinert und in der Suppe aufgeweicht, weil es anders kaum konsumierbar war.

Sauerteigbrot (im alpinen Jungsiedelraum): Brot, das unter Verwendung von Sauerteig aus gemahlenem Mehl im Backofen gebacken wird und durch Gärung aufgeht, so daß längliche und hohe Brote entstehen. Auch diese Brote wurden nur selten im Jahr gebacken, mußten lange halten und wurden sehr hart, so daß sie in der Milchsuppe aufgeweicht wurden.

Weichbrot: Die beiden Hartbrotarten wurden im 19./20.Jh. (im Wiesen-Alp-Bereich früher, im Acker-Alp-Bereich oft später) durch Weichbrote abgelöst, die alle vier bis sechs Wochen gebakken wurden, so daß sie nicht hart wurden.

Diese unterschiedlichen Brottraditionen sind heute noch in der lokalen Vielfalt der Brotsorten im Alpenraum wiederzuerkennen. Mit der Einstellung des Ackerbaus um das Jahr 1965 verarmte die Brotkultur der A. Seit kurzem gibt es Ansätze zur Wiederaufwertung des Ackerbaus, die mit der Kreation von neuen (und auch traditionellen) alpinen Brotsorten verbunden sind.

Gebildbrote. Festtagsbrote besonders hoher Qualität in Form von Figuren (Bildern) wie Ostertaube, Ring, Fisch usw. Solche Brote spielten früher im Festtagsbrauchtum eine zentrale Rolle.

Buckelwiesen
Markant ausgebildete, kegelförmige Hügelgruppen am nördlichen Alpenrand, ca. 1,5 m breit und 0,5 m hoch. Geomorphologische Besonderheit im periglazialen Raum der Eiszeit auf Lockergestein. Es handelt sich um Frostmusterböden, die durch Auftauen und Gefrieren Risse bilden. Das in diese Risse eindringende Wasser bildete Eiskeile, so daß es zu einer Aufwölbung, zu „Buckeln" kam.

Durch einmalige Mahd im Hochsommer bildeten sich hier seit dem Mittelalter sehr artenreiche Magerwiesen aus. Sie wurden in den vergangenen Jahrzehnten oft eingeebnet oder verbuschten nach Nutzungsaufgabe (keine Mahd mit Maschinen möglich). Heute wird ihre Bewirtschaftung mit besonderen Programmen finanziell gefördert.

CEMAGREF = Centre National du Machinisme Agricole du Génie Rural des Eaux et des Forêts
Wörtlich: Nationales Zentrum für landwirtschaftliches Maschinenwesen und für Wald- und Wassermeliorationen im ländlichen Raum. Die CEMAGREF ist eine öffentliche Institution mit technischer und wissenschaftspolitischer Zielsetzung, die dem Landwirtschaftsministerium untersteht und die 420 Wissenschaftler beschäftigt. Der „groupement" in Grenoble beschäftigt sich intensiv mit den Entwicklungsproblemen der franz. A. und stellt die maßgebliche franz. Organisation für Strukturprobleme und Raumplanung in den franz. A. dar.

Charta der europ. Berggebiete
Der Europarat hat die Entwicklung des Alpenraumes und der Berggebiete in Europa stets mit besonderer Aufmerksamkeit verfolgt und ihnen 1978 (Lugano) und 1988 (Trento) zwei große internationale Konferenzen gewidmet. Die dritte dieser Konferenzen war ursprünglich für 1998 geplant, wurde aber aufgrund der aktuellen Probleme vorgezogen und fand im Herbst 1994 unter großer internationaler Beteiligung in Chamonix statt (im deutschen Sprachraum kaum zur Kenntnis genommen).

Zentrales Thema dieser Konferenz war die Diskussion und Verabschiedung einer „Charta der europ. Berggebiete", also einer europaweit einheitlich konzipierten Berggebietspolitik (mit regionsspezifischen Differenzierungen), die via Europarat von allen europ. Staaten und der EU umgesetzt werden soll, um den Berggebieten eine Zukunft im Sinne einer nachhaltigen Entwicklung zu geben.

Neben dem Bemühen, die Alpenpolitik in den Kontext einer gesamteurop. Berggebietspolitik zu stellen und damit aufzuwerten, war diese Initiative aber auch vom Mißtrauen ital.-franz. Politiker gegenüber der AK geprägt, welcher (zu Unrecht) Wirtschaftsfeindlichkeit und totale Dominanz des Naturschutzes vorgeworfen wurde. Konzeptionell unterscheiden sich beide Entwürfe, die beide dem Leitgedanken der nachhaltigen Entwicklung verpflichtet sind, jedoch wenig. Während der Konferenz in Chamonix wurde dann dieser Konflikt beigelegt, und die AK als Konkretisierung und Umsetzung der Charta für die A. definiert.

CIPRA (= Commission Internationale pour la Protection des Alpes: Internationale Alpenschutzkommission)
1952 gegründete Umweltschutz-Organisation, die die Rolle einer Dachorganisation aller Natur- und Umweltgruppen des gesamten Alpenraumes übernimmt. Lange Zeit arbeitete sie als politische Lobbygruppe eher im Verborgenen, seit 1983 entfaltete sie unter ihrem Präsidenten MARIO F. BROGGI eine sehr aktive Öffentlichkeits- und Umweltschutzarbeit auf den verschiedensten Ebenen und Themen. Im Jahr 1990 erhielt sie ein ständiges Sekretariat (mit Sitz in Vaduz/FL) und einen hauptberuflichen Geschäftsführer. Die programmatische „Forderung einer Großen Koalition zwischen Naturschutz und Landwirtschaft im Alpenraum“ aus dem Jahr 1987 markiert die Wende vom klassischen, sektoralen Natur- und Umweltschutz hin zu einer integrativen Umweltpolitik im Sinne einer nachhaltigen Entwicklung.

Als wichtigste gesamtalpine NGO prägte und prägt die CIPRA seit eineinhalb Jahrzehnten die öffentliche Diskussion über die A., am stärksten mit ihrer Forderung nach einer AK und der folgenden Mitarbeit und kritischen Begleitung dieses Prozesses. Heute besteht die CIPRA aus sieben nationalen Vertretungen, die insgesamt 79 Gruppen und Verbände mit zusammen 4,5 Mio. Mitgliedern vertreten.

Deindustrialisierung
Prozeß des Abbaus von industriellen Arbeitsplätzen in einer Alpenregion.

Deponieregion
Strukturschwache Alpenregion, die sich aus ökonomischen Gründen bereit erklärt, gegen Bezahlung Müll oder radioaktive Abfälle zu lagern bzw. einer außeralpinen Firma/Gesellschaft ein dafür geeignetes Gelände zur Verfügung zu stellen. Noch befinden sich solche Pläne im Projektstadium bzw. wurden von den Betroffenen abgelehnt (z.B. radioaktives Endlager im Wellenberg/Nidwalden/Innerschweiz 1995 durch Volksentscheid nicht realisiert). Es ist aber gut vorstellbar, daß der Druck aus den europ. Zentren weiter anwächst, so daß die strukturschwachen Regionen bei weiterem Bevölkerungsverlust diese Möglichkeit evtl. realisieren.

Désenclavement
Wichtiger Fachbegriff der franz. Berggebietspolitik und Raumplanung, der kaum übersetzbar ist: Er meint das Aufheben einer räumlichen Abgeschlossenheit durch neue Verkehrsstrukturen (meist neue Straßen) und hat eine ausschließlich positive Bedeutung.

Dienstleistungen
Bezahlte Wirtschaftstätigkeiten, die ein Produkt oder einen Gegenstand materiell nicht verändern, die aber notwendig sind, damit

erstens der arbeitsteilige Produktionsprozeß reibungslos abläuft und zum Ende (= Verkauf an Endverbraucher) kommt (Handel, Banken, Versicherungen, Transport, Beratung, Werbung usw.) = produktionsorientierte Dienstleistungen;

zweitens die gesellschaftliche und persönliche Reproduktion gewährleistet ist (Ausbildung, Erziehung, Gesundheitswesen, Regeneration, Erholung usw.) = reproduktionsorientierte Dienstleistungen in öffentlicher oder privater Form.

Der Tourismus spielt dabei in den A. eine wichtige Rolle; noch wichtiger sind aber die nicht-touristischen Dienstleistungen, die große Wachstumsbranche der Alpenstädte.

Drumlin
Länglicher, tropfenförmiger Hügel aus gepreßtem Grundmoränenmaterial im nördl. Alpenvorland im Becken eines eiszeitlichen Gletschers, oft bis zu 2000 m lang, 40 m breit und 10 m hoch. Er tritt oft in Gruppen in sog. Drumlinlandschaften auf (z.B. Zürcher Oberland, südwestl. Starnberger See) und ist oft anthropogen überprägt (Kapelle oder Kreuz auf dem höchsten Punkt).

Eigenständige Regionalentwicklung
Konzeption der Regionalpolitik und Regionalplanung, die europaweit in den 70er und 80er Jahren diskutiert und als Alternative zur herkömmlichen Regionalplanung teilweise auch – wenigstens ansatzweise – umgesetzt wurde; am stärksten und umfassendsten im österr. Berggebiet (Waldviertel und strukturschwache österr. Alpenregionen). Während die herkömmliche Regionalplanung das größte Gewicht auf die Zentralen Orte und Entwicklungsachsen und ihre Förderung bzw. Infrastrukturausstattung legt, zielt die eigenständige Regionalentwicklung auf eine dezentral-flächenhafte Aufwertung der *gesamten* Region durch eine stärkere Nutzung der endogenen Wirtschaftspotentiale (Landwirtschaft, Forstwirtschaft, Handwerk, Tourismus u.ä.), durch eine Förderung der regionalwirtschaftlichen Vernetzungen in der eigenen Region und durch eine Stärkung der kulturellen Identität als Voraussetzung für wirtschaftliche Innovationen und Regionalentwicklung. Während der Schwerpunkt herkömmlicher Regionalpolitik auf dem Infrastrukturausbau und der direkten Wirtschaftsförderung (günstige Gewerbeflächen) liegt, ist hier die kulturelle Identität das Schlüsselphänomen. Deshalb werden Stellen für Regionalbetreuer eingerichtet, die den gesamten Prozeß der Regionalentwicklung aktivieren sollen. Indem eine Region auf diese Weise die eigenen Stärken, Potentiale und Ressourcen herausarbeitet, verfolgt sie eine „eigenständige" Regionalentwicklung und vollzieht nicht bloß die Entwicklung der Zentren verspätet nach.
Wichtige Elemente der eigenständigen Regionalpolitik sind in den Berggebietspolitiken der Staaten mit Alpenanteil enthalten, wenn auch dieser Begriff explizit nicht vorkommt.

Einteilung der A.

Eine verbindliche A.-Einteilung oder Gliederung existiert nicht, stattdessen gibt es eine Vielzahl von Einteilungen, die sehr unterschiedlich ausfallen:

1. *Großgliederungen:* Sehr häufig ist die Zweigliederung in *West-* und *Ostalpen* (Grenze: Bodensee – (Hinter-)Rhein – Splügenpaß – Comer See – Como) und die Dreigliederung in *West-*, *Zentral-* und *Ostalpen* (Grenzen: Arve – Mt.Blanc – Dora Baltea oder Rhone – Gr. St. Bernhard – Dora Baltea und Inn – Brennerpaß – Eisack – Etsch), wobei die Westalpen dann oft auch als Südwestalpen bezeichnet werden. Wenn man von *Nordalpen* spricht, so ist meist der breite, niederschlagsreiche Nordsaum der A. zwischen Genf-Chamonix und Wien gemeint, der zum Alpeninnern hin durch die Mt. Blanc-Kette – Berner und Glarner A. – Arlberg – Nördliche Kalkalpen- Hochschwab – Schneeberg abgegrenzt wird. Die *Südalpen* werden dagegen geologisch durch die alpin-dinarische Grenzstörung abgegrenzt, sind also nicht der Gegenbegriff zu den Nordalpen. Oft spricht man auch von den feuchten *Randalpen* im Unterschied zu den trockenen *inneren* A., ohne daß dafür aber feste Abgrenzungen existieren.

2. *Detailgliederungen:* Hier gibt es drei verschiedene Konzepte:

a) Talschaften: Geht man vom wirtschaftenden Menschen aus, dann bilden die Talräume jeweils Einheiten, und die Grenzen verlaufen (als lokale Nutzungsgrenzen) über Grate, Gipfel, Pässe oder Engstellen im Tal. Die A. zerfallen so in unzählige Täler (bei langen Tälern auch in Talabschnitte) mit je eigener Geschichte und Nutzungsorganisation (sog. Talschaften), die Grenzen verlaufen über die einzelnen Gebirgsgruppen.

b) Gebirgsgruppen: Geht man vom Bergsteiger oder Touristen und seinem Hauptinteresse an Gipfeln und „Hochalpen" aus, dann bilden die Gebirgsgruppen die Einheiten, und die Grenzen verlaufen durch die Täler entlang der Wasserläufe und über niedrige Pässe. Die Alpenvereine sind dieser Konzeption der Alpeneinteilung verpflichtet.

c) Politische Einheiten: Hierbei grenzen die Staatsgrenzen die österr. A. von den schweiz., liecht., ital. oder slow. A. ab. Dieses Prinzip wird auch bei Bundesländern, Kantonen, Regionen immer wieder verwendet: Hautes-Alpes, Piemontesische, Bündner, Tessiner, Tiroler A. usw. Da die politischen Grenzen aber immer wieder auf historische Besonderheiten zurückgehen, sind diese

Die Gebirgsgruppen der Alpen

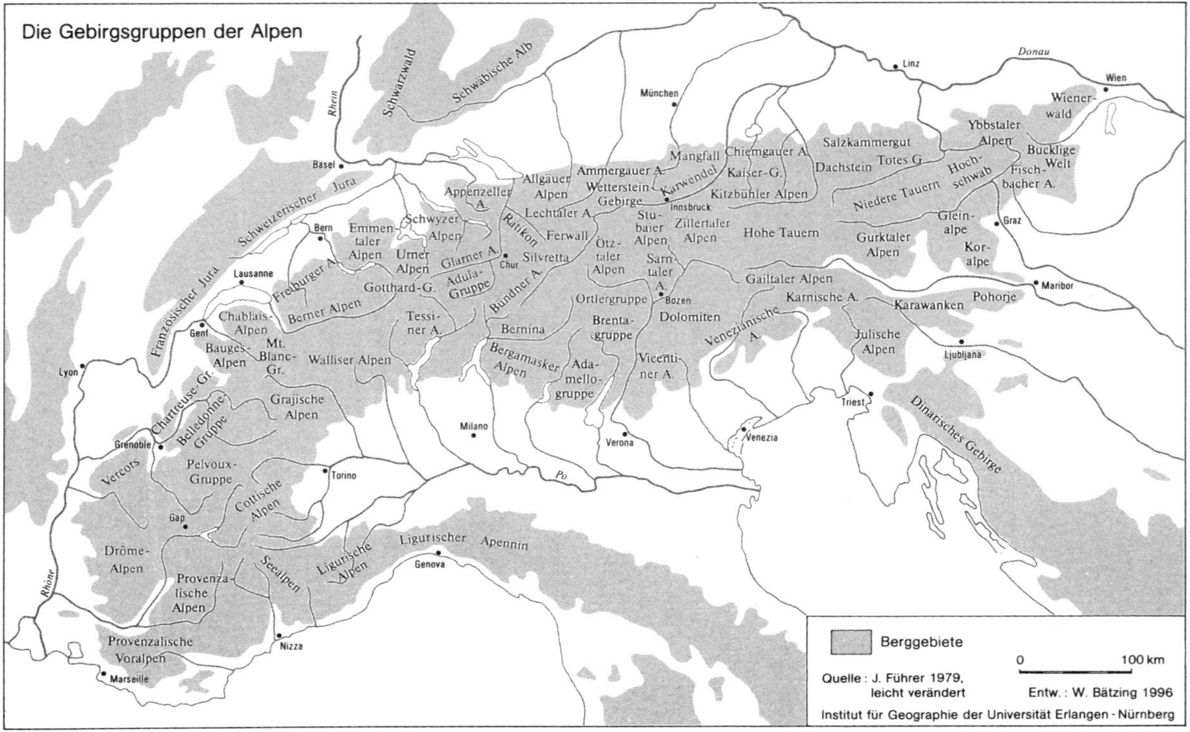

Abgrenzungen teilweise wenig „logisch". Trotzdem werden sie – v.a. in der Schweiz – für alpinistische und touristische Zwecke häufig verwendet.

Es ist daher kein Zufall, daß es bei der Einteilung der A. immer wieder zu Mißverständnissen und Problemen kommt, indem z.B. die Berner A. als Gebirgsgruppe deutlich größer sind als die Berner A. im politischen Sinne (die A. innerhalb der Grenzen des Kantons Bern).

Die meisten Grenzen in den A. (Klima, Böden, Vegetationsgesellschaften, Sprachen, Kulturen) orientieren sich an den Grenzen der Talschaften, also an den Grat- und Gipfellinien. Erst die touristische Erschließung löst die Einheit der Täler auf und betont dagegen die Einheit der Gebirgsgruppen.

Eisstromnetz

Bezeichnung für das eiszeitliche Gletschersystem, dessen Gletscher über Kämme und Wasserscheiden hinweg miteinander verbunden waren.

Eiszeiten

Zeiten globaler Klimaverschlechterungen, die zu Gletschervorstößen und Inlandvereisungen führten. Wegen der Häufigkeit von Eis- oder Kaltzeiten (mind. 17) wird das Pleistozän (2,3 Mio. Jahre bis 11.000 vor heute) auch als Eiszeitalter bezeichnet. In den A. hat man mindestens 7 Eiszeiten festgestellt, die nach ihren zuerst identifizierten Endmoränen (in der Nähe von Flüssen im Alpenvorland) benannt werden: Biber-, Donau-, Günz-, Haslach-, Mindel-, Riß- und Würm-Eiszeit. Letztere dauerte von 110.000/75.000 – 10.000 Jahre vor heute.

Emd

Bezeichnung für das Heu des zweiten Schnittes im Hochsommer, zahlreiche Dialektbezeichnungen.

Endogen

Fachausdruck für eigenständig bzw. von innen heraus geprägt/bestimmt/organisiert. Gegenbegriff: exogen = von außen geprägt bzw. fremdbestimmt. Das Beispiel der A. zeigt, daß dieses klassische Gegensatzpaar so einfach nicht definiert werden kann:

1. Der Bürgermeister einer Alpengemeinde, der sich für ein großtechnisches Erschließungsprogramm einsetzt, realisiert keine endogene Entwicklung.

2. Die neu zugezogenen Bewohner eines Alpentales, die sich für den Aufbau eines sanften Tourismus und gegen die Zunahme des Transitverkehrs einsetzen, vertreten keine exogene Entwicklung. Deshalb müssen diese Begriffe wie folgt definiert werden:

Endogen ist eine Entwicklung zu nennen, die eine Alpenregion langfristig als multifunktionalen Lebens- und Wirtschaftsraum zu erhalten sucht, egal ob Einheimische, Zugezogene oder gar Fremde sich dafür engagieren.

Exogen ist eine Entwicklung zu nennen, die eine Alpenregion monofunktional von bestimmten Wirtschaftsinteressen außeralpiner Kräfte abhängig macht (übergroßes Wintersportzentrum, Wasserkraftanlage, Deponiestandort u.ä.), ganz gleich ob Einheimische oder Fremde sich dafür engagieren.

Entwicklungsachse
Raumplanerischer Fachbegriff für eine linienhafte Verbindung zweier Zentraler Orte, entlang der die Gewerbeansiedlung und die Ausweitung von Wohnsiedlungen besonders gefördert werden soll. Entwicklungsachsen 1. Ordnung verbinden überregional wichtige Zentrale Orte miteinander und besitzen als Verkehrsachse eine internationale Eisenbahnlinie und Autobahn (alpines Beispiel: Brenner-Achse), Entwicklungsachsen 2. bis 4. Ordnung verbinden kleinere Zentrale Orte miteinander und besitzen oft nur eine Bundes-/Kantonalstraße.

Mit dem Konzept der Zentralen Orte und Entwicklungsachsen ist die raumordnerische Leitidee verbunden, dem punktförmigen Wirtschaftswachstum der Städte eine flächenhafte Dimension zu geben (Abstrahlungseffekte von den Entwicklungsachsen auf die gesamte Fläche). Auch wenn dieses Konzept nur in Deutschland und Österreich explizit umgesetzt wurde, so liegt es dennoch den Raumplanungen zahlreicher europ. Staaten zugrunde. In den Alpen ist diese Konzeption wenig sinnvoll, wie die kleinräumigen Gegensätze zwischen verstädterten Talböden und entsiedelten Seitentälern zeigen. Zugleich machen die A. deutlich, daß die zentralistische Leitidee der Zentralen Orte und Entwicklungsachsen wenig geeignet ist, um ländliche bzw. periphere Regionen zu fördern.

Erbbaurecht
Mittelalterlicher Begriff für das Recht, das ein Bauer von seinem Grundherren erhalten hatte und dem Sohn erlaubte, den Hof vom Vater zu übernehmen.

Erdbeben
entstehen in den A. durch den Druck der Afrikanischen auf die Europ. Kontinentalplatte und sind relativ häufig. Allerdings dominieren meist leichte bis mittelschwere Beben (bis zu 5,5 Punkten auf der Richter-Skala). Schwere Beben mit katastrophalen Auswirkungen für den Menschen treten etwa alle 200–250 Jahre auf; das letzte Beben dieser Art fand 1976 im Friaul (Karnische und Julische A.) statt, forderte 1 000 Menschenleben und machte 150.000 Personen obdachlos. Erdbeben können Berg- und Felsstürze, Muren und andere geomorphologische Prozesse auslösen.

Erdpyramiden
Begriff für spektakulär ausgeprägte Abtragungsformen: In Moränen- (selten in anderem unsortierten Locker-)Material erodiert das Regenwasser die feinen Bestandteile; dort wo Steine und Blöcke liegen, ist der Untergrund tiefgründig vor Abtrag geschützt, so daß schlanke und hohe Erdsäulen mit (später ohne) Deckstein übrigbleiben. Diese Formen, die sich oft in kurzer Zeit während einer Klimaverschlechterung ausbilden, sind an mediterrane oder inneralpine Klimaverhältnisse und tonhaltiges Material (zur Zementierung der Erdsäulen) gebunden. Sie stellen als naturkundliche Sehenswürdigkeit eine touristische Attraktion dar.

Erosion
Sammelbezeichnung für Bodenabtrag bzw. für Abtragunsprozesse verschiedenster Art. Als Fachbegriff meist durch Nr. 1 definiert, umgangssprachlich sehr breit verwendet.

1. Rinnen- und Grabenerosion (linienhafte fluviale Erosion): Abtragung durch fließendes Wasser entlang von Bächen, Rinnen, Geländevertiefungen, unterteilt in Tiefenerosion (Tieferlegung der Bachsohle) und Seitenerosion (Unterschneidung der Hänge: Verbreitung des Bachbettes).

2. Flächenhafte fluviale Erosion oder Denudation: Flächenhafter Bodenabtrag durch oberflächlich abfließendes Wasser.

3. Winderosion oder Deflation: Bodenabtrag durch Wind, wenn die schützende Vegetationsdecke fehlt. In den A. fast nur in der alpinen und nivalen Höhenstufe verbreitet.

4. Glaziale Erosion: Fels- und Bodenabtrag durch fließende Gletscher.

Darüberhinaus werden fälschlich auch Muren, Blaiken u.ä. als Erosionsformen bezeichnet.

Erratischer Block oder Findling
Felsblock aus ortsfremdem Gestein, der durch einen eiszeitlichen Gletscher an seinen heutigen Platz transportiert wurde. Wegen seiner auffälligen Gestalt oft Gegenstand von Sagen und Legenden. Der Pierre du Niton aus Montblancgranit, der vom Eis bis Genf transportiert wurde, ist der Fixpunkt der schweiz. Höhenvermessung.

Erzverarbeitung
Der Abbau von erzhaltigem Gestein und die Verhüttung vor Ort oder an tiefer gelegenen Plätzen war eine wichtige Wirtschaftsaktivität in den A. von der Bronzezeit bis zum Ende des 18. Jh. Fast immer lagen die Abbaugebiete sehr hoch, zwischen Alm- und herbstlicher Schneegrenze, weil nur hier das nackte Gestein freiliegt und Erzadern leicht erkannt werden können. Deshalb hatten Klimaveränderungen einen erheblichen Einfluß: Wenn es wärmer wurde und die Gletscher zurückwichen, entstanden neue potentielle Abbaugebiete; in Zeiten der Klimaverschlechterung überfuhren die Gletscher hochgelegene Stolleneingänge.

Erzabbau und -verarbeitung fanden sich früher sehr dezentral in allen Alpenregionen und in sehr vielen Tälern. Oft wurde eine hochgelegene Siedlung v.a. zum Erzabbau gegründet und blieb nach dessen Einstellung als Bauerndorf weiter bestehen. Eine besonders große Dichte von Erzabbau- und Erzverarbeitungsanlagen fand sich in den Ostalpen:

1. Als sog. Eisenwurzen wird die Region der östlichen Ostalpen zwischen Traun, Gail und Wien bezeichnet (Niedere Tauern, Gurktaler A., Hochschwab, Ybbstaler A., Fischbacher A., Glein- und Koralpe), in der die Erzfunde die Grundlage einer flächenhaften Kleineisenindustrie darstellten. Hier liegt auch der berühmte Erzberg und die Mur-Mürz-Furche, in der im 19. Jh. eine moderne Schwerindustrie aufgebaut wurde.

2. Im Gasteiner und Rauriser-Tal (Hohe Tauern) lagen die bedeutendsten Goldvorkommen der A., die offenbar schon in vorrömischer Zeit von den Norikern geschürft wurden. Im späten Mittelalter schufen die Landesherren, die Erzbischöfe von Salzburg, die Voraussetzungen für eine intensive Nutzung, was zu einem Wirtschaftsaufschwung führte. Die barocke Pracht der Stadt Salzburg geht zu erheblichen Teilen auf das Gasteiner und Rauriser Gold zurück. Im 18. Jh. wurde der Goldbergbau eingestellt, wobei viele Gründe zusammenwirkten (Verfall des Goldpreises durch Gold aus Amerika, Vertreibung der Protestanten aus dem Land Salzburg, Klimaverschlechterung, Mißwirtschaft vor Ort).

Alpenweit brach der Erzabbau und die Erzverarbeitung im 18. Jh. zusammen, wobei die Klimaverschlechterung der Kleinen Eiszeit und die verschlechterte Konkurrenzsituation der A. in der Protoindustrialisierungsphase die entscheidende Rolle spielten. Viele Knappen und Arbeiter, die zuvor Landwirtschaft im Nebenerwerb betrieben hatten, intensivierten jetzt ihre Landnutzung, wurden Forstarbeiter oder wanderten in die Städte ab.

EU-Berggebietspolitik
Die Kernstaaten der alten EWG besaßen keine oder nur randliche Alpengebiete. Selbst dort, wo die A. eine größere Fläche einnahmen, spielten sie in der Politik nur eine unbedeutende Rolle. In Italien lagen die großen Probleme im strukturschwachen Süditalien (mezzogiorno), gegen die die ital. A. relativ gut dastanden. In Frankreich war es der strukturschwache ländliche Raum außerhalb der Agglomeration Paris, innerhalb dessen die franz. A. ebenfalls nicht schlecht abschnitten. Aus diesem Grunde und wegen des Schwergewichts der EWG auf Industrie- und Landwirtschaftspolitik kannte weder die EWG noch die spätere EG eine Berggebietspolitik.

Mit der Erweiterung der EG, v.a. nach Süden (Griechenland 1981, Portugal und Spanien 1986), nahmen die räumlichen Disparitäten innerhalb der EG sehr stark zu. Deshalb wurde seit Mitte der 80er Jahre Schritt für Schritt die EG-Regionalpolitik ausgebaut. Ursprünglich bezog sie sich v.a. auf krisengeschüttelte Industriegebiete (altindustrialisierte Industriegebiete mit Strukturproblemen), dann wurden aber auch zunehmend strukturschwache ländliche Regionen gefördert (sog. Ziel-5 b-Gebiete). Es profitierte davon zwar auch manche Alpenregion, die Schwerpunkte lagen jedoch eindeutig im außeralpinen Raum, oft nicht einmal im Berggebiet.

In dieser Situation gab es 1987/88 mit besonderer Unterstützung ital. und franz. Kreise eine gezielte Initiative für den Aufbau einer spezifischen EG-Berggebietspolitik. Sie gipfelte 1988 in einer eindeutigen politischen Empfehlung des Wirtschafts- und Sozialausschusses der EG und der Verabschiedung eines detaillierten politischen Konzepts mit dem Titel „Eine Politik für das Bergland" (der Begriff „Bergland" in der autorisierten Übersetzung ins Deutsche ist ein Übersetzungsfehler, es muß „Berggebiet" heißen). Dieser Vorschlag wurde allerdings von der EG-Kommission abgelehnt.

Jüngste Entwicklungen: Mit der Umwandlung der EG in die EU am 1.11.1993 setzt eine neue politische Dynamik ein, die auch die Berggebiets- und Alpenpolitik betrifft:

1. Mit der Erweiterung der EU um die Staaten Schweden, Finnland und Österreich im Jahr 1995 wird die Stellung der Berggebiete innerhalb der EU gestärkt. Schweden und Finnland haben als Beitrittsvoraussetzung zur EU die Erweiterung der EU-Regionalpolitik um eine zusätzliche Zielgebietskategorie – nämlich die Ausweisung von „arktisch/subarktisch geprägten Gebieten" (sog. Ziel 6) – gefordert und auch durchgesetzt. Mit Österreich ist ein Staat EU-Mitglied geworden, dessen Regierung sich voll für eine Alpenpolitik und ihre Aufwertung innerhalb der EU als neues Ziel 6b einsetzt.

In diesem Zusammenhang ist es bedauerlich, daß die Schweiz in einer Volksabstimmung 1992 den Beitritt zum gemeinsamen Binnenmarkt, als ersten Schritt hin zu einem EU-Beitritt, abgelehnt hat. Gemeinsam mit Österreich hätte sie erreichen können, daß die Alpen- und Berggebietspolitik stärker in die EU-Regionalpolitik einbezogen wird, wie das Beispiel Schwedens und Finnlands zeigt. Ohne die Schweiz ist die Position Österreichs erheblich schwächer.

2. Die verantwortlichen EU-Kommissare wissen sehr genau, daß der gemeinsame Binnenmarkt mit den vier Freiheiten (Freiheit des Waren-, Dienstleistungs-, Kapital- und Personenverkehrs) – dem Kernbereich der neuen EU – auch die Konkurrenz innerhalb und zwischen den europ. Regionen verstärkt, was negative Konsequenzen (Wirtschaftsschwächung) haben kann. Damit der Binnenmarkt die gewünschten positiven Effekte hervorbringt, muß er

durch raumordnerische und regionalplanerische Maßnahmen flankiert werden. Diese Aufgabe, die bisher im Rahmen der EG eher einen nebensächlichen Stellenwert besaß, wird so erheblich aufgewertet. Das spiegelt sich auch in den dafür eingesetzten Finanzmitteln wider, die seit den 90er Jahren – zu Lasten der Agrarpolitik – erhöht wurden.

Die programmatischen Aussagen der EU zu diesem Thema finden sich in ihrem Dokument „Europa 2000" (1991) und in der detaillierten Studie „Europa 2000+ – Europäische Zusammenarbeit bei der Raumentwicklung" (1995). Darin werden u.a. regionsspezifische Strategien für Stadtgebiete, ländliche Gebiete und Grenzgebiete skizziert (Berggebiete fehlen!). Das Gebiet der EU wird in neun Großregionen mit jeweils spezifischen Möglichkeiten und Problemen unterteilt. Eine dieser Großregionen wird „Alpenbogen" genannt und besteht aus dem eigentlichen Alpenraum und einem weit gefaßten Alpenvorland (ganz Oberitalien, Österreich, Schweiz, Bayern, Baden-Württemberg usw.). Dabei wird explizit die AK als positives Beispiel für eine internationale Zusammenarbeit, die ökonomische und ökologische Ziele zu verbinden sucht, hervorgehoben.

Künftige Entwicklung: Derzeit ist in bezug auf eine EU-Raumordnungs-, Raumplanungs- und Regionalpolitik sehr viel im Fluß. Es gibt zahlreiche konkurrierende Ansätze, Entwürfe, Interessen usw. Noch ist unklar, welche Konzeption sich letztlich durchsetzen wird; unbestritten ist, daß dieser Politikbereich in Zukunft eine erhebliche (auch finanzielle) Aufwertung erfahren wird. Bedauerlich jedoch, daß diese sehr wichtigen Diskussionen und Entscheidungen weitgehend unter Ausschluß der Öffentlichkeit geführt werden, weil die Materie so kompliziert ist, daß sie nur Fachleute verstehen, und weil „Übersetzungen" in eine allgemeinverständliche Sprache und Darstellung fehlen.

Euregio

Politischer bzw. raumplanerischer Fachbegriff für eine staatenübergreifende Region (Grenzregion), deren Zusammenarbeit in erster Linie das Ziel verfolgt, die negativen Auswirkungen der nationalen Grenzen auf Wirtschaft, Verkehr, Umwelt, Kultur zu beseitigen. Das erste europäische Projekt dieser Art entstand in den 70er Jahren im deutsch-niederländisch-belgischen Grenzgebiet. Seit den 80er Jahren erlebt diese Form der grenzüberschreitenden

Zusammenarbeit dank gezielter Förderung und Unterstützung der EU eine große Blüte, auch in den A. Es handelt sich bei den Euregios um mittelgroße Regionen, die heute oft funktional eng miteinander verflochten sind (grenzüberschreitende Pendlerbeziehungen u.ä.). In den A. gibt es derzeit folgende Euregios:

1. Bodenseekonferenz: Teile von Baden-Württemberg und Bayern, Ostschweiz, Vorarlberg, Liechtenstein, die A. und Voralpengebiete umfassen.

2. Genferseerat: Kanton Genf und Teile des Kantons Waadt (Vaud) und Wallis, Teile der Départements Ain, Savoie und Haute-Savoie (Alpen-, Voralpen- und Jura-Gebiete).

3. Regio Insubrica: Diese wohl flächengrößte und bevölkerungsstärkste aller Euregios in den A. umfaßt den nördlichen Teil der Lombardei (Alpen plus Städte am Alpenrand) und den Kanton Tessin.

4. Regio Sempione: Um den Simplonpaß (Sempione) gruppierte Region, die aus dem Oberwallis und dem Ossola-Tal im Piemont besteht.

5. Regio Alpi Marittime: Teile der Provinzen Cuneo/Piemont und Imperia/Ligurien und Département Alpes-Maritimes in den See- und Ligurischen A.

6. Euregio Tirol: Bundesland Tirol und autonome Provinzen Südtirol und Trentino. Sonderfall, weil die Mitgliedschaft ausschließlich aus Bundesländern/Provinzen in ihrer Gesamtheit besteht (sonst meist Abgrenzung auf Gemeindeebene) und weil die Tiroler die Form der Euregio zu nutzen versuchen, um die 1919 zerstörte Einheit Tirols schrittweise wiederherzustellen; dies führte zu verschiedenen Konflikten mit dem ital. Staat.

7. Euregio Salzburg: Bayer. Gebiete im Südosten Oberbayerns und angrenzende Gebiete im Bundesland Salzburg; Alpen- und Voralpengebiete mit Bevölkerungs- und Wirtschaftsschwerpunkt im voralpinen Raum.

Derzeit wird über zahlreiche weitere Projekte (v.a. im Grenzraum zu Slowenien) diskutiert.

Politisch bzw. raumplanerisch gesehen stehen die Euregios meist zwischen der Ebene der Landesplanung und der der Gemeinde-/Stadtplanung. Sie besitzen teilweise die Funktion einer erweiterten Agglomerationspolitik bzw. einer grenzüberschreitend ausgerichteten Regionalpolitik.

EUROMONTANA (= Europ. Konferenz der Berggebiete)
1967 von der CEA (Conférence européenne de l'agriculture = Europ. Landwirtschaftskonferenz) gegründete Organisation ohne feste juristische Struktur, deren Aufgabe es ist, die Berglandwirtschaft und die Berggebiete in Europa (über die EU hinausgehend) zu fördern. EUROMONTANA veranstaltet alle zwei Jahre eine große internationale Konferenz zu einschlägigen Themen, zuletzt 1995 in Krakau/Polen über „Die neuen Bedürfnisse für eine nachhaltige Entwicklung".

Die große Landwirtschaftsorganisation COPA (Comité des Organisations Professionnelles Agricoles), die in Brüssel starken Einfluß besitzt, hat ebenfalls kürzlich eine Arbeitsgruppe „Berglandwirtschaft" gegründet.

Familienegoismus
Volkskundlicher Ausdruck, der eine früher weitverbreitete Einstellung im Altsiedelraum bezeichnet, nämlich ein Denken und Handeln, das allein auf die eigene Familie ausgerichtet ist und das den anderen Familien mit großem Mißtrauen begegnet. Im Gegensatz zum modernen Egoismus geht es hier nicht um Selbstverwirklichung und -befreiung, sondern im Gegenteil um die verschärfte Unterordnung des einzelnen Individuums unter das Familiensystem.

Im Altsiedelraum, wo das gemeinschaftliche Eigentum einen hohen Stellenwert hat und zahlreiche Gemeinschaftsarbeiten anfallen, wirkt sich der Familienegoismus destruktiv aus, indem er die Gemeinschaft untergräbt. Im Regelfall entwickeln sich verschiedene Familienclans, die sich feindlich gegenüberstehen und regelrecht bekämpfen, so daß das Gesamtsystem blockiert, von innen heraus erstarrt und zu keiner Veränderung mehr fähig ist. Dies ist eine wichtige kulturelle Ursache für wirtschaftliche Strukturschwäche.

Felstor
Natürliche Öffnung in einer Felswand eines schmalen Grates, die als Tor wirkt. Oft mit Sagen verbunden, die um die Entstehung dieses Phänomens kreisen.

Felszeichnungen
Populärer, aber eigentlich falscher Begriff, weil es sich in den meisten Fällen um in (von eiszeitlichen Gletschern glatt geschliffene) Felsen geritzte oder geschlagene Figuren handelt. In den A. dürfte es mehrere 100.000 Felszeichnungen geben, die ältesten aus paläolithischer Zeit (Wildbeutergesellschaften), die jüngsten aus dem 19./20. Jh. Die Erforschung dieser Bilder, die wichtige Aufschlüsse über die Nutzungsgeschichte der A. geben könnte, steht noch am Anfang, die Bedeutung der Bildersprache ist erst ansatzweise bekannt.

FEPM (= Fédération Européenne des Populations de Montagne = Europ. Föderation der Bergbevölkerung)
1991 mit dem Ziel gegründet, die Existenzbedingungen der Bergbevölkerung zu verbessern. Die Organisation besteht aus natürlichen und rechtlichen Mitgliedern (Berggebietsorganisationen verschiedener Staaten, Wirtschaftsverbänden aus dem Berggebiet, politischen Einheiten) und verfolgt in erster Linie die Aufgabe einer Lobby-Gruppe in Brüssel (in bezug auf die EU-Politik). Seit 1994 verfügt die FEPM über ein eigenes ständiges Sekretariat.

FFEM = Fédération Française d'Economie Montagnarde: franz. Bergbauernorganisation.

Finanzausgleich, alpenweiter
Von der CIPRA im Rahmen der AK vorgeschlagenes Instrument, das regionale Disparitäten im Alpenraum dämpfen und v.a. zur Förderung strukturschwacher Alpengemeinden und -regionen eingesetzt werden soll. Bisher in der politischen Diskussion um die AK noch nicht aufgegriffen.

Firn
Schnee aus den vergangenen Jahren (meist auf Gletschern), der durch Schmelzen und Wiedergefrieren stark umgewandelt und verdichtet wurde.

Fließgewässer
Sie sind ein wesentliches und landschaftsprägendes Element der alpinen Ökosysteme, dem für die menschliche Nutzung (Trink- und Bewässerungswasser) ein zentraler Stellenwert zukommt.

1. Einzugsgebiete: Hydrogeographisch zerfallen die A. in drei Einzugsgebiete (Nordsee, Schwarzes Meer, Mittelmeer), von denen die des Mittelmeeres mit Abstand die größte Fläche besitzt, das auch den höchsten Abfluß aus den A. erhält. Ferner gibt es sieben große Flußgebiete (wichtigster Alpenfluß/Nebenflüsse/alpines Einzugsgebiet in km², basierend auf einer orographischen, engen Alpenabgrenzung/jährliche Abflußmenge aus den A. (nach BAUMGARTNER/REICHEL/WEBER für die Jahre 1938–60 errechnet):

1. Rhein (Alpenrhein; und Nebenflüsse des Hochrhein von Aare bis Thur): 14.100 km², 24.470 Mio. m³.

2. Bayerische Donau (Inn; Nebenflüsse der Donau von Iller bis Salzach): 19.268 km², 30.233 Mio. m³.

3. Österreichische Donau (Nebenflüsse der Donau von Traun bis Piesting): 8.863 km², 15.293 Mio. m³.

4. Ungarisch-serbische Donau (Nebenflüsse der Donau von Raab über Mur und Drau bis Save): 21.672 km², 27.488 Mio. m³.

5. Rhone (Rhone und Flüsse, die direkt ins Mittelmeer münden): 35.587 km², 48.645 Mio. m³.

6. Po (Po und seine Nebenflüsse von Tanaro bis Chiese): 24.056 km², 38.842 Mio. m³.

7. Flüsse, die direkt in die Adria münden (Etsch – Soca/Isonzo): 19.953 km², 31.286 Mio. m³.

Diese 7 großen Flußgebiete gliedern sich in 49 regionale Flußgebiete, 553 mittlere und 1138 kleine Einzugsgebiete, deren jeweilige Grenzen aber nur teilweise mit den landschaftsprägenden Graten und Pässen identisch sind.

2. Flußcharakteristik: Flüsse lassen sich in ein Erosions-, ein Gleichgewichts- und ein Akkumulationsgebiet untergliedern.

1. Erosions- oder Eintiefungsgebiet. Wie in allen Hochgebirgen bestehen auch in den A. diese Wasserläufe aus Wildbächen, die ein schmales Bachbett, ein großes Gefälle, einen sehr raschen und schnell wechselnden Abfluß und eine zeitweise hohe Feststoffführung aufweisen. Wo Wildbäche nicht in ein übertieftes, glaziales Trogtal münden und sich das Erosionsgebiet talabwärts fortsetzt, entwickeln sich Wild- oder Gebirgsflüsse (zumindest streckenweise starkes Gefälle, rascher und stark wechselnder Abfluß, Umlagerungsstrecken, hohe Feststoffführung).

2. Gleichgewichtsgebiet mit Gleichgewicht zwischen Erosion und Akkumulation und Feststoffumlagerungen: Flache Fluß-

Flüsse und Flußeinzugsgebiete in den Alpen

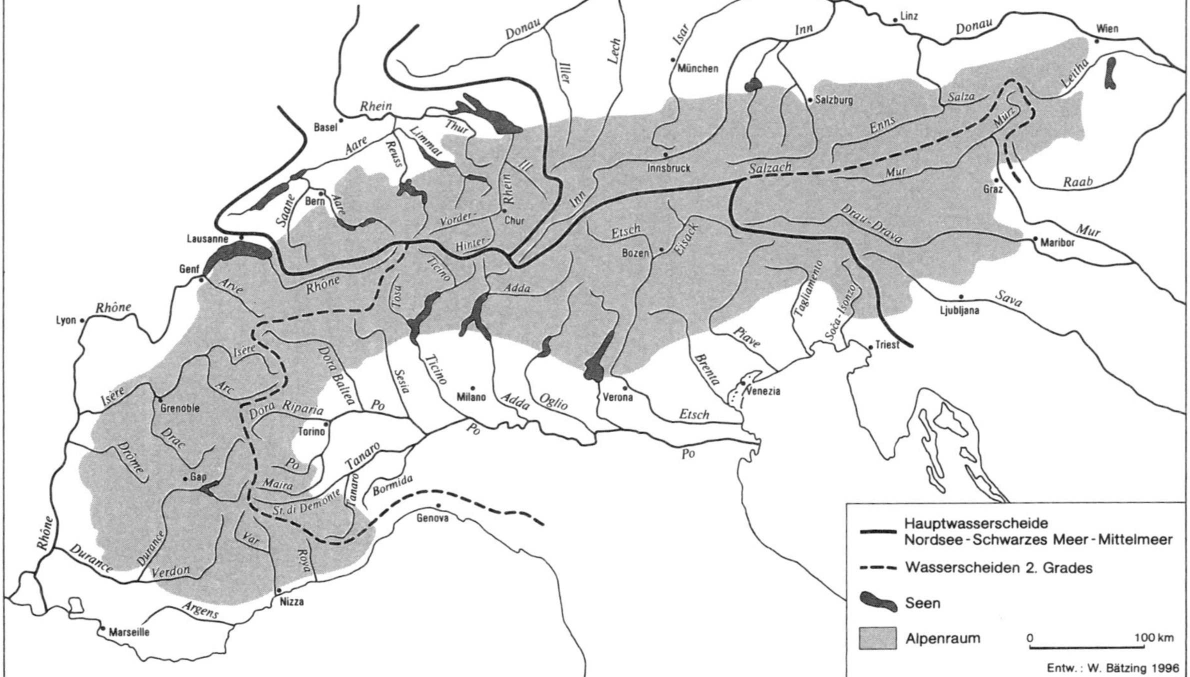

strecken mit breitem Flußbett (Talauen), im Naturzustand mit zahlreichen Flußschlingen (Mäandern), die sich meist in übertieften glazialen Trogtälern finden. Diese beginnen häufig sehr weit im Alpeninnern.

3. Akkumulations- oder Aufschüttungsgebiet: Gebiet, in dem der Fluß seine mitgeführte Feststofffracht deponiert, meist als Delta am Beginn der Alpenrandseen ausgebildet, die dadurch allmählich aufgefüllt werden.

3. Abflußtypen: Das Abflußverhalten des Wassers läßt sich in fünf Haupttypen gliedern:

1. Glaziales Regime: Extrem geringer Winterabfluß, sehr starkes und langes Maximum im Hochsommer (Juli/August) während der Hauptphase der Gletscherschmelze.

2. Nivales Regime: Sehr geringer Winterabfluß, ausgeprägte Abflußspitze während der Schneeschmelze im Frühjahr/Frühsommer (je nach Höhenlage Einzugsgebiet).

3. Nivo-pluviales Regime: Geringere Unterschiede zwischen Maxima- und Minima-Niederschlägen (Mischtyp Schneeschmelze- und Niederschlagsabfluß), nach Niederschlagsgang zu unterteilen in: 3a: Mitteleurop. geprägtes nivo-pluviales Regime: Eine Abflußspitze meist im April und mittlerer Sommerabfluß. 3b: Mediterran geprägtes nivo-pluviales Regime: Neben der Abflußspitze im Frühjahr eine zweite niedrigere Spitze im Herbst bei sehr geringem Sommerabfluß.

4. Pluviales Regime: Sehr ausgeglichener Abfluß mit geringen Unterschieden zwischen Sommer und Winter; in den A. selten und auf sehr kleine, tiefliegende Gebiete am Alpennord- und -ostrand beschränkt.

Die Ökologie der Fließgewässer in den A. wird durch diese Besonderheiten des Abflusses (gemeinsames Merkmal: weite Amplitude zwischen Maxima- und Minima-Abflüssen, geringe Wasserführung im Winter) sowie durch das meist sehr sauerstoffreiche (Gefällstrecken) und feststoffreiche Wasser geprägt. Trotz des Sauerstoffreichtums ist das Wasser jedoch meist nährstoffarm (niedrige Temperaturen, hohe Feststofffrachten, ausgeprägte Minima als limitierende Faktoren), und die Fließgewässerökosysteme verfügen über eine geringe eigene Primärproduktion, so daß sie sehr sensibel auf Veränderungen bzw. Störungen reagieren.

Fließgewässer-Veränderungen
Diese gehören zu den fundamentalen Veränderungen der alpinen Ökosysteme, sie lassen sich in vier Gruppen einteilen:

1. Reduzierung der naturräumlichen Dynamik: Daß sich Fließgewässer eintiefen (in den A. teilweise wie bei Muren in Form schneller Prozesse), daß sie Material umlagern oder aufschütten, gehört zu den natürlichen Vorgängen, die den Menschen immer wieder bedrohen. In früheren Zeiten waren die Kräfte des Wassers für den Menschen so unbändig, daß er nur randlich eingriff und die durch diese Naturdynamik betroffenen Flächen (Wildbachbetten, Talauen) mied oder nur extensiv nutzte. Erst im Industriezeitalter wagte er sich mit folgenden technischen Eingriffen daran:

- Wildbachverbauungen (ab 1870/80) durch Steinmauern (Querwerke), alpenweit in sehr vielen Wildbächen, um Tiefenerosion zu reduzieren/verhindern und Muren zu vermeiden. Weil die Feststofffracht aber künstlich „am Berg" gehalten wird, baut sich langfristig ein erhebliches Gefahrenpotential auf.
- Wasserbauliche Maßnahmen im Bachbett der Gebirgsflüsse, um Umlagerungsprozesse (Akkumulation hier, Erosion dort) zu kontrollieren und abzuschwächen.
- Wasserbauliche Maßnahmen im Akkumulationsbereich, v.a. in den Deltagebieten der Alpenrandseen, um einen geregelten Abfluß zu erzielen und um zu verhindern, daß sich Flüsse bei zu großen Ablagerungen ein neues Bett suchen. Erste kleinere Maßnahmen schon sehr früh, z.B. Umleitung der Lütschine in den Brienzer See (anstelle des alten Abflusses auf das „Bödeli") seit dem Mittelalter. 1714 erste moderne Baumaßnahme: Umleitung der Kander in den Thuner See statt in die Aare, um die Hochwassergefahr von Thun zu reduzieren, gefolgt von der großen Linth-Korrektur 1811 (Ableitung der Linth direkt in den Walensee und Bau des Linth-Kanals zwischen Walen- und Zürichsee). Im 19. und 20. Jh. zahlreiche ähnliche Maßnahmen.

2. Maßnahmen zur Landgewinnung: Die Bedrohung durch das fließende Wasser blockierte die Nutzung vieler, sonst eigentlich ideal zu bewirtschaftenden Flächen, weshalb seit Beginn des 19. Jh. zahlreiche sog. Meliorationen (wörtlich: Verbesserungen) durchgeführt wurden:

- Meliorationen der Talauen durch Begradigen und Tieferlegen der Flüsse, Entwässerung der Auenfläche, Rodung des Auwaldes. Dadurch wurde wertvolles Kulturland gewonnen (ebene

Flächen, niedrige Höhenlage, gute Erreichbarkeit, sehr fruchtbare Böden).

- Meliorationen im Berggebiet durch Trockenlegen von vernäßten und vermoorten Flächen (natürliche Stauräume, die Hochwasserspitzen dämpfen). Dadurch wurde aber die Wasserrückhaltefähigkeit reduziert, so daß Hochwasser nun beschleunigt abfließen.

3. Energiewirtschaft: Seit 1890 wurden zahlreiche Wasserkraftanlagen errichtet, die die Fließgewässer sehr stark veränderten:

- Laufkraftwerke entlang größerer Flüsse: Geringe Veränderung des Abflußregimes; erhebliche Veränderung der Gewässerdynamik durch Aufstau längerer Flußabschnitte, wodurch der Gebirgsflußcharakter verlorengeht.
- Speicherkraftwerke zur Produktion von Spitzenstrom: Durch Betrieb im Winterhalbjahr starke Veränderung des natürlichen Abflußregimes (reduzierter Abfluß im Sommer, starker Abfluß im Winter), sehr geringes oder kein Restwasser (Trockenfallen des Bach-/Flußbettes hinter dem Stausee) und Schwellbetrieb (Hochwasserspitzen im unteren Bachbett bei Stromproduktion), wodurch die natürlichen Fließgewässerökosysteme völlig zerstört wurden.
- Speicherkraftwerke mit Überleitungen aus anderen Einzugsgebieten und/oder reine Pumpspeicherwerke (die Speicherseen werden nicht durch natürlichen Abfluß, sondern durch Wasser, das (wieder) aus dem Tal hinaufgepumpt wird, gefüllt).
- Stauseen im Talgebiet zur Trink- und Bewässerungswassergewinnung (mit Wasserkraftanlagen zur Stromgewinnung): Sie sind selten und finden sich v.a. in den trockenen Alpenräumen. Speicherung der Schmelzwässer und der Frühjahrsniederschläge und Abgabe im trockenen Sommer.

Das Rückhaltevermögen aller künstlich angelegten Wasserspeicher beträgt etwa 7–8 % des jährlichen Wasserabflusses aus den A., so daß die Abflußveränderungen durch die Wasserwirtschaft ein erhebliches Ausmaß angenommen haben.

4. Belastung der Gewässer durch Eintrag von Stoffen: Sowohl durch Abwasser/Abfälle der Siedlungen und Industrieanlagen als auch durch Überdüngung der Talauen durch die Landwirtschaft werden seit der Industrialisierung Stoffe in die Fließgewässer eingetragen, die eutrophierend wirken (Nährstoffanreicherung) oder giftig sind (bestimmte Industriezweige).

Naturnahe Alpenflüsse: Wenn man Fließgewässer mit der Gewässer-Güteklasse 1 und ohne Anlagen zur Wasserkraftnutzung als „naturnah" definiert, dann sind von den 13.150 km langen Alpenhauptflüssen alpenweit nur noch etwa 10 % der Flußstrecken naturnah. Den höchsten Anteil naturnaher Fließstrecken weisen die Franz. A. auf (18 %), die Ital. A. liegen mit 9 % im alpinen Durchschnitt, die Österr. A. (6,8 %), die Slow. A. (5,7 %), die Schweiz. A. (4,9 %), die Bayer. A. (2,5 %) verzeichnen unterdurchschnittliche Werte.

Auf der Alpennordseite ist das Tiroler Lechtal neben dem kleineren Salza-Tal (Hochschwabgebiet) das letzte intakte Gebirgsflußsystem Mitteleuropas, auf der Alpensüdseite finden sich größere naturnahe Fließstrecken im Bereich der Flüsse Metnitz und Wimitz (Gurktaler A.), Lesach und Tagliamento (Karnische A., Soca/Isonzo (Julische A.), Stura di Demonte, Estéron und Haut Var (Seealpen).

Fluh, Flüe
Schweizerdeutsche Bezeichnung für eine steile Felswand.

Flurformen
Im Streusiedlungsgebiet gibt es um die Einzelhöfe herum meist blockförmige Einödfluren (relativ große Parzellen mit unregelmäßigen Umrissen), die im Bereich der Weiler mehrfach geteilt sind. Im agglomerierten Siedlungsgebiet gibt es dagegen Kleinblockfluren in Gemengelage (sehr kleine, unregelmäßige Parzellen und zahlreiche Eigentümer). Fast nur in Meliorationsgebieten des 19. und 20. Jh. finden sich regelmäßige Flurformen (rechteckige bzw. Streifenfluren). Die traditionellen Nutzungsformen haben dazu geführt, daß sich auf Dauerackerflächen lange, schmale, hangparallele Parzellenformen (in Korrespondenz mit den Ackerterrassen) und auf Bergmähdern sehr lange, unten schmaler werdende Parzellen in Fallrichtung ausgebildet haben.

Föhn
Warmer trockener Fallwind, der entsteht, wenn auf der einen Seite der A. ein Hochdruck-, auf der anderen Seite ein Tiefdruckgebiet liegt, so daß die Ausgleichswindströmung die A. überqueren muß. Dabei regnet sie sich an der Luvseite heftig ab und kühlt ab, bildet am Alpenhauptkamm eine Föhnmauer (mauerartige Wolken-

masse), sinkt auf der Leeseite wieder ab und erwärmt sich stark (Begleiterscheinungen: sehr gute Fernsicht, Wolken in Form von „Föhnfischen"). Für den Föhn gibt es zahlreiche Dialekt- und lokale Ausdrücke („Schneefresser" im Frühling, „Traubenkocher" im Herbst); einerseits ermöglicht er in den Föhntälern bzw. Föhngassen eine bessere Landnutzung (frühere Schneeschmelze, höhere Temperaturen), andererseits bildet er ein hohes Gefahrenpotential (Föhnstürme mit Dorf- und Waldbränden).

Frana
Umgangssprachlicher ital. Begriff, der alle Formen der Erosion bis hin zur Badland-Bildung bezeichnet.

Französische A.
Sie besitzen eine Fläche von 36.780 km² (= 20 % der Alpenfläche) und 1990 1,7 Mio. Einwohner (= 16 % der Alpenbevölkerung), der höchste Berg ist der Mt. Blanc, 4807 m. Der Gegensatz zwischen den höheren, niederschlagsreichen Nordalpen und den etwas niedrigeren trockenen Südalpen (Grenze: Fréjus-Paß – Pelvoux-Massiv – Vercors) ist überall stark ausgeprägt: Hier eine starke Vergletscherung – dort wenige isolierte Gletscher, hier eine mitteleuropäisch geprägte Vegetation – dort stark mediterraner Einfluß; hier eine Almwirtschaft mit Rindern und Kühen („alpes des vaches") – dort mit Schafen („alpes des moutons") und einer starken Transhumanz; hier ein starker Sommer- und Wintertourismus (Seen und Skistationen) – dort wenige isolierte Tourismusorte; hier eine hohe Bevölkerungsdichte – dort große entvölkerte Berggebiete (3/4 der Bevölkerung der franz. A. lebt in den Nordalpen) Die franz. Südalpen, die entlang des Alpenhauptkammes stets Hochgebirgscharakter besitzen, sind der strukturschwächste Raum der gesamten A., und die Entsiedlung ist im Dept. Drôme (randliche Kalkalpen, politisch zu den Nord-, geographisch zu den Südalpen zählend) am weitesten vorangeschritten. Hier liegen die kleinsten Alpengemeinden: 28 Gemeinden haben 1990 weniger als 30 Einwohner, Rochefourchat zählt sogar nur zwei (!) Einwohner.

Daneben sind die franz. A. durch große Längstäler mit sehr tief liegenden Talböden (franz. „sillon alpin" = Alpenfurche) geprägt. In den Nordalpen sind diese sehr stark verstädtert (fast durchgängiges Städteband Genf-Annecy-Chambéry-Grenoble), in den

Südalpen wird hier eine moderne Intensivlandwirtschaft auf Bewässerungsgrundlage betrieben.

Der moderne Strukturwandel setzt in den franz. A. ab 1848 ein, also so früh wie sonst nirgends in den A. Da der französische Staat am Berggebiet und an den A. nur partielles Interesse zeigt, haben sich hier die extremsten Gegensätze der gesamten A. zwischen boomenden verstädternden Tallagen/Skizentren und verödenden Gebirgslagen herausgebildet: 69 % der 1.542 Gemeinden der franz. A. verloren in den letzten 120 Jahren durchschnittlich die Hälfte ihrer Bevölkerung, 24 % der Gemeinden dagegen verdreifachten ihre Bevölkerung. Die franz. A. stellen das Musterbeispiel der modernen, marktwirtschaftlich geprägten Alpenentwicklung (durch Staatseingriffe noch forciert) dar, bei der kleine, punkt- und bandförmige Gebiete (Verstädterung der gut erreichbaren tiefen Tallagen, Tourismuszentren in der Höhe) einen stürmischen Wirtschaftsaufschwung verzeichnen, während der große, eigentliche Gebirgsraum menschenleer wird.

Freiheiten im Alpenraum

Die besonderen Freiheitsrechte, die bis ins 19. Jh. hinein in den A. anzutreffen waren, wurden oft ideologisch verklärt und direkt aus der Natur der A. abgeleitet. Sie haben jedoch vier konkrete kulturhistorische Wurzeln:

1. Freiheiten im Altsiedelraum: Basis dieser Freiheiten ist, daß die lokalen Bauerngesellschaften bereits vor der Entstehung der Grundherrschaft im Frühen Mittelalter bestehen, so daß die Grundherren nicht mächtig werden können und viele Selbstverwaltungsrechte der Talschaften akzeptieren müssen.

2. Städtische Freiheiten: Die Stadtgründungen Oberitaliens im 11./12. Jh. mit Selbstverwaltung („Kommunen"), die sich den grundherrschaftlichen und kirchlichen Autoritäten entziehen, strahlen schnell auch in die A. aus und werden Vorbild für zahlreiche Gemeindesatzungen des 13./14. Jh.

3. Sonderrechte zur Paßsicherung: Die Deutschen Kaiser räumen bestimmten Regionen erhebliche politische und steuerliche Privilegien (Reichsunmittelbarkeit) ein, um sich eine ungehinderte Alpenüberquerung zu sichern.

4. Kolonistenrechte: Die Kolonisation zuvor kaum besiedelter Gebiete durch die Grundherren gründet darauf, daß die Kolonisten (Bauern) bestimmte Freiheiten (Selbstverwaltung, Steuererleichterungen) zugesichert bekommen, damit sie die Strapazen der Urbarmachung auf sich nehmen. Die Walser-Freiheiten sind z.B. typische Kolonistenrechte.

Diese vier Wurzeln von Freiheitsrechten in den A. vermischten sich seit dem Hochmittelalter untereinander und stärkten sich gegenseitig.

Gebirge

Eine anerkannte Def. von Gebirge gibt es nur für *Hoch*gebirge, nicht aber für *Mittel*gebirge (Gebirge mittlerer Höhe).

Gebirgsbildung/-entstehung (Tektonik)

Die geolog. Kenntnisse beruhten bisher auf der Analyse der Oberfläche der A. Seit kurzem jedoch ist es mit Hilfe der Reflexionsseismik (Auslösen von Schallwellen durch Vibrator-LKW's oder Sprengungen und Auffangen der Reflexionen durch hochempfindliche Mikrofone) möglich, tief im Untergrund der A. zu forschen. Die Erkenntnisse der „Europäischen Geotraverse" scheinen das Bild der Geologie der A. zu revolutionieren: Bisher bestand die wichtigste geolog. Erkenntnis in der Unterscheidung zwischen „autochthonen Massiven" (an Ort und Stelle verbliebene Gesteine von kleineren Gebirgen aus der Phase vor der Alpenbildung) und „Decken" (Sedimentationsgesteine, die im Rahmen der Faltungs- und Überschiebungsprozesse von ihrem Untergrund, ihrer „Wurzel" abgerissen und oft über weite Strecken hinweg verschoben wurden). Jetzt hat man festgestellt, daß z.B. das autochthone Aare-Massiv nicht an Ort und Stelle wurzelt, sondern als „Decke" auf die Afrikanische Platte überschoben wurde, so daß die Geologie der A. umgeschrieben werden muß.

Die Gebirgsbildung der A. umfaßt vier Stadien:

Die kaledonisch-variskische Gebirgsbildung (vor 450–280 Mio. Jahren): Acht kleinere Gebirge aus dieser Zeit (Argentera-, Pelvoux-, Grandes Rousses-, Belledone-, Mt. Blanc-, Aare-, Gotthardmassiv, sog. autochthone Massive) werden in die spätere Alpenbildung einbezogen und erhalten durch die doppelte Gebirgsbildung ein besonders hartes Gestein, das heute die höchsten Gipfel der A. aufbaut.

Erdgeschichtliche Zeittafel

Ära	Periode	Epoche	vor ... Mio J.	Ereignisse in den Alpen Sedimente	
Erdneuzeit	QUARTÄR	Holozän Pleistozän		eiszeitlich	
			2,5		A
	Jung ...	Pliozän Miozän			A H
	TERTIÄR		23		A
	Alt ...	Oligozän Eozän Paläozän		Molasse	F, H, F, Ü, M
			67		
Erdmittelalter	KREIDE	Ober-K. Unter-K.		Flysch	F, Ü, M
			135		
		Malm Dogger Lias		helvetisch	
			195	penninisch	(F)
	TRIAS	Ober-T. Mittel-T. Unter-T.		ostalpin	
			225		
Erdaltertum	PERM	Ober-P. Unter-P.		Verucano	*alpidische Phase*
			285		
	CARBON	Ober-C. Unter-C.		Grauwacken u.a. pennin. Greise Altkristallin	*variskische Phase* F, Ü, M, H, A
			350		
	DEVON				

Quellen: Gwinner 1978, Richter 1974

Abtrag
Hebung
Metamorphone
Überschriebung
Faltung

Die alpidische Gebirgsbildung:

1. Phase der Sedimentation (vor 200–100 Mio. Jahren): Durch das Auseinanderdriften der Europäischen und der Afrikanischen Platte entstand ein größeres, meist flaches Meer (Tethys-Meer), auf dessen Grund sich im Laufe der Zeit mächtige Sedimentschichten ablagern und allmählich verfestigen. Dabei bilden sich vier große, durch schmale Landbrücken voneinander getrennte Sedimentationsbecken heraus, die von Geologen zum Zweck der Rekonstruktion der Gebirgsbildung „Helvetikum", „Penninikum", „Ostalpin" und „Südalpin" genannt werden (die Namen beziehen sich auf die Gebiete, in denen diese Gesteine heute zu finden sind). In den Sedimentationsbecken lagern sich mit der Zeit verschiedene Sedimentschichten ab, die nach ihrer Entstehungszeit benannt werden (Schichtfolge: Perm, Trias, Jura, Kreide, Tertiär). Je nach Herkunft und Zusammensetzung der Sedimente (Schlammablagerungen von ins Meer mündenden Flüssen, Verlandungszonen in flachen Meerarmen, Schalen von abgestorbenen Meerestieren), und je nach Meerestiefe entstehen in den einzelnen Sedimentationsbecken und -schichten sehr unterschiedliche Sedimentqualitäten, die die heutige Gesteinsvielfalt begründen.

2. Faltungsphase (vor 100–20 Mio. Jahren): Im Rahmen der Kontinentalverschiebung driftet die Afrikanische Platte nach Norden, schiebt das Tethys-Meer zusammen und staut sich an den variskischen Gebirgen des französischen Zentralmassivs, des Vogesen-Schwarzwald-Massivs und der Böhmischen Platte. Dadurch entsteht die West-Ost-Kettenform und der bogenförmige Verlauf der Westalpen, wobei der Druck im Bereich der Westalpen wesentlich stärker ist als in den Ostalpen. Durch den Druck und hohe Temperaturen werden die Sedimentdecken verfestigt und waagerecht gefaltet; die Afrikanische Platte schiebt sich allmählich auf die Europäische Platte auf, wobei sich beide keilförmig ineinander verzahnen. Bei dieser Überschiebung werden die Sedimentschichten von ihren Wurzeln gelöst und nach Norden verschoben (sie werden zu „Decken"). Das Gebirge erreicht in dieser Phase jedoch maximal Mittelgebirgscharakter.

3. Hebungsphase (seit 20 Mio. Jahren): Der weiter zunehmende Druck der Afrikanischen Platte führt zur Hebung der Gesteine. Die Decken werden weiter nach Norden verschoben und teilweise übereinandergeschoben (in den Westalpen stärker als in den Ostalpen), wodurch die Helvetischen Decken zuunterst, die

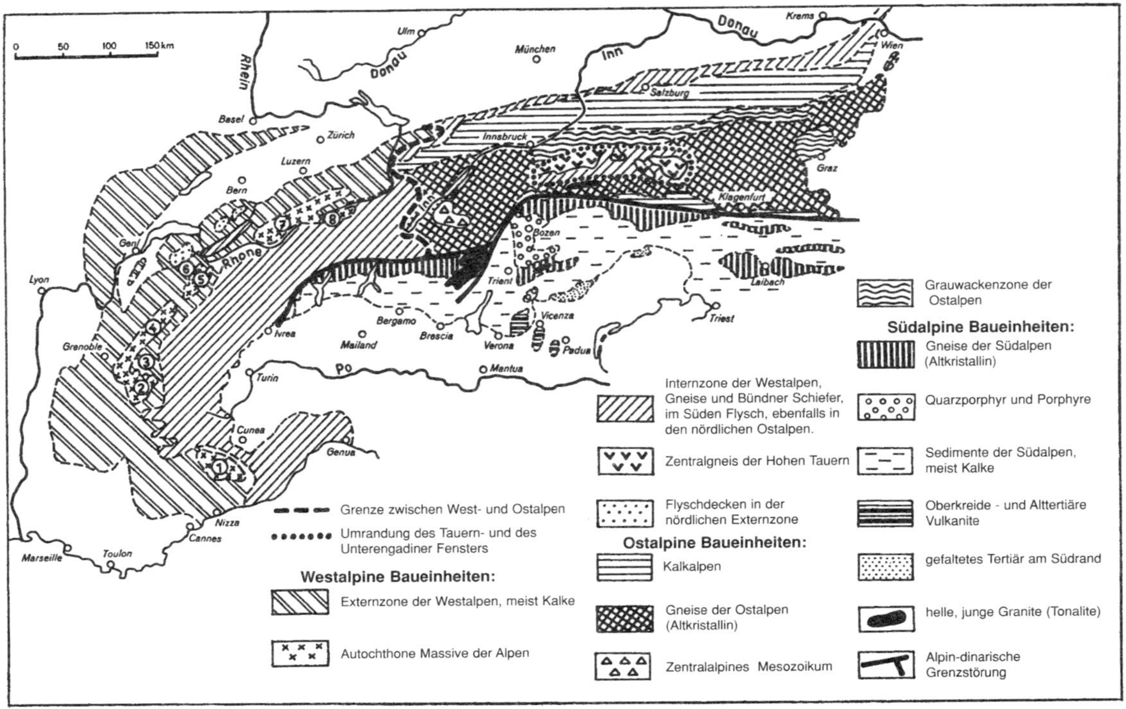

Geologie der Alpen. Quelle: Birkenhauer: Die Alpen, 1980

Penninischen Decken in der Mitte und die ostalpinen Decken zuoberst zu liegen kommen. Dort, wo größere Gesteinsdecken bei der Faltung und Hebung abrutschen oder durch Erosion abgetragen werden, wird die darunterliegende Decke sichtbar; die Geologen sprechen von einem „Fenster"; das größte ist das „Tauern-Fenster" in den Hohen Tauern, wo durch den Abtrag des Ostalpins das Penninikum sichtbar wird. Erst jetzt erhalten die A. Hochgebirgscharakter.

Am Ende dieser Phase gibt es eine Sonderentwicklung, weil die kleine Adriatische Platte eine Drehbewegung vollzieht, wodurch es entlang der sog. Alpin-dinarischen Grenzstörung zu einer Umkehrung der Überschiebungsrichtung kommt. Damit werden die Südalpen vom übrigen Gebirge getrennt und erhalten eine nach Süden gerichtete Faltung.

In der Regel halten sich die Kräfte der Hebung und des Abtrages etwa die Waage, nur in geolog. kürzeren Zeiträumen, den Hebungsphasen, wachsen die A. in die Höhe. Teilweise sind die früheren Hebungsphasen als Verebnungsflächen noch im Gelände zu erkennen: Jede Hebungsphase schuf eine Art gewellter oder mittelgebirgiger Hochfläche, die vom Rand her erodiert wurde. Bevor dies aber vollständig geschehen war, setzte die nächste Hebungsphase ein, so daß ein Stockwerksbau mit verschiedenen Verebnungflächen entstand, die durch Steilstufen voneinander getrennt sind.

Derzeit halten sich in den A. Hebungs- und Abtragungsvorgänge die Waage, in geolog. mittelfristigen Zeiträumen werden jedoch die Hebungskräfte abnehmen, und die A. werden sich zu einem Rumpfgebirge mit Mittelgebirgscharakter entwickeln.

Tektonik: Die autochthonen Massive enthalten fast nur metamorphe Gesteine. Die Gesteine der vier Sedimentdecken sind je nach dem Grad ihrer geolog. Beanspruchung sehr unterschiedlich geprägt. Bei hoher Beanspruchung (= starke Metamorphose der Gesteine) gibt es hohe Gneis-Anteile (Penninikum), bei geringer Beanspruchung fand keine Metamorphose statt (keine Gneise) und alle Serien der verschiedenen Sedimentgesteine (v.a. Kalkstein) sind mehr oder weniger gut erhalten (Helvetikum). Die Gesteine des Ost- und Südalpin nehmen eine Mittelstellung ein (Sedimentserien teilweise erhalten, aber auch geringere Gneis-Anteile).

Gebirgsformen

Nach geomorphologischen Großformen werden folgende Gebirgstypen unterschieden:

1. Massengebirge: deutlich geschlossene Erhebungen gegenüber dem Umland, die jedoch keine erkennbare Hauptrichtung einzelner Gebirgszüge aufweisen.

2. Kammgebirge: Linienförmig aneinandergereihte Bergzüge mit einer einzigen Hauptkammlinie.

3. Kettengebirge: Linienförmig aneinandergereihte Bergzüge mit mehreren, parallel gestaffelten Gebirgskämmen.

4. Kuppengebirge: Gebirge mit unregelmäßig aufragenden Gipfeln, die sich aus einem gemeinsamen Gebirgsfuß erheben.

Die A. sind ein Kettengebirge.

Gemeinde

Unterste politische und Verwaltungseinheit in allen Staaten mit Alpenanteil (F: commune; I: comune); in Slowenien (Auflösung der Österr. Gemeinde nach 1945) entspricht ihr „Meja Krajevne Skupnosti“ (Lokalgemeinschaft oder Ortschaft), weil die slow. „Gemeinde“ Bezirksgröße hat. Nach der Abgrenzung der AK bestehen die A. aus 6.187 Gemeinden, davon 1.758 in F, 1.749 in I, 1.144 in A, 959 in CH, 283 in D und SLO und 11 in FL.

Traditionell waren die Gemeinden auch Wirtschaftseinheiten, indem die großen Allmend-Flächen (in den A. meist um ein vielfaches größer als die privaten Flächen) gemeinsam von allen Gemeindemitgliedern genutzt wurden und andere hier keine Nutzungsrechte besaßen. Üblicherweise besteht eine Alpengemeinde aus einem Stück flachen Talbodens, an dessen Rand die Dauersiedlungen liegen, aus den beidseitigen steilen Talflanken, aus darüber liegenden Almen und dem anschließenden Ödland der Fels- und Gipfelregion. Jede Gemeinde besitzt somit Flächen in allen Höhenstockwerken und die Gemeindegrenzen verlaufen quer zur Talrichtung. Die Gemeinden im Talschluß sind deshalb besonders flächengroß und haben sehr große Almgebiete, so daß sie früher oft reicher als die Gemeinden der Talmitte waren.

In den A. gibt es zwei unterschiedliche Gemeindestrukturen: In den Altsiedelräumen, in denen die Gemeinden im Hochmittelalter mit eigenen Statuten gegründet wurden, sind sie meist relativ flächenklein (die kleinsten Gemeinden in den Lombardischen A. und im Tessin), aber traditionell dicht besiedelt. In den Jungsiedelräumen entstanden die politischen Gemeinden erst im 19. Jh. Sie sind hier oft flächengroß und relativ dünn besiedelt.

Gemeindereformen wurden in den A. nur in Bayern und in einigen österr. Bundesländern durchgeführt (meist 1970–80), so daß die traditionelle Gemeindestruktur noch weitgehend erhalten ist. Im Zuge von Verwaltungsreformen werden heute jedoch immer wieder kleine Gemeinden zusammengelegt, so daß die Zahl der Gemeinden in den A. langsam zurückgeht.

Gemeindedualismus oder: Wem gehört das Matterhorn?
Die traditionelle Gemeinde (Kommune) war eine Nutzergemeinschaft des kommunalen Eigentums (Allmende), deren Mitgliedschaft vererbt wurde und in die sich Auswärtige nur gegen Zahlung sehr hoher Beträge einkaufen konnten. Der im 19. Jh. entstehende, moderne Staat löste zusammen mit der Grundherrschaft diese Struktur auf und schuf die politische oder Einwohnergemeinde mit gleichen Rechten und Pflichten für alle. Nur in der Schweiz wurde die alte Gemeinde nicht aufgelöst (mit sehr unterschiedlichen Namen: Bern und Oberwallis = Burgergemeinde, Tessin = patriziato, Graubünden = Nachbarschaft, Unter-/Mittelwallis = communauté) und die neue einfach danebengesetzt, so daß hier zwei Gemeindestrukturen parallel existieren = Gemeindedualismus. In Zermatt brach 1965 ein Streit aus, ob das alpine Ödland, darunter auch das Matterhorn, der Burgergemeinde (= zwanzig alteingesessene Familien) oder der Einwohnergemeinde (knapp 4000 Personen) gehöre, der 1994 vor dem Schweizer Bundesgericht zugunsten der Einwohnergemeinde entschieden wurde. Auch in anderen Alpenregionen gab es für einige Zeit ähnliche Doppelstrukturen, die jedoch spätestens bis 1940 aufgelöst wurden.

Gemeindenetzwerk
Pilotprojekt der CIPRA, um die Arbeit an der AK durch gezielte Initiativen von unten (Gemeinden) zu ergänzen und voranzubringen. In einer ersten Phase (1996–97) verpflichten sich 25 Gemeinden aus allen sieben Staaten mit Alpenanteil, ihre Gemeindeentwicklung und -politik nach dem Prinzip der Nachhaltigkeit zu gestalten (Kriterium: das Öko-Audit-Verfahren der EU) und dabei mit den anderen Pilotgemeinden eng zusammenzuarbeiten. In einer zweiten Phase soll dieses Netzwerk alpiner Gemeinden auf

weitere Gemeinden ausgeweitet werden. Dieses Projekt, das von der EU finanziell gefördert wird, soll demonstrieren, daß sich nachhaltiges Wirtschaften in den A. auch ökonomisch lohnt, und es soll ein starker Impuls für eine nachhaltige Entwicklung „von unten" ausgelöst werden.

Gemeinwerk
Arbeiten auf Flächen in genossenschaftlichem oder gemeinschaftlichem Eigentum (Wasser-, Brunnen-, Alpgenossenschaften, Nachbarschaften, Burgergemeinde), die von den Mitgliedern gemeinsam durchgeführt werden. Zum größten Teil sind dies Pflege- und Reparaturarbeiten (Reparatur oder Neubau von Almhütten, Zäunen, Wegen, Wasserleitungen, Räumen und Schwenden von Almflächen), zum geringen Teil auch Saat und Ernte (Acker- und Rebflächen). Sie werden oft in vom Brauchtum bestimmten Formen durchgeführt und umfassen stets neben der Arbeitstätigkeit auch gesellige Teile. Bis zum Zweiten Weltkrieg war das Gemeinwerk ein zentrales Element der alpinen Wirtschaft und Kultur. Seitdem wird der Arbeitseinsatz der Teilhaber immer mehr durch Geldbeträge ersetzt. Die Arbeiten werden dann von Firmen gegen Bezahlung erledigt oder aufgegeben. Einige Formen haben sich als Brauchtumsveranstaltungen bis heute erhalten, andere wurden zu touristischen Zwecken folkloristisch umfunktioniert.

Geomorphologie
Die Lehre von der Oberflächengestaltung der festen Erdoberfläche (landschaftlicher Formenschatz). Die Oberflächenform hängt einerseits vom Ausgangsgestein ab (endogene Kräfte), andererseits vom Klima, konkret den von Wasser, Eis, Wind ausgelösten physikalischen und den von der Vegetation verursachten chemischen Prozessen (exogene Kräfte). Während in den unteren und mittleren Höhenlagen die chemischen Prozesse vorherrschen (flächenhafte Gesteinsverwitterung unter der Vegetationsdecke), dominieren in den höheren Lagen die physikalischen Prozesse, die die spezifischen Hochgebirgsformen hervorbringen. Weil in den Eiszeiten fast die gesamten Alpen vergletschert waren, sind typische Hochgebirgsformen jedoch heute auch in tiefen Lagen und sogar im Alpenvorland zu finden. Die Oberflächenformen lassen sich nach den *geomorphologischen* Höhenstufen in nivale, glaziale, periglaziale und collin-montane Formen gliedern.

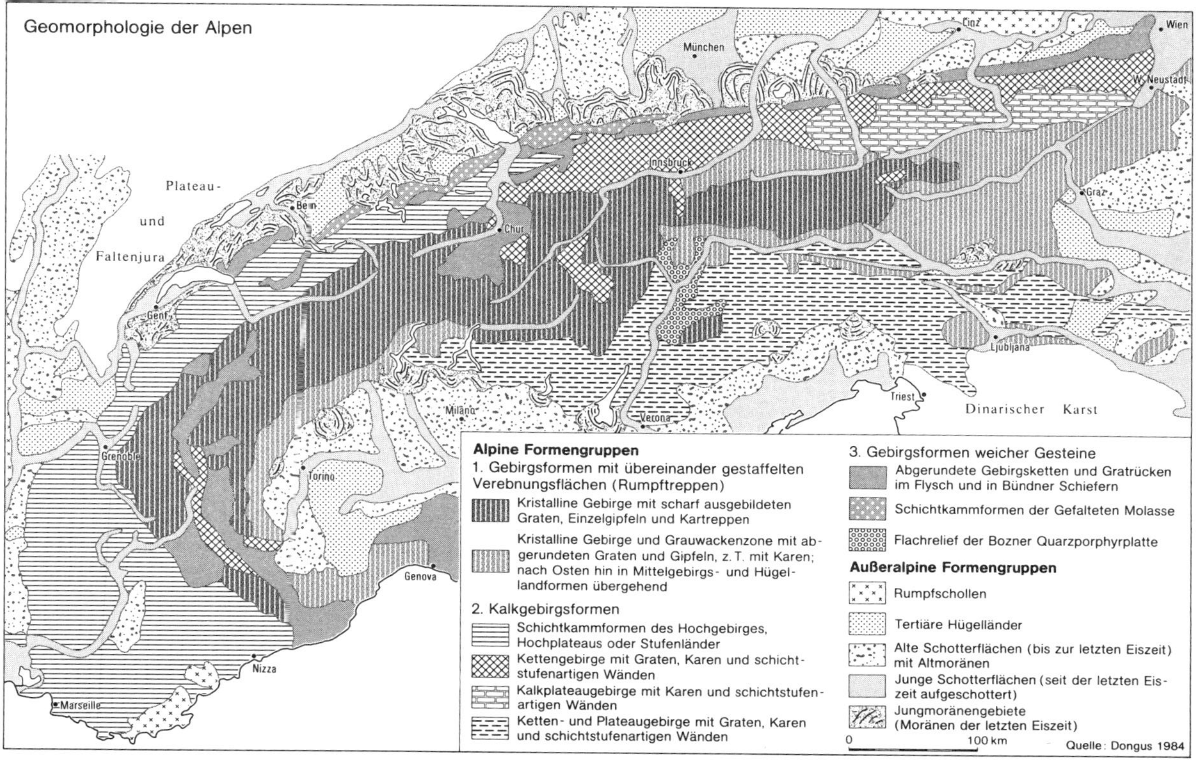

Geomorphologie der Alpen
München
Linz
Wien
W. Neustadt
Innsbruck
Graz
Plateau-
und
Faltenjura
Bern
Chur
Genf
Ljubljana
Triest
Dinarischer Karst
Milano
Verona
Grenoble
Torino
Genova
Nizza
Marseille
Alpine Formengruppen
1. Gebirgsformen mit übereinander gestaffelten Verebnungsflächen (Rumpftreppen)
Kristalline Gebirge mit scharf ausgebildeten Graten, Einzelgipfeln und Kartreppen
Kristalline Gebirge und Grauwackenzone mit abgerundeten Graten und Gipfeln, z. T. mit Karen; nach Osten hin in Mittelgebirgs- und Hügellandformen übergehend
2. Kalkgebirgsformen
Schichtkammformen des Hochgebirges, Hochplateaus oder Stufenländer
Kettengebirge mit Graten, Karen und schichtstufenartigen Wänden
Kalkplateaugebirge mit Karen und schichtstufenartigen Wänden
Ketten- und Plateaugebirge mit Graten, Karen und schichtstufenartigen Wänden
3. Gebirgsformen weicher Gesteine
Abgerundete Gebirgsketten und Gratrücken im Flysch und in Bündner Schiefern
Schichtkammformen der Gefalteten Molasse
Flachrelief der Bozner Quarzporphyrplatte
Außeralpine Formengruppen
Rumpfschollen
Tertiäre Hügelländer
Alte Schotterflächen (bis zur letzten Eiszeit) mit Altmoränen
Junge Schotterflächen (seit der letzten Eiszeit aufgeschottert)
Jungmoränengebiete (Moränen der letzten Eiszeit)
0
100 km
Quelle: Dongus 1984

1. Nivale Höhenstufe oder Frostschuttstufe: Dominierende Prozesse sind hier die Frostsprengung (durch häufigen Temperaturwechsel friert das in die kleinsten Felsritzen eindringende Wasser, und Eis besitzt ein 10 % größeres Volumen als Wasser), die zu scharfen und spitzen Felsformen führt, und die Bildung von großen Schutthalden mit kantigem Schutt an den Wandfüßen. In flacheren Teilen finden sich auf Dauerfrostböden Schneefleckenlandschaften, bestehend aus Nivationsmulden (schneegefüllte Eintiefungen), Schneeflecken und Schmelzwasserrinnen. Diese Prozesse werden immer schwächer, je tiefer man kommt und der Permafrost aufhört.

2. Glaziale Höhenstufe: Die dominierenden Prozesse werden hier von den Gletschern verursacht, die (von oben nach unten) Kare und Karseen, Schliffgrenzen (die scharfen nivalen Felsformen werden durch Gletscher stark abgerundet), Transfluenzpässe, Rundhöckerflächen (flache, an der Luvseite abgerundete, an der Leeseite steile Felsrippen an ehemaligen Gletscherengstellen), tiefe, U-förmige Trogtäler mit breiten Trogschultern (Verflachungen am oberen Rand), markante Seiten- und Endmoränen, tief eingeschnittene, fjordartige Seen am Alpenrand und im Alpenvorland Drumlins und teilweise gewaltige, halbkreisförmige Endmoränen in Form von sog. Amphitheatern (größte: Endmoränen des Etsch-, Tessin- und Dora-Baltea-Gletschers) hervorbringen.

Da in den Eiszeiten fast das gesamte Gebirge vergletschert war, sind die glazialen Landschaftsformen in allen Höhenstufen verbreitet, und sie sind heute noch deutlich sichtbar, obwohl sie in unteren und mittleren Lagen seit 10.000 Jahren von anderen Prozessen überprägt werden. Sie sind sogar im Landschaftsbild der Alpen und anderer Hochgebirge so dominierend, daß die Existenz einer eiszeitlichen Vergletscherung ein zentrales Element zur Definition von Hochgebirgen geworden ist.

3. Periglaziale Höhenstufe oder Solifluktionsstufe: Sie liegt unterhalb der Schneegrenze, ist also im Sommer schneefrei, wird aber noch von den Prozessen der frostbedingten Verwitterung und Bodenabtragung (häufige Frostwechsel) bestimmt, v.a. in Form der Solifluktion (Bodenfließen): Durch das ständige Gefrieren und Wiederauftauen der stark durchfeuchteten Böden wird das Grob- und Feinmaterial sortiert und gerät hangabwärts in eine Kriechbewegung, die Terrassen (Rasentreppen), Wülste (Girlandenböden) oder tropfenförmige Loben (auch Erdströme genannt) hervorbringt. Dabei wird zwischen ungebundener oder freier und gebundener Solifluktion (ohne/mit Vegetationsbedeckung) unterschieden. Auf ebenen Flächen führt die Materialsortierung zu Frostmusterböden (Strukturböden), auf denen das Grobmaterial Steinringe (Polygone) oder Steinstreifen bildet. Die Solifluktion führt zu sanften, abgerundeten Landschaftsformen, die in deutlichem Kontrast zu den scharfen, kantigen Formen der nivalen Stufe stehen.

Die periglaziale Stufe endet unten dort, wo eine dichte Vegetationsdecke und ein etwas mächtigerer Boden die Solifluktion unterdrücken, was oft deutlich unterhalb der Baumgrenze der Fall ist.

Die Untergrenze der gebundenen Solifluktion wird verwendet, um das Hochgebirge im engen Sinne geomorphologisch nach unten abzugrenzen.

4. Collin-montane Höhenstufe: Hier fehlen hochgebirgsspezifische Prozesse. Die Landschaftsformen werden durch fließendes Wasser geschaffen, das eine erhebliche Prägekraft besitzt, weil die Alpen als junges Gebirge ein steiles Relief aufweisen und die Hebungsphase noch nicht beendet ist. Die eiszeitliche Überformung der A. ist aber so stark, daß die nacheiszeitlichen fluvialen Prozesse die Landschaft nur modifizieren, aber nicht eigenständig prägen können. Nur an wenigen, in den Eiszeiten unvergletschert gebliebenen Gebieten (meist am Alpenrand) haben sich die klassischen fluvialen Landschaften (regelmäßiges, engmaschiges Gewässernetz in Fischgrätenform mit gerundetem Gratrücken) ausbilden können (z.B. im Napfgebiet/CH.). Da bei den fluvialen Prozessen Klima und Vegetationsbedeckung eine wichtige Rolle spielen, muß diese Stufe unterteilt werden:

4a: Gemäßigt-humide Höhenstufe: Da die relativ hohen Niederschläge recht gleichmäßig übers Jahr verteilt fallen und die im Naturzustand dichte Waldvegetation die geomorphologische Dynamik blockiert, sind die aktuellen Prozesse schwach ausgebildet: Die flächenhafte Erosion ist minimal und die lineare Erosion ist nicht besonders stark ausgebildet (Zone retardierender Talbildung). Bei stärkerem Gefälle ist die Tiefenerosion vorherrschend (Schlucht- und Klammbildung), bei geringerem Gefälle wird der Talboden aufgeschottert und die Seitenerosion verbreitert den Talquerschnitt (Ausdehnung der Talauen).

4b: Mediterrane Höhenstufe: Diese Stufe, die nur in den Südwestalpen und am Alpensüdrand vorkommt, wird durch sehr intensive Starkregen im Frühjahr und Herbst sowie durch Sommertrockenheit (schüttere Vegetationsdecke) geprägt. Daher sind hier alle Erosionsformen stark ausgebildet: Sie führen zu landschaftsprägenden Formen wie großflächige Bodenrutschungen, Zerrunsung des Reliefs (Zerstörung einer Hangfläche durch zahllose Erosionsrinnen) und Hangunterschneidungen. Nach den Wasserläufen, die oft nur periodisch Wasser führen, wird diese Stufe auch *Torrententälerlandschaft* genannt.

Grundsätzlich gilt, daß *alle* geomorph. Prozesse während den Eiszeiten sehr stark ausgeprägt sind und daß sie mit zunehmender Erwärmung und Vegetationsbedeckung auf das obere Höhenstockwerk zurückgedrängt werden. Jede Klimaverschlechterung (z.B. kleine Eiszeit) aktiviert diese Prozesse, jede Klimaerwärmung (z.B. seit 1860) bremst sie wieder ab.

Geschlechterverhältnis

Agrargesellschaft: Die rechtliche Stellung der Frau ist im alpinen Altsiedelraum mit Realteilung wesentlich besser (= formale Gleichbehandlung) als im Jungsiedelraum mit Anerbenrecht (= Ungleichbehandlung der Frau durch Ausschluß vom Erbgang). In der Realität sind die Differenzen zwischen beiden Regionen oft nicht so groß, und wir finden alpenweit die klassische, komplementäre Arbeitsteilung vor: Der Mann ist für die Feld-, Wiesen- und Waldarbeiten und für die Wahrnehmung der Familien- bzw. Hofinteressen gegenüber außen (Gemeinde, Grundherr) zuständig. Die Frau ist für die Hauswirtschaft, insbesondere auch für Haltbarmachung, Lagerung und Verarbeitung der selbstproduzierten Lebensmittel zuständig, was zugleich die Hauptverantwortung über den (manchmal sehr großen) Hof bedeutet. Im traditionellen Verständnis sind dies zwei gleich wichtige, komplementäre Aufgabenbereiche.

Eine Ungleichheit zwischen Mann und Frau entwickelt sich erst mit zunehmender Produktion für den Markt: Die hauswirtschaftliche Tätigkeit der Frau bleibt selbstversorgungsorientiert, der Mann übernimmt im Rahmen der Außenvertretung des Hofes die Marktorientierung der Produktion und wird mit dieser immer mächtiger zu Lasten der Frau und der Selbstversorgung. Immer dann, wenn ein ehemaliges Selbstversorgungsprodukt für den Markt hergestellt wird, wird dies zur Männersache. Das beste Beispiel ist die Käseproduktion, eine traditionelle Frauenarbeit, die mit der Umstellung auf Labkäserei als Marktprodukt in der Schweiz des 14./15. Jh. Männerarbeit wird; damals machte sich halb Europa über die Schweizer Männer lustig, die Frauenarbeit verrichteten.

Industriegesellschaft: Die alpenspezifische Form der Industriearbeit ist der Arbeiterbauer (Vollzeittätigkeit in der Fabrik plus Nebenerwerbslandwirtschaft). Das Geschlechterverhältnis spielt hier eine wichtige Rolle, weil die Landwirtschaft in erster Linie von der Frau ausgeführt wird, die über Betriebsveränderung oder -aufgabe entscheidet. Trotzdem haben sich die klassischen Analysen immer nur mit den Männern beschäftigt und sind damit der eigentlichen Situation nicht gerecht geworden.

Dienstleistungsgesellschaft: Sowohl bei der Arbeit im Tourismusbereich als auch bei den heute in den A. oft üblichen Mehrfachbeschäftigungen trägt die Frau häufig eine Doppelbelastung, die zur permanenten Überforderung führen kann, oft aber nicht wahrgenommen wird. Erst jetzt ändert sich allmählich die Stellung der Frau im öffentlichen und politischen Leben in den A., später als im außeralpinen Raum. Am spätesten erfahren die Frauen in der Schweiz die formale Gleichstellung: Das aktive und passive Wahlrecht der Frauen auf kommunaler und kantonaler Ebene wurde in Appenzell-Außerrhoden erst 1989 eingeführt, in Appenzell-Innerrhoden mußte es sogar 1990 durch das schweiz. Bundesgericht zwangsverordnet werden. Auch heute noch sind Frauen auf allen politischen Ebenen im Alpenraum stark unterrepräsentiert. Dies gilt jedoch nicht für die neuen Genossenschaften, Bürgerinitiativen u.ä. Gruppen, bei denen Frauen oft eine aktive Rolle, teilweise sogar die treibende Kraft darstellen (gelegentliche Selbstbezeichnung „Alpenweiber").

Gesteinsarten (Petrographie)

Grundsätzlich gibt es auf der Erde drei Hauptgesteinsarten, die auch am Bau der A. beteiligt sind:

1. Magmatite oder Erstarrungsgesteine: Gesteine, die unmittelbar aus dem glutflüssigen Magma des Erdmantels hervorgegangen sind. Erstarrt das Gestein vor Erreichen der Erdoberfläche, entstehen Plutonite (bekanntestes Gestein: Granit), erstarrt es erst an der Luft, Vulkanite (z.B. Quarzporphyr). In den A. sind Vulkanite selten, sie finden sich v.a. entlang der Alpin-dinarischen Grenzstörung.

2. *Sedimente* oder Ablagerungsgesteine: zerkleinerte und verwitterte Gesteine, die abgelagert (sedimentiert) und wieder verfestigt werden. Sie können in allen Variationen von sehr fest bis sehr locker vorkommen. Nur wenn sie von fließendem Wasser abgelagert wurden, besitzen sie eine deutlich sichtbare Schichtung (in den A. sehr häufig). Ein Sonderfall ist dabei der Kalkstein (mit teilweise sehr ausgeprägter Schichtung), der nicht aus abgetragenem Gestein, sondern aus den Kalkschalen abgestorbener Meerestierchen entstanden ist. Die meisten Gesteine in den A. sind Sedimentgesteine.

3. *Metamorphite* oder Umbildungsgesteine: Durch großen Druck und hohe Temperatur (ab 200 Grad) überprägte Gesteine meist größerer Härte. Metamorphite aus Magmatiten heißen Orthogesteine, solche aus Sedimenten Paragesteine. In den autochthonen Massiven und entlang des Alpenhauptkammes sehr häufig.

Unter dem Gesichtspunkt der traditionellen bäuerlichen Nutzung der A. lassen sich die Gesteinsarten folgendermaßen bewerten:

1. Die *sehr harten Gesteine* der autochthonen Massive und im Bereich des Alpenhauptkammes (meist Metamorphite) verwittern langsam und ermöglichen nur eine langsame Bodenbildung. Wo die Verhältnisse nicht durch geolog. Sonderfälle oder eiszeitliche Ereignisse (Moränen, verlandete Seen) verbessert werden, bieten sie eher bescheidene Nutzungsmöglichkeiten. Eine Almnutzung durch Schafe und Ziegen ist aber meist problemlos möglich.

2. Die *Kalksteine* der Nördlichen und Südlichen Kalkalpen sind die nutzungsfeindlichsten Gesteine, weil sie wasserlöslich sind, so daß das Wasser in Felsklüften versickert (kaum Bodenbildung, keine Bäche und Seen). Sie sperren sich weitgehend einer bäuerlichen Nutzung.

3. Die *weichen Sedimentgesteine* (wie Bündner Schiefer, Flysch) zerfallen schnell und verzeichnen eine gute Bodenbildung, weshalb sie eine gute landwirtschaftliche Nutzung ermöglichen. Sie finden sich in erster Linie in einem breiten Streifen zwischen den harten Gesteinen des Alpenhauptkammes und den randlichen Kalkalpen, also im Bereich der großen Längstäler, die traditionell intensiv genutzt waren; in zweiter Linie am Alpenrand vor den Kalkalpen, wo sie jedoch nur einen schwachen Streifen ausbilden.

Gesteinsaufbau: „Minerale", stofflich einheitliche Bestandteile der Erdkruste, sind der Grundbaustein aller Gesteine. Sie kommen als Mineralverbund/-gemenge vor. Die wichtigsten Minerale sind – mit abnehmender Kristallstruktur und abnehmender Härte – Quarz, Feldspat und Glimmer. Reine Quarzgesteine sind selten und als Edelsteine bekannt: Bergkristall, Amethyst, Rauchquarz, Achat.

Die wichtigsten Gesteine der A.:

Granit als das häufigste Magmatit der A. besteht aus 20–30 % Quarz, zwei Drittel Feldspat und bis zu 10 % Glimmer. Teilweise mit bedeutenden Erz- und Minerallagerstätten.

Gneis entsteht durch Metamorphose aus magmatischen, v.a. granitischen Gesteinen (= Orthogneise) oder aus Sedimentgesteinen (Paragneise) und ist ein helles, meist glimmerglänzendes, schiefrig-plattiges Gestein.

Glimmerschiefer sind schiefrige, grob bis feinblättrig ausgebildete metamorphe Gesteine, deren Metamorphose schwächer als beim Gneis ausgeprägt ist. Durch den Glimmergehalt sind diese Gesteine besonders gleitfähig und leicht formbar; ihre Decken umhüllen oft die Gneise der Gebirgskerne.

Grauwacken sind sandsteinartige Sedimentgesteine aus Gesteinsbruchstücken (ehemaliger Abtragungsschutt der variskischen Gebirge) sowie Quarz-, Feldspat- und anderen Mineralkörnern, die in verschiedener Ausprägung (körnig, geschichtet, schiefrig) vorkommen.

Karbonatgesteine oder *Kalkgesteine* bestehen aus Calcit- und Dolomit-Mineralen sowie Verunreinigungen (Tone und Sande) und werden nach geolog. Alter (Jura-, Triaskalke) oder nach häufig vorkommenden Fossilien (Muschelkalk) weiter unterteilt. Sie sind sehr häufig und bauen die nördlichen und südlichen Kalkalpen auf.

Bündner Schiefer (franz.: schistes lustrés, ital: calcescisti) sind weiche, kalkig-tonige Gesteine, die durch fein verteilten Graphit meist dunkel gefärbt sind. Sie erodieren leicht und bilden weiche Landschaftsformen aus.

Flysch (schweizerdeutsch für „Fließen") ist ein weiches Gestein mit ausgeprägten Schichtungen (zuunterst jeweils grobkörniger Sandstein, nach oben hin immer kleinere Korngrößen bis hin zum mergeligen Ton), das weiche Landschaftsformen ausbildet. Durch die Tonschichten (als Gleitschicht) sind Flyschhänge besonders rutschungsgefährdet.

Brekzien (von ital. „Geröll") setzen sich aus eckigen Gesteinsbruchstücken zusammen (eckig = Gletscher-, Berg-, Felssturztransport), die durch feinkörnige Bindemittel zu einem Gestein verfestigt werden. Je nach Ausgangsmaterial gibt es Kalk-, Gneis- oder Quarzbrekzien.

Molasse (der Name bezeichnete früher in der Westschweiz Sandsteine, die als Mühlsteine verwendet wurden) nennt man alle Ablagerungen, die im Vorland eines sich faltenden Gebirges abgelagert wurden (oft als kilometerdicke Schicht). Dabei wird zwischen Süßwassermolasse (auf Festland abgelagert) und Meeresmolasse (Sedimentation im Meer) unterschieden. Molassegesteine sind: Konglomerate (aus rundem Geröll und tonigen Bindemitteln verfestigte Gesteine; Rundung = Fließgewässertransport; auch Nagelfluh genannt), Sandsteine, Tone und Mergel. Alle diese Gesteine sind oft wenig verfestigt und leicht erodierbar.

Gipfelflur
Bezeichnung der Erscheinung, daß viele Gipfel einer Gebirgsgruppe eine ähnliche Höhe aufweisen, was wahrscheinlich auf frühere Landoberflächen hinweist.

glazial
vom Gletscher geprägt bzw. dem Gletscher zugehörig.

Glaziale Serie
Regelhafte Abfolge von Oberflächenformen am Gletscherende der eiszeitlichen Gletscher: hügelige Grundmoränenlandschaft, Zungenbecken mit verlandenden Seen, bogenförmige End- oder Stirnmoräne, flache Schotterebene.

Gleithorizont
Wenn im Gestein oder Boden deutliche Horizonte (Schichten) ausgebildet sind und eine untere Schicht wasserundurchlässig ist, dann staut sich hier das Regenwasser bzw. fließt darauf unterirdisch bergab. Bei starken Niederschlägen können Gesteinsschichten bzw. der gesamte Oberboden auf diesem Horizont abgleiten.

Gletscher
Aus Schnee (Neuschnee → Altschnee → Firn → Eis) entstehende, langsam bergab fließende (20–200 m/Jahr) Eismassen, die aus einem Nährgebiet (Eiszuwachs durch Schneefall, Hagel, Graupel, Lawinen) und einem Zehrgebiet (Eisabbau durch Schmelzen und

Verdunstung) bestehen. Nach ihrer Form werden sie in Wand-, Kar-, Talgletscher oder Firnhaube gegliedert. Je nach Klima- und Niederschlagssituation dehnen sie sich aus, ziehen sich zurück oder verschwinden gar ganz (seit 1850 haben sie ein Drittel ihrer Fläche verloren), so daß Aussagen über Gletscherzahl und -fläche schwierig sind. Derzeit gibt es in den A. etwa 4.200 Gletscher mit einer Gesamtfläche von 2.800 km^2 (= 1,5 % der Alpenfläche), die sich v.a. in den höheren Westalpen konzentrieren (hier auch als längster der Aletschgletscher: 24 km). In ihrem Eis ist etwa die Wassermenge gespeichert, die die A. als Niederschlag in einem Jahr erhalten.

Indem die Gletscher einen Teil des Niederschlages in Eis umwandeln, dämpfen sie die Auswirkungen kurzzeitiger Niederschlagsschwankungen und sorgen für einen relativ gleichmäßigen Wasserabfluß; Analoges gilt für Temperaturschwankungen, auf die Gletscher träge reagieren, so daß sie im Naturhaushalt einen stabilisierenden Faktor darstellen. Während in Zeiten von Gletscherrückzügen (von 1860 bis heute) die Gletscher kaum ein Gefahrenpotential darstellen, führen Gletschervorstöße oft zu katastrophalen Ereignissen wie Ausbrüche von durch Gletscher aufgestauten Seen, Gletscherstürze (Abbruch von großen Eismassen), Eislawinen.

Gletschergarten
Ehemals von Gletschern bedeckte und lange Zeit unter Moränenschutt verborgene Gebiete, in denen sich Zeugnisse der eiszeitlichen Vergletscherung finden; touristische Sehenwürdigkeit.

Gletschertisch
Tisch- oder pilzartiges, bis zu 3 m hohes Gebilde auf der Gletscheroberfläche, das aus einer Fels- oder Steinplatte und einem Eisfuß besteht. Die Steinplatte verzögert das Abschmelzen des Eises, so daß ein Fuß entsteht, der allmählich immer dünner wird. In der Pionierphase des Alpentourismus sehr häufig bildlich dargestellt.

Gletschertor
Gewölbeartige Öffnung an der Gletscherzunge, aus der der Gletscherbach entspringt.

Goldene Zeit des Alpinismus
Bezeichnung für die Blütezeit des englischen Alpinismus in den Westalpen, die von der Gründung des Alpine Club (1857) bis zur Erstbesteigung des Matterhorns (1865) reicht.

Goldgräberzeit, touristische
Bezeichnung für die sehr stark ausgeprägte Expansionsphase des Tourismus in den A. zwischen 1965 (Beginn des Massenwintertourismus) und 1981 (Einsetzen der Stagnation auf hohem Niveau), in der der Zuwachs der Übernachtungszahlen oft in zweistelliger Höhe lag. Häufig verbunden mit einer Erschließungseuphorie.

Gotthard
Der Name Gotthard bezieht sich auf den Paß und die Gebirgsgruppe, aber es gibt keinen Gipfel dieses Namens. Am Gotthard-Massiv in der Schweiz treffen West- und Ostalpen, Nord- und Südalpen zusammen. Hier entspringen die wichtigsten Schweizer Flüsse (Rhone im Westen, Aare und Reuss im Norden, Vorderrhein im Osten, Ticino im Süden) und fast alle Schweizer Sprachgruppen grenzen aneinander (Norden: deutsch; Osten: rätoromanisch; Süden: italienisch; Westen: deutschsprachiges Oberwallis). Zusätzlich wurde die Gotthardregion im 20. Jh. zum Rückgrat der Schweizer Alpenfestung (Reduit) ausgebaut. Diese symbolische Bedeutung des Gotthards wurde zwischen 1938 und 1945 dazu genutzt, den Gotthard zur Mitte und zum „Sternpunkt“ aufzuwerten, um damit die unzertrennbare Einheit der viersprachigen Schweiz zu symbolisieren, die durch den Nationalsozialismus und seine Idee des „Ein Volk – ein Staat – ein Führer“ bedroht war. Nach dem Zweiten Weltkrieg verblaßte diese Symbolbedeutung allmählich. Derzeit versuchen Transit-Initiativen, die Symbolkraft des Gotthards zum Symbol des Widerstands gegen den steigenden Transitverkehr zu nutzen.

Grasberge
Traditionelle Bezeichnung für Berggruppen mit weichen Gesteinen, die meist bis zum Gipfel Grashänge aufweisen.

Hängetal
Da in den Eiszeiten die Gletscher der Seitentäler auf dem Gletscher des Haupttales endeten, konnten sie sich nicht so stark eintiefen wie dieser. Mit dem Abtauen der Gletscher wird dann der Reliefunterschied sichtbar, indem die Seitentäler mit einer hohen Stufe ins Haupttal münden. Die Bäche überwinden diese entweder mit einem Wasserfall, oder sie zerschneiden sie mit einer Schlucht.

Handwerk
Das verbreitete Bild eines früher ausschließlich bäuerlich geprägten Alpenraumes verkürzt die Realität erheblich und blendet zu Unrecht den Bereich des Handwerks aus, das seit prähistorischen Zeiten eine wichtige Stellung einnahm und erst im Verlauf des 19./20. Jh. verschwand, als sich die neuen Industrieprodukte auch in den A. durchsetzten. Charakteristisch für das alpine Handwerk war, daß einerseits sehr dezentrale Strukturen existierten, die für die lokale Land- und Forstwirtschaft, für Erzabbau und -verarbeitung, für Wohn-, Nutz- und Straßenbauten produzierten (oft als kleinbäuerliche Nebenbeschäftigung im Winter mit geringer Spezialisierung) und daß daneben in bestimmten Tälern konzentrierte, teilweise gewerbsmäße Strukturen existierten, die für einen größeren, teilweise europ. Markt produzierten und über hochspezialisierte Arbeitstechniken verfügten. Die handwerkliche Produktion des ersten Typs wurde von den Industrieprodukten vollständig verdrängt und überlebt heute nur noch in Form besonderer handwerklicher Geschicklichkeit vieler Bauern. Dahingegen wurde der zweite Typ im 19. Jh. zwar stark reduziert, überlebte aber an einigen Orten als Kunsthandwerk, das nach 1955 im Tourismus einen neuen Absatzmarkt fand. Zum zweiten Typ zählen folgende Produkte, gegliedert nach den Ausgangsmaterialien:

Stein: Speckstein (Giltstein, Lavezstein) wurde zu Töpfen, Lampen, Kachelöfen verarbeitet (Tessin und Veltlin), Schiefer zu Schiefertafeln und Griffeln (Glarus, Frutigen/Berner Oberland, Aosta).

Stroh: Roggenstroh wurde manuell geflochten und v.a. zu Strohhüten verarbeitet (Gruyère/Westschweiz, Onsernone-Tal/Tessin, Drac-Tal/südfranz. A., Tirol).

Zweige: Haselnuß- und Weidenzweige wurden zu Körben und Behältern geflochten (Südtirol).

Holz: Aus Arven- oder Zirbenholz wurden Schüsseln und Teller gefertigt (Zillertal, Bauges-Massiv/nordfranz. A., Valtournenche/Aosta). Aus Holz geschnitzt wurden religiöse Figuren, später Figuren aller Art und Spielsachen (Grödner-Tal/Südtirol und Nachbartäler, Berchtesgaden, Oberammergau, Val de Rhêmes/Aosta), Geigen (Mittenwald) sowie die berühmte grolla des Aostatales (rundes Holzgefäß mit 6–8 Öffnungen, in der mit Schnaps angereicherter heißer Kaffee serviert wird). Möbelproduktion war in den Venetianer A. und im Queyras/F konzentriert, Kommoden wurden in Toggenburg/Ostschweiz, Stühle im Susa-Tal/Cottische A. hergestellt.

Wolle/Flachs/Hanf: Die überregionale Produktion von Tuchen und Geweben war sehr weit verbreitet. Leinwandweberei in der Ostschweiz und im Isère-Tal/F, Wollspinnerei und -weberei in den südfranz. Voralpen, Lodenproduktion (aufgerauhtes Gewebe mit verfilzter Oberfläche) in Tirol, Wollhüte in Sexten/Südtirol und im Serrois/südfranz. A., Spitzen-Klöppeln in bestimmten Orten in Tirol, im Berner Oberland, im Salzkammergut, Aostatal und im Varaita-Tal/Cottische A.

Leder: Ziegenleder wurde im Raum Grenoble zu Lederhandschuhen verarbeitet.

Kupfer: Aus diesem Metall wurden verschiedenste Kessel (bis hin zu den großen Käsekesseln der Almen), Töpfe und sonstige Gebrauchsgegenstände gefertigt (Veltlin, Orco- und Soana-Tal/Grajische A., Südtirol).

Eisen/Stahl: Die vorindustrielle Eisenerzverarbeitung stellte Messerklingen, Beile und Sensen (Mur-Mürz-Furche, Brescianer Alpentäler), Nägel (Bauges-Massiv/F), Pflugscharen (Stubai- und Zillertal/Tirol) her.

Die Produkte des Handwerks ersten Typs basieren auf den gleichen Materialien, waren aber noch sehr viel vielfältiger. Zum Aufbau einer vielfältigen Wirtschaftsstruktur in den A., die nicht monostrukturell nur von einer Branche (Tourismus) abhängt, ist die Wiederaufwertung des Handwerks – als Kunsthandwerk, aber auch als normales Gebrauchshandwerk – unverzichtbar. Die Verarbeitung lokaler Materialien in orts- und regionaltypischer Form (in alten und neuen Formen) stärkt zudem regionale Wirtschaftskreisläufe und Identitäten.

Hannibal

Die Route, auf der Hannibal im Jahr 218 v.Chr. die Alpen überquerte, ist unbekannt. Gesichert scheint lediglich, daß er aus der Provence kommend das Durance-Tal aufwärts zog und dann einen damals ungewöhnlichen Paß nahm (Überraschungseffekt), der zwischen Montgenèvre-Paß und Monviso in den Cottischen A. gelegen haben dürfte.

Hauptstadt

Eine Hauptstadt der A. gibt es natürlich nicht, aber es stellt sich die Frage, ob der künftige Sitz des Sekretariats der AK nicht ein Schritt in diese Richtung bedeuten könnte (Bewerbungen dafür: Bozen, Innsbruck). Alle Fachleute vertreten jedoch die Position, daß so etwas wie ein einziges Alpenzentrum oder eine Hauptstadt aus historischen, kulturellen und politischen Gründen nicht sinnvoll wäre und daß stattdessen dezentrale Strukturen aufgebaut werden sollten. Seit 1995 gibt es eine Initiative aus Kärnten, zur Stärkung eines gesamtalpinen Bewußtseins für jeweils zwei Jahre eine kulturelle Hauptstadt der A. zu benennen und dabei mit einer gewissen Reihenfolge alle größeren Alpenstädte zu berücksichtigen.

Haustierrassen, alte

Die Herausbildung alpenspezifischer Haus- oder Nutztierrassen setzt mit dem Beginn der Almwirtschaft ein, und bereits die Römer beschreiben ein „bos alpinus“ (Alpenrind). Die traditionellen Rassen weisen eine sehr große Vielfalt auf, weil die Austauschbeziehungen nur regional strukturiert waren (Radius selten mehr als 50 km). Sie sind den naturräumlichen Verhältnissen (Hitze, Trokkenheit, Feuchtigkeit, Höhe) sehr gut angepaßt, ermöglichen einen schonenden Weidegang und sind oft Mehrzwecktiere (Fleisch, Milch, Fell/Haut, Arbeitskraft). Im 19. Jh. wurden die meisten als wenig ertragreiche „Landrassen“ abgewertet und im 20. Jh. entweder durch Einkreuzungen „verbessert“ oder ganz durch moderne, produktivere Rassen ersetzt. Nur wenige Alpen-Rassen konnten sich dabei behaupten (Simmentaler Fleckvieh, Pinzgauer Rind), haben aber mit der gezielten züchterischen Veränderung immer mehr ihren alpinen Charakter verloren.

Seit einiger Zeit gibt es verschiedene Initiativen zur Erhaltung der übriggebliebenen traditionellen Rassen (Pro Specie Rara), weil sie als Genressource einen unschätzbaren Wert darstellen und v.a.

in empfindlichen Höhenlagen eine schonende Beweidung ermöglichen. Derzeit sind jedoch alpenweit etwa 20 Rinder-, 30 Schaf-, 20 Ziegen- und 5 traditionelle Pferderassen akut gefährdet, ihre Zukunft ist unsicher.

Heiden
Zusammengesetzte Begriffe wie Heidenhaus, -reben, -loch, -stein verweisen auf „altertümliche", sehr alte Dinge, die den bäuerlichen Gesellschaften fremd erscheinen. Sie *können* sehr alt sein (Heidenstein = prähistorische Menhire), stammen aber oft „nur" aus dem Mittelalter oder aus dem 15./16. Jh. In Teilen der Südwestalpen übernimmt der Begriff „Sarazenen" diese Bedeutung.

Heiliger Berg
In vielen Gebirgen der Welt gibt es Heilige Berge, die einen besonderen Stellenwert in der Religion des jeweiligen Landes haben. In den A. gibt es sie jedoch nicht, wobei unklar ist, ob bestimmte Berge wie der Monbego (Seealpen) früher einmal eine solche Funktion gehabt haben. Die bedeutenden vorchristlichen Kultstätten der A. wurden mit der Christianisierung im Hochmittelalter zu christlichen Stätten umgedeutet und fast immer mit einer Kirche oder Kapelle versehen; sie liegen nur äußerst selten auf Berggipfeln, meist im Alm- oder Dauersiedlungsraum. Lediglich das Konzept des sacro monte stellt eine historisch junge Ausprägung eines Heiligen Berges dar.

Heimarbeit
Gegen Bezahlung zu Hause ausgeführte handwerkliche oder (proto)industrielle Tätigkeit, die als Neben- oder Zuerwerb zur Landwirtschaft ausgeübt wurde. In den alpinen Realteilungsgebieten im 18. und 19. Jh. recht häufig. Entweder selbständige Tätigkeit mit selbst organisiertem Verkauf (Wanderhändler) oder abhängige Tätigkeit (Verlagsarbeit, meist in der Textilbranche).

Heimatwerk
Organisationen in verschiedenen deutschsprachigen Alpenländern, die zur Unterstützung des (Kunst-)Handwerks im ländlichen Raum meist zu Beginn unseres Jahrhunderts gegründet wurden. Sie engagieren sich heute für den Verkauf von nicht-verkitschten Produkten aus den Alpen als Souvenir *und* zum Gebrauch.

Heiratskreis

Volkskundliche Bezeichnung für das Gebiet, aus dem der Ehepartner stammt. Bis vor etwa 30 Jahren waren die Heiratskreise im Alpenraum meist sehr klein. Man heiratete in der Regel innerhalb der Gemeinde, bei flächengroßen Gemeinden auch nur innerhalb eines Weilers oder einer Fraktion. Im Realteilungsgebiet waren kleine Heiratskreise aus ökonomischen Gründen notwendig: Ein Ehepaar lebte von den Parzellen, die jeder der beiden einbrachte, und wenn diese weit auseinander lagen, war eine Bewirtschaftung nicht mehr möglich (und ein Tausch sehr mühsam). Im Anerbengebiet gab es solche Notwendigkeiten nicht; trotzdem gab es auch hier kleine Heiratskreise. Das Aufbrechen der traditionellen Heiratskreise ist ein aufschlußreicher Indikator, um das Ende einer traditionellen Kultur zu bestimmen.

Hirtenland

Traditionelle Bezeichnung für die Gebiete in den nordschweiz. A. zwischen der Gruyère (Saanetal) und Appenzell, die seit dem 14./15. Jh. ihre Landwirtschaft allein auf die Produktion von Labkäse und Zuchtvieh konzentrieren und auf Ackerbau ganz verzichten. Dabei handelt es sich um die erste marktorientierte Wirtschaftsform in den A., die die Selbstversorgung aufgibt und benötigte Ackerprodukte auf dem Markt einkauft. Während man früher der Meinung war, daß das Hirtenland ein großes, geschlossenes Gebiet am Alpenrand darstellte, sieht man heute, daß es nur jeweils einzelne Gemeinden bzw. Gemeindeteile waren, die diese Innovation vollzogen, so daß es eher einem Flickenteppich (Mischung aus traditionellen Wiesen-Alp-Gebieten mit Ackerbau und modernisierten ohne Ackerbau) gleicht.

Hirten-Traditionen

Zahlreiche Wettkampfspiele wie Schwingen (schweizerdeutsch für Ringen), Steinheben und -werfen, Fingerhakeln u.ä. gelten als typisch alpin und uralt, sind es aber nicht. Sie entstehen erst mit der Umstellung der Almwirtschaft auf Labkäserei ab dem 14./15. Jh. und sind auf den Bereich des Hirtenlandes begrenzt. In der Schweiz wurden diese lokalen Traditionen im 19. Jh. mit dem Unspunnen-Fest (bei Interlaken) 1805 und 1808 zu einer Art gesamtschweizerischer Tradition aufgebaut und später dann mit „den Alpen" identifiziert.

Hochgebirge

1. Naturräumliche Def.: Gebirge, die über die Wald- und Baumgrenze aufragen, die in den Eiszeiten vergletschert waren, so daß sich die an den nivalen Klimabereich gebundenen Formen der Landschaft ausbilden konnten, und die heute im obersten Höhenstockwerk durch periglaziale Prozesse (siehe Geomorphologie) geprägt werden (nach CARL TROLL). Es hat sich eingebürgert, das *gesamte* Gebirge, das in seinem obersten Stockwerk Hochgebirgscharakter besitzt, einschließlich seiner Fußstufe, zwischengeschalteter Täler und Becken als Hochgebirge zu bezeichnen.

2. Kulturgeographische Def.: Die klassische Def. – die Isolierung des Lebensraumes Hochgebirge nach außen, als Gegensatz zu den Vorländern (PAUL VEYRET) – ist heute im Rahmen globaler Vernetzungen nicht mehr realitätsnah. Aber auch die zweite klassische Def. – die vertikal organisierte Nutzungsstruktur (Staffelsysteme in der Landwirtschaft mit einer permanenten Mobilität zwischen Dauer-, Saison- und Almsiedlungen) – trifft heute immer weniger zu, weil der Strukturwandel diese arbeitsintensiven Staffelsysteme zerstört und durch moderne, auf einen Standort zentrierte Nutzungsformen ersetzt. Seitdem sucht man nach einer neuen, zeitgemäßen Def., wie z.B. einer hohen Tourismusintensität (trifft jedoch nicht zu, da bestenfalls Teilfächen von Hochgebirgen touristisch erschlossen sind). Generell stellt sich die Frage, ob sich Wirtschaft und Kultur der Hochgebirge heute noch so fundamental von anderen Räumen unterscheiden, daß eine eigene Definition sinnvoll ist.

Höhenbrache

Ab etwa 1500–1600 m benötigt das Getreide in den A. zum Reifen mehr als 12 Monate, so daß nur in jedem zweiten Jahr geerntet werden kann.

Höhengrenzen,

die vertikale Staffelung von naturräumlichen Eigenschaften und Prozessen, sind das vielleicht typischste Merkmal für Gebirge. Neben geomorphologischen Prozessen, die an bestimmte Höhenstufen gebunden sind (Gletscher, Frostsprengung, Frostmusterböden, Solifluktion), betrifft dies v.a. die Vegetation und – davon abhängig – die landwirtschaftliche Nutzung.

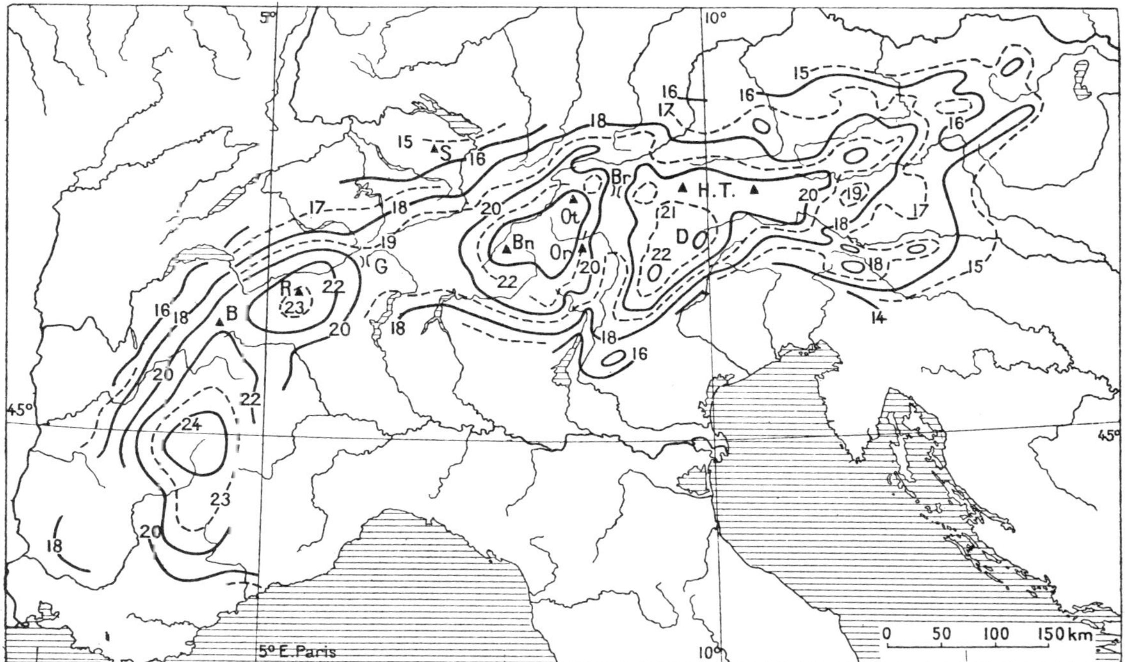

Die Obergrenzen des Waldes in den Alpen.
Quelle: E. de Martonne: Les Alpes, 1926.

16 = 1600 m 24 = 2400 m

Am Alpenrand liegen alle Höhengrenzen relativ tief, weil die hohen Niederschläge kühlere Verhältnisse schaffen. Die starken Differenzen zwischen dem Nord- und Südrand, die in der collinen Stufe 500 Höhenmeter, in der nivalen Stufe nur noch 200 Höhenmeter betragen, erklären sich mit dem Gegensatz zwischen dem kühlen mitteleuropäischen und dem warmen mediterranen Klimaeinfluß. Im Innern der Alpen liegen alle Höhengrenzen wesentlich höher (teilweise 200–300 Höhenmeter über denen des Alpensüdrandes), weil die Wolken sich abgeregnet haben und in Lee-Lage eine sehr lange Sonnenscheindauer herrscht. Dies ist umso ausgeprägter, je höher die Bergketten aufragen und je stärker inneralpine Talschaften auf allen Seiten von hohen Bergen umgeben sind, was in den Westalpen häufig, in den Ostalpen seltener der Fall ist.

Hochliegende Vegetationsobergrenzen sind ein Gunstfaktor für die traditionelle menschliche Nutzung. Deshalb ist der Alpenrand tendenziell eher ein Ungunstraum (bei vegetations- und nutzungsfeindlichen Kalkhochflächen zusätzlich akzentuiert) – allerdings im Süden wesentlich schwächer als im Norden –, und das Alpeninnere ein Gunstraum – allerdings in den Westalpen stärker als in den Ostalpen.

Die Obergrenze der Dauersiedlungen, die sich an der klimatischen Ackerbaugrenze orientiert, liegt daher am Alpennordrand mit 1000–1200 m sehr tief und erreicht Maximalwerte (über 2000 m) in den inneralpinen Trockenzonen. Der Ort St. Véran, 2042 m (Cottische A.), ist die höchstgelegene politische Gemeinde der Alpen, die Äcker reichten hier früher bis in eine Höhe von 2200 m. Die Kirchgemeinde Trepalle, 2096 m (Teil der politischen Gemeinde Livigno/Bernina A.), und der Weiler Juf, 2133 m (Averser Rheintal/Mittelbünden) liegen noch höher als St. Véran, obwohl Ackerbaugrenzen niedriger liegen, weil man sich hier auf Viehwirtschaft konzentriert hatte und daher von der Ackerbaugrenze nicht abhängig war.

Hof

Dieser deutsche Begriff bezeichnet eine Wirtschafts- und Lebenseinheit, die aus Wohnhaus, Nutzgebäuden, Hoffläche und landwirtschaftlicher Nutzfläche (Äcker, Wiesen, Weiden, Alm bzw. Almrechte, z.T. Wald bzw. Waldrechte) besteht und die von einem Bauernehepaar (teilweise mit Hilfe von Knechten und Mägden) bewirtschaftet wird. Im ital. und franz. Alpenraum gibt es dies zwar auch, aber mit einem anderen Stellenwert: Im Rahmen der Realteilung bringen Mann und Frau eigene Parzellen und Gebäude(teile) mit in die Ehe, so daß die Eigentumsverhältnisse stets im Fluß sind und sich keine spezifische Hof-Tradition herausbilden kann. Deshalb fehlt hier ein entsprechender Begriff.

In deutschsprachigen Regionen mit Anerbenrecht finden wir oft Höfe, die seit vielen Generationen von der gleichen Familie bewirtschaftet werden und die heute als Erbhof ausgezeichnet werden, obwohl die Nationalsozialisten diesen Begriff für sich instrumentalisiert hatten.

Homo alpinus
Wissenschaftlicher Ausdruck für „den“ Alpenmenschen, also den typischen alpinen Menschen, der sich von den außeralpinen Menschen in bezug auf Biologie und Kultur signifikant unterscheidet. Dabei ist stets die Frage, ob es ihn überhaupt gibt, oder ob er nur in bestimmten Ideologien und Rassentheorien existiert.

Hospiz
Unterkunft für Reisende in Klöstern an den Paßstrecken, manchmal auch auf der Paßhöhe (Großer St. Bernhard). Früher für den Transitverkehr sehr wichtig.

Hube
Österr. Ausdruck für Bauernhof. Ursprünglich bedeutete dieses Wort „ein Stück Land von gewisser Größe“, wovon eine Bauernfamilie leben konnte. Im 16. Jh. wurden die Huben im Rahmen einer Steuerreform von den Grundherren in Huben (Vollbauernhöfe), Zuhuben oder Zulehen (eigene Gebäude und Flurflächen, die vom Hof aus bewirtschaftet wurden) und Keuschen (Wohnhäuser ohne Landflächen) eingeteilt.

Hydrologie
Die Lehre von den Erscheinungsformen des Wassers auf der Erde. Das Teilgebiet Hydrogeographie setzt sich in den A. aus Fluß-, Seen- und Gletscherkunde zusammen (siehe Fließgewässer, Seen, Gletscher).

Identität, kulturelle

Bezeichnung für ein verankertes Werte- und Normensystem, das die Handlungen der einzelnen Menschen prägt. Die traditionelle kulturelle Identität in den A. ist zum einen deutlich ortsbezogen (der Hof- oder die Gemeinde mit seiner/ihrer jeweiligen Geschichte), zum anderen aber auch ein regionales Phänomen, weil größere Talschaften oder (ehemalige) politische Einheiten wie Tirol, Uri, Aosta oft ein gemeinsames Wertesystem ausgebildet haben. Auch heute spielt diese kulturelle Identität noch eine wichtige Rolle in den A., indem sich postmoderne individualistische Wertsysteme erst begrenzt ausgebreitet haben (vor allem in den zentrendominierten und Auspendlerregionen) und regionale Identitäten daher noch häufig als wertvoll und bereichernd erlebt werden.

Für den Aufbau einer nachhaltigen Entwicklung kommt der kulturellen Identität eine Schlüsselposition zu: Nur Menschen, die nicht kurzfristig (größtmögliches Vergnügen in der kürzestmöglichen Zeit), sondern langfristig (mit Rücksicht auf die nächste Generation), nicht individualistisch-egoistisch, sondern gemeinsam mit allen Betroffenen handeln, sind an einem nachhaltigen Wirtschaften interessiert und engagieren sich langfristig für eine nachhaltige Entwicklung. Ohne eine solche Basis bleiben Bekenntnisse zur Nachhaltigkeit oberflächlich. Die traditionellen kulturellen Identitäten in den A., die langfristig und gemeinschaftlich angelegt waren, können dann eine geeignete Grundlage für nachhaltige Entwicklung werden, wenn sie den Aspekt der gemeinsamen ökologischen, sozialen und kulturellen Verantwortung bewußt in den Mittelpunkt stellen, ohne sich dabei nach außen abzuschotten und im Innern autoritäre Strukturen aufzubauen beziehungsweise zu erhalten.

Industrie

Diese Wirtschaftsbranche ist die am meisten unterschätzte und übersehene in den A. Zwischen 1965–80 war der zweite Wirtschaftssektor (Industrie, Handwerk, Bau- und Wasserwirtschaft) der stärkste im Alpenraum.

Historisch baut die Industrieproduktion auf dem weitverbreiteten alpinen Handwerk auf, das in der Phase der Protoindustrialisierung einen erheblichen Aufschwung und Strukturwandel erfährt. Sie läßt sich folgendermaßen gliedern:

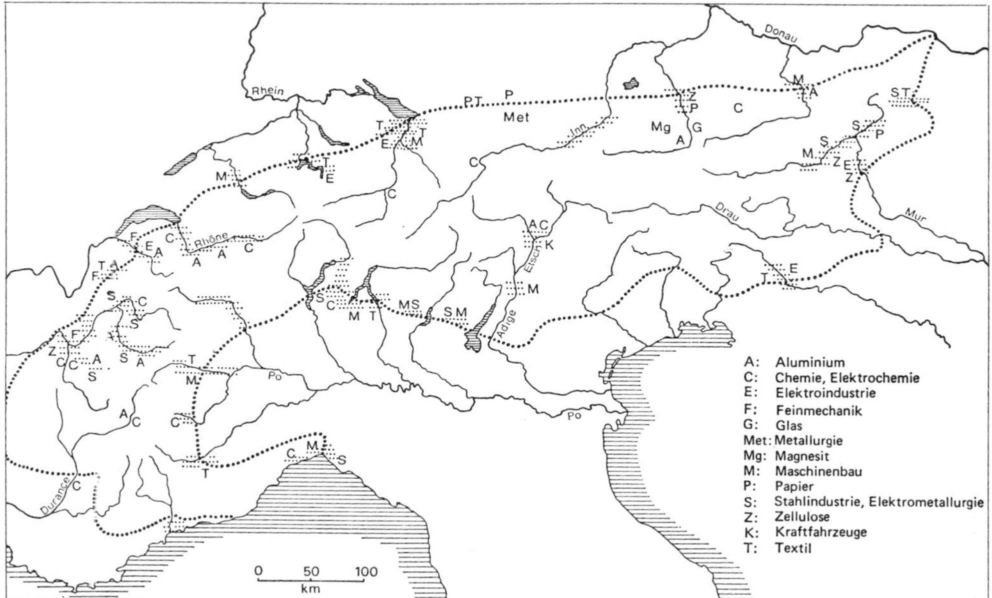

Industriegebiete im Alpenraum. Quelle: Birkenhauer: Die Alpen, 1980

1. Industrieanlagen aufgrund von Arbeitskräfteüberschuß: Die Textilverarbeitung in der Phase der Protoindustrialisierung führt im 19. Jh. zum Aufbau einer Textilindustrie (Basis: billige Arbeitskräfte) in den Schweizer Ostalpen, die sich zu Beginn des 20. Jh. nach Liechtenstein und Vorarlberg ausweitet und sich auch an einigen anderen Standorten in den A. ansiedelt. Im letzten Jahrzehnt geraten diese Betriebe wegen der starken Konkurrenz aus Südostasien in die Krise, so daß ihre Zukunft sehr schlecht aussieht.

2. Industrieanlagen aufgrund von Erzvorkommen: Auf der Basis der traditionellen Kleineisenindustrie entwickelt sich im 19. Jh. eine großindustrielle Schwerindustrie in der Mur-Mürz-Furche, im Valcamonica, in den Brescianer Alpentälern und im Sillon alpin. Alle Betriebe sind heute aufgrund ihrer peripheren Lage von der Schließung bedroht oder bereits geschlossen.

3. Industrieanlagen aufgrund von Wasserkraftnutzung: Zwischen 1890 und 1914 siedeln sich zahlreiche Betriebe mit sehr hohem Energiebedarf in den A. an (Aluminium, Elektrochemie, Elektrometallurgie), oft als Zweigwerke außeralpiner Stammbetriebe und in großen Einheiten. Heute haben sie massive Standortprobleme.

4. Industrieanlagen aufgrund politischer Ziele: Unter Mussolini wird in den 30er Jahren die Industrialisierung der ital. Alpenregionen mit sprachlichen Minderheiten systematisch gefördert (v.a. Bozen und Aosta), um sie zu italienisieren (die Arbeiter in den neuen Werken kommen aus Süditalien).

5. Industrieanlagen aufgrund von Arbeitskräftemangel: Im Zuge der Vollbeschäftigung in der Nachkriegszeit mangelt es in den Zentren an Arbeitskräften. Deshalb werden ab 1965 zahlreiche Zweigbetriebe (als Zulieferbetriebe) in den A. geschaffen, die mit der Rezession in den 80er Jahren meist wieder geschlossen werden.

Alle diese Industriebetriebe liegen gut erreichbar in den großen Längs- und Quertälern im Talboden (Eisenbahn-, später Autobahnanschluß als Bedingung), kaum jemals im eigentlichen Gebirge. Sie spielen im 19./20. Jh. eine sehr wichtige Rolle im Wirtschaftsleben der A., weil sie relativ gutbezahlte Ganzjahresarbeitsplätze mit z.T. hohen Berufsqualifikationen anbieten und damit zahlreichen Menschen den Verbleib in den A. und die Weiterführung ihrer Landwirtschaft (im reduzierten Rahmen als Arbeiterbauern) ermöglichen.

Seit 1980 befinden sich praktisch alle Industriebetriebe in der Krise und haben zahlreiche Arbeitsplätze abgebaut, was in Alpenregionen mit starker industrieller Prägung zu massiven Problemen und z.T. auch schon zu Abwanderungen geführt hat. In Frankreich, Italien und der franz.-sprachigen Schweiz diskutiert man mit großer Euphorie über die neuesten technischen Möglichkeiten (dezentrale EDV-Arbeitsplätze Internet), von denen man sich für die A. viel verspricht. Empirische Analysen haben aber gezeigt, daß die Dezentralisierungseffekte eher bescheiden ausfallen und daraus keine Neuaufwertung des Wirtschaftsstandortes A. erwächst. Trotzdem bleibt die Herausforderung bestehen, neue und umweltverträgliche Formen der Industrieproduktion in den A. zu entwickeln, weil der ersatzlose Zusammenbruch der alpinen Industrie den Alpenraum ökonomisch stark schwächen und seine Außenabhängigkeit verstärken würde.

Infrastruktur

Bezeichnung für die öffentlichen und privaten Einrichtungen, die der gesamten Bevölkerung für die Ausübung ihrer produktiven und reproduktiven Tätigkeiten zur Verfügung stehen und die für das heutige arbeitsteilige Leben unverzichtbar sind.

Die Versorgung der Alpentäler mit der heute notwendigen Infrastruktur (Schulen, Ärzte, Verwaltung, Post, Läden usw.) stellt ein Problem dar, das zur Benachteiligung führt: Die Infrastrukturen der Industriegesellschaft sind nach städtischer Logik arbeitsteilig organisiert und in zentralen Orten konzentriert. Einfache Dienstleistungen sind dezentral strukturiert (der Hausarzt), je anspruchsvoller sie werden, desto seltener werden sie nachgefragt und daher umso mehr konzentriert (der Facharzt nur noch in der Stadt, der Medizinprofessor nur noch in der Großstadt).Analoges gilt für Schulen und Ausbildungsstätten, aber genauso für private Geschäfte (vom Tante Emma-Laden bis zum hochspezialisierten Fachgeschäft in der City einer Großstadt).

Diese Struktur bevorteilt die Städte und benachteiligt das Land, die A. mit ihrer geringen Siedlungsdichte und ungünstigen Topographie ganz besonders. Die Abwanderung aus den A. hängt nur teilweise mit zu geringen Einkommen oder fehlenden Arbeitsplätzen zusammen, sondern wird oft durch das Fehlen einer Schule in erreichbarer Nähe, durch schlechte ärztliche Versorgung, soziale Isolation, fehlende Einkaufsmöglichkeiten u.ä. ausgelöst. In den ländlichen Entsiedlungsregionen ist es meist nicht möglich, die üblichen Infrastrukturen (in städtischer Logik) zu vertretbaren Preisen zu installieren. Hier besteht die Herausforderung darin, ein alpenspezifisches Infrastruktursystem zu entwickeln, das auf die besondere Situation der A. zugeschnitten ist. Dazu bedarf es Kreativität und distanzierter Sicht auf städtische Organisationsstrukturen.

Ingenieurbiologie
In der 2. Hälfte des 19. Jh. setzten in allen Staaten mit Alpenanteil große staatliche Maßnahmen zur Wiederaufforstung ein, die, von den Forstverwaltungen getragen, weit über den Bereich Forstwirtschaft hinausgingen und auf eine flächenhafte Stabilisierung instabiler Hänge abzielten. Bei Wildbachverbauungen (durch zahllose Quer- und Längswerke), Anpflanzungen von Pioniergehölzen auf nackten Uferböschungen, Hangstabilisierungen durch Pflöcke und Flechtwerke sowie Aufforstungen wurden geschickt technische und biologische Maßnahmen kombiniert und mit sehr viel Handarbeit umgesetzt. Die heutigen Techniken und Verfahrensweisen verdanken dieser Pionierphase sehr viel.

Inneralpine Trockenzonen
Talschaften im Innern der A., die auf allen Seiten von hohen Bergen umschlossen sind und sehr wenig Niederschläge (500 mm/Jahr) erhalten und zugleich eine sehr hohe Sonnenscheindauer verzeichnen. Dies sind: Das Durance-Tal/F zwischen Briançon (das wohl trockenste Alpengebiet) und Embrun, das obere Arc-Tal/F (Maurienne), das Tal der Dora Riparia/I zwischen Susa und Cesana, das Tal der Dora Baltea/I (Aostatal) zwischen Châtillon und Courmayeur, das Rhone-Tal/CH (Wallis) zwischen Martigny und Brig sowie das Etschtal/I (Vintschgau) zwischen Meran und dem Reschenpaß.

Weil alle Trockenzonen von Gewässern durchflossen werden, die aus Gletschern entspringen, führen die Flüsse trotz der geringen Niederschläge im Sommer sehr viel Wasser. Dies nutzten die Menschen hier seit prähistorischer Zeit zur künstlichen Bewässerung.

Innovationsfähigkeit
Möglichkeit bzw. Fähigkeit, Neuerungen in Wirtschaft und Alltagsleben einzuführen. Neben den persönlichen Voraussetzungen

(Offenheit, Neugier, Mut) sind v.a. die strukturellen Rahmenbedingungen in den A. sehr wichtig. Im Jungsiedelraum verfügen Bauer/Bäuerin allein über den Hof, können also Neuerungen selbst einführen. Im Altsiedelraum gibt es zahlreiche Nutzungsabsprachen auf Privatparzellen (da nicht jede Parzelle einen Weganschluß hat, muß z.B. jeweils gemeinsam mit Saat und Ernte begonnen werden) sowie bei der Nutzung des Gemeineigentums, so daß ein Einzelner ohne Absprache meist gar keine Neuerung einführen kann. Und wenn dieses Nutzungssystem durch Familienegoismus blockiert wird, ist jede Absprache unmöglich. Der Altsiedelraum ist durch die geringere strukturelle Innovationsfähigkeit gegenüber dem Jungsiedelraum benachteiligt. Dies wirkt sich v.a. im 19./20. Jh. als Strukturschwäche negativ aus.

Integrierte Skistation (station integrée),
auch Retortenstation genannt. Franz. Begriff für ein am Reißbrett nach einem Gesamtplan konzipiertes Skizentrum in großer Höhe, bei welchem Zufahrt, Tiefgaragen, Eigentumswohnblöcke, Skilifte und Pisten baulich und funktional so aufeinander abgestimmt sind, daß sich sehr kurze Wege ergeben (Tiefgarage unter Hochhaus-Wohnblöcken, Skilifte und Pistenende direkt davor). Solche Stationen werden in Frankreich als Stationen der 3. Generation bezeichnet, im Unterschied zu jenen der 1. und 2. Generation, die gar nicht oder nur teilweise nach einem Gesamtplan angelegt wurden. Integrierte Skistationen werden ab 1963 gebaut (z.B. La Plagne, Tignes, Isola 2000) und umfassen ca. 6.000–12.000 Betten, meist in Eigentumswohnungen. Durch Anlage mehrerer solcher Komplexe in einem Skigebiet, die oft nur mit Höhenzahlen benannt werden (Arc 1600, Arc 1800, Arc 2000), entstehen Kapazitäten bis zu 45.000 Betten pro Station.

In diesen Stationen wird Skifahren nach industrieller Logik (Massenproduktion in großen Einheiten) organisiert. Seit Anfang der 90er Jahre wird diese Konzeption im Sinne postmoderner Logik weiterentwickelt (4. Generation): Der funktionelle Gesamtplan wird beibehalten, aber die Größe der Station wird stark reduziert: Anstelle der Hochhäuser werden niedrige Gebäude mit Holzverkleidung errichtet, und die Anlage wird einer Dorfstruktur nachempfunden, so daß der Eindruck eines traditionellen Ortes entstehen soll.

Italienische A.
Sie besitzen eine Fläche von 51.052 km^2 (= 28 % der Alpenfläche) und 1991 3,8 Mio. Einwohner (= 35 % der Alpenbevölkerung); der höchste Berg ist der Mt. Blanc, 4807 m (der Gipfel selbst ist allerdings rein franz.). Sie erstrecken sich in einem schmalen Band (oft nur 50 km tief) am Alpeninnenbogen und reichen nur an wenigen Stellen – v.a. in Südtirol – darüber hinaus. Fast die gesamten ital. A. erhalten erhebliche Niederschläge (regionale Spitzenwerte in den Seealpen im Westen und in den Karnischen A. im Osten), die mediterran beeinflußt sind (trockene Sommer, Maxima im Frühjahr und Herbst), nur in den inneralpinen Talschaften (Aostatal, Veltlin, Vinschgau) finden sich ausgeprägte Trockenräume. Ein Charakteristikum ist, daß die Täler besonders tief liegen (Domodossola in 280 m Höhe, 50 km vom Rand der A. entfernt, Meran in 325 m, 125 km vom Rand der A. entfernt). Daraus ergeben sich sehr günstige Bedingungen für die Landwirtschaft sowie die größten Reliefunterschiede der Alpen (am Mt. Blanc 3.300 m Höhendifferenz auf 5,5 km).

Da Italien als zentralistischer Staat seine A. wenig fördert und da die Umsetzung der Berggebietspolitik oft von Zufällen abhängt, erhält der moderne, ab 1880 einsetzende Strukturwandel hier eine chaotische Komponente. Während die ital. West- und Ostalpen strukturschwach sind und sich entvölkern (am stärksten in den Ligurischen A., im Hinterland der Riviera, am zweitstärksten in den südlichen Cottischen A.), stehen die ital. Zentralalpen wesentlich besser da: Zum einen beeinflußt das Städteband Varese-Como-Lecco-Bergamo-Brescia die benachbarten Alpentäler (starkes Bevölkerungswachstum durch Pendler, die die Qualität der A. als Wohnstandort suchen), zum anderen beeinflußt der „Sonderfall Südtirol" die dortige Bevölkerungs- und Wirtschaftsentwicklung positiv: Die Siedlungs- und Agrarstrukturen Südtirols, die denen Westösterreichs sehr ähnlich sind, stellen in den ital. A. eine Ausnahme dar und wirken sich positiv für eine dezentrale Entwicklung aus, was zusätzlich noch durch die Landesregierung aktiv gefördert wird.

Der Tourismus verteilt sich sehr ungleich und wenig systematisch: Die höchsten Konzentrationen und Kapazitäten weisen die Dolomiten auf; darüberhinaus gibt es größere Zentren am Fuß von Mt. Blanc, Matterhorn, Monte Rosa sowie im oberen Susa-Tal (Cottische A. westlich von Turin) und daneben noch einige mittelgroße Zentren, die aber alle inselförmig in Entvölkerungsregionen liegen. Der größte Teil der ital. A. ist dagegen nicht touristisch erschlossen.

ITE = Initiative Transport Europa
Von der schweiz. Alpeninitiative gegründeter Zusammenschluß von Umweltgruppen aus ganz Europa, der sich für eine umweltverträgliche Verkehrsgestaltung und für die Verlagerung des Güterverkehrs von der Straße auf die Schiene engagiert. Am 5. Oktober 1996 findet der erste europ. Verkehrsaktionstag statt, der künftig regelmäßig an diesem Tag durchgeführt werden soll.

Jagd

Die paläolithische Wirtschaftsform der Jagd hat sich in den A. sehr lange neben Ackerbau und Viehwirtschaft gehalten. Archäologische Funde belegen, daß die Almwirtschaft bis ins Mittelalter hinein durch die Jagd ergänzt wurde. Erst der hochmittelalterliche Siedlungsausbau mit großen Waldrodungen hat die wirtschaftliche Bedeutung der Jagd verringert. Je nach gejagten Tieren wird die Jagd in Niederwildjagd (Hasen, Rauhfußhühner, Murmeltiere) und Hochwildjagd (Reh- und Rotwild, Gemsen, Steinböcke) unterteilt. Hinzu kam früher die Jagd auf Raubtiere (Bär, Wolf, Luchs) zum Schutz der Haustiere. Neben der Funktion der Fleisch- und Fettversorgung besaß die Jagd aber wohl schon seit Urzeiten eine emotionale Dimension (Jagdleidenschaft), die in den A. am stärksten mit der Jagd auf Gemsen und Steinböcke verbunden war, um die zahlreiche Legenden, Erzählungen und Geschichten kreisen und die einen wichtigen Stellenwert im Brauchtum einnahm.

Geschichte der Jagd: Das Jagdrecht im Wald und Gebirge (auf den Allmendeflächen) gehörte seit Urzeiten zu den traditionellen bäuerlichen Nutzungsrechten. Im 18. Jh. unterdrückten absolutistische Herren diese Rechte, erklärten die Jagd zu ihrem alleinigen Privileg und errichteten in Teilen der Ostalpen große feudale Jagdreviere, die durch Jagdaufseher und Förster betreut wurden. Der bäuerliche Widerstand dagegen und die fortgesetzte Wahrnehmung der traditionellen Jagdrechte wurde als Wilderei streng bestraft. Im 19. Jh. wurden die Jagdreviere in Nachahmung eines feudalistischen Lebensstils von den neu entstehenden Großindustriellen übernommen. Auch heute noch dient die Jagd häufig einer politischen und wirtschaftlichen Oberschicht zum Freizeitvergnügen. Solche großflächigen Jagdreviere finden sich überall in den bayer.-österr. Ostalpen, ganz besonders jedoch in den östlichen Ostalpen, die im 19. Jh. zuerst zum Zwecke der Holzkohlegewinnung, dann zu jagdlichen Zwecken fast vollständig aufgeforstet wurden. Üblicherweise sind die Wilddichten in den Jagdgebieten sehr hoch, so daß sich der Wald kaum verjüngen kann.

In den West- und Südalpen gibt es nur wenige feudale Jagdgebiete (heute oft Nationalparks oder sonstige Schutzgebiete). Die Jagd wird von breiten Bevölkerungsschichten ausgeübt, so daß die Zahl der jagbaren Tiere meist gering ist. Die Eröffnung der Jagd an einem September-Sonntag ist v.a. in den ital. A. ein ganz besonderes Ereignis, bei dem aber auch viele Unfälle passieren.

Das Thema Jagd spielt in der aktuellen ökologischen Diskussion alpenweit eine wichtige Rolle, die Probleme sind aber in den Ostalpen ganz andere als in den West- und Südalpen.

Jausenstation

Österr. Ausdruck für eine einfache Einkehrmöglichkeit (Getränke und Speisen) auf Bergbauernhöfen oder Almen. Im österr. Alpenraum und in Südtirol sehr häufig, sonst eher selten. In Österreich inzwischen relativ wichtig für die Direktvermarktung hofeigener Produkte.

Kältesee

Bezeichnung für eine Schicht kalter Luft in Tal- oder Beckenlage, über der wärmere Luftmassen liegen, so daß es unten deutlich kälter ist als oben (Temperatur-Inversion). Kälteseen entstehen, wenn der Talboden durch den Schatten der Berge nicht von der Sonne erreicht und erwärmt werden kann und/oder wenn die kalte (und schwerere) Luft wegen des Reliefs nicht abfließen kann.

Käse

Der Käse war eines der wichtigsten Lebensmittel in den A., weil er es ermöglichte, die im Sommer auf der Alm im Überfluß anfallende, aber verderbliche Milch für den Winter zu konservieren. Um ihn kreisen zahlreiche Sagen und Erzählungen. Die Erfindung der Käserei stammt aus dem Vorderen Orient und dürfte die A. sehr früh erreicht haben. Über Jahrtausende war die Sauerkäserei in den A. üblich, bei der die Milch durch längeres Stehenlassen gerinnt, und dann durch Erwärmen und Durchkneten ein quarkähnlicher Sauermilchkäse mit begrenzter Haltbarkeit (halbes Jahr bei guter Kühlung) entsteht.

Die Lab- oder Süßmilchkäserei wurde von den Römern in die A. gebracht. Dabei gerinnt die Milch schnell durch Labbeigabe (Kälbermagenbeize) und Erhitzen zu einer festen Käsemasse. Aus der zurückbleibenden flüssigen Käsemilch wird der Ziger oder Zieger gewonnen (ein minderwertiger, quarkähnlicher Käse). Zum Schluß bleibt eine wässrige Käsemilch, die Schotte, übrig, die als Schweinefutter dient. Wird die gesamte Milch zur Käseproduktion verwendet, spricht man von Fettkäserei; wird der Milchrahm vorher abgeschöpft, um daraus Butter zu gewinnen, erhält man einen Halbfettkäse.

Dem Vorteil der Labkäserei, der Produktion von jahrelang haltbarem Käse sehr hoher Qualität, steht der Nachteil entgegen, daß dazu größere Milchmengen benötigt werden, als üblicherweise im Rahmen einer Familienwirtschaft anfallen. Aus diesem Grund blieb die Labkäserei in Römischen Zeiten auf wenige Großbetriebe beschränkt. Im 6.–9. Jh. war es den Klöstern zu verdanken, daß diese Erfindung nicht in Vergessenheit geriet. In Verbindung mit dem Entstehen von Genossenschaftsalmen in der Schweiz im 14./15. Jh. blühte die Labkäserei in den A. auf und machte den Käse zum klassischen Alpenprodukt. Seither ist er mit dem Image „Alpen" untrennbar verbunden, obwohl er diese Position seit 1820 mit dem Aufkommen der Talkäsereien wieder verliert.

Käseproduktion

Der Käse wird heute in den A. in drei Bereichen hergestellt.

1. Nach Orts- und Familientradition auf zahlreichen *Almen*. Dieser Käse bleibt meist in Familien- bzw. Genossenschaftsbesitz und wird nur selten im lokalen Rahmen, meist an feste Abnehmer verkauft.

2. Nach regionaler Tradition in *kleinen und mittleren Käsereien* auf handwerklicher Grundlage, mit Verkauf im regionalen Rah-

men. Dabei bestehen in den A. sehr große Unterschiede: In Österreich wurden nach dem Zweiten Weltkrieg zur besseren Förderung der Berglandwirtschaft die kleinen genossenschaftlichen Käsereien zwangsweise zu Großkäsereien fusioniert; in der Schweiz sind dank der Agrarpolitik Großkäsereien selten, und es findet sich noch in jedem Dorf eine genossenschaftliche Käserei. Frankreich, Italien und Bayern nehmen Zwischenstellungen ein.

3. *Großkäsereien* mit industrieller Produktionsweise erzeugen die größten Mengen an Alpenkäse. Sie liegen oft am Alpenrand oder gar außerhalb, verarbeiten in der Regel Milch aus dem Berggebiet *und* Flachland und vermarkten ihre Produktion europaweit in Form bekannter Käsesorten. Die durch bestimmte Käsenamen (Emmentaler) beim Verbraucher erweckten Alpen-Assoziationen sind oft nicht gerechtfertigt.

Wer alpentypischen, handwerklich hergestellten Käse kaufen möchte, kann sich entweder an die kleinen und mittleren Käsereien im Alpenraum wenden, deren Angebot jedoch außerhalb der A. seltener zu finden ist (wenige Fachgeschäfte in Großstädten), oder er orientiert sich an Alpenkäsesorten mit geschützter Ursprungs- und Herkunftsbezeichnung, die von bestimmten Spezialitätengeschäften europaweit vertrieben werden. Besser ist es natürlich, handwerklich hergestellten Käse aus der Region, in der man sich aufhält, zu konsumieren.

Käsesagen
In vielen Alpenregionen sind Sagen verbreitet, in denen die Bauern von Wildleuten, Zwergen o.ä. Geschöpfen das Geheimnis der Verwandlung von Milch in Käse erfahren. Oft wird dann erzählt, daß man nach Käse und Ziger aus der verbleibenden Schotte noch ein drittes Nahrungsmittel herstellen könne, dessen Kenntnis man aber durch Fehlverhalten nicht erfahren hat.

Kar (franz.: cirque; ital: circo)
Ursprungsstelle eines Gletschers, im einfachsten Fall eine sesselförmige Felswanne in einem steileren Felshang, oft halbkreisförmig ausgebildet mit steilen Wänden und einem Karsee in der übertieften Karmulde, der durch die Karschwelle aufgestaut wird. Ein Kar ist eine Glazialform, die aus Schneenischen und Firnflekken hervorgeht, wenn sich hier ein fließender, erosionsfähiger Gletscher entwickelt (anfangs Frostsprengung, später glaziale

Erosion als Hauptkraft), der bei weiterem Wachstum aus der Karmulde heraus in einen Talgletscher fließt. Die durch eiszeitliche Gletscher gebildeten Kare, die manchmal als Kartreppen übereinanderliegen, prägen das Landschaftsbild der nivalen Stufe.

Karst

Von der slow. Karstlandschaft (slow: Kras; wörtlich: steiniger Boden), im Hinterland von Triest entlehnter Begriff, der ein Gebiet mit einem für wasserlösliche Gesteine (Kalk, Dolomit, Gips) typischen Formenschatz und unterirdische Entwässerung bezeichnet. Diese Formen sind große, in die Oberfläche eingetiefte und unterirdisch entwässernde Hohlformen, nach ihren Formen Doline, Uvala, Polje genannt, sowie Trocken- und Blindtäler (in den A. seltener), Karstquellen, Höhlen und Höhlensysteme (auch in den A. häufig) sowie als Kleinform die Karren (CH: Schratten) als stark reliefierte Oberfläche des nackten Gesteins (in Rillen-, Rinnen-, Napf-, Wannen-, Loch-Form), die große Oberflächen der nördl. und südl. Kalkalpen überziehen. Da Karstgebiete wegen des fehlenden Oberflächenwassers und der oft fehlenden Vegetationsdecke siedlungs- und nutzungsfeindlich sind, werden sie häufig als Berggebiet klassifiziert, auch wenn sie tief liegen und kein Gebirgsrelief aufweisen. Der Fachbegriff *Verkarstung* bezieht sich nur auf die Prozesse der Herausbildung von Karstformen durch chemische Verwitterung der Kalke, Dolomite, Gips durch Wasser; umgangssprachlich wird er manchmal unscharf zur Bezeichnung aller Erosions- und Denudationsprozesse verwendet, bei denen das anstehende Gestein freigelegt wird.

Kastanien

Fruchtbaum (Edel- oder Eßkastanie), der am Südrand der A. bis in etwa 900 m Höhe wächst. Bei geringen ökologischen Standortansprüchen und relativ wenig Arbeitsaufwand lassen sich sehr hohe Erträge erzielen, die auch die Grundlage für eine sehr dichte Bevölkerung in diesen Regionen von der Römerzeit bis ins 20. Jh. darstellen. Neben den Früchten, deren Mehl zu Brot (Kastanienbrot als Brot der Armen) verarbeitet wurde, wurde das Holz in vielfacher Weise genutzt. Das plötzliche Ende der Nutzung kam nach dem Zweiten Weltkrieg, als Kastanienkrebs die Früchte zerstörte. Seitdem verwildern die Kastanienwälder (die nicht als Wald, sondern als Fruchtplantagen gelten) und bilden einen undurchdringlichen Buschwald. In Italien und im Tessin gibt es derzeit kleine, aber erfolgreiche Projekte, die die Kastanien wieder nutzen. Das ist prinzipiell von großer Bedeutung, weil die Kastanie eine sehr wertvolle landwirtschaftliche Ressource der Südwest- und Südalpen mit guten Marktchancen (die in vielen europ. Städten im Winter angebotenen marroni stammen meist aus Übersee) darstellt.

Kerbtal
Vom fließenden Wasser durch Tiefen- und Seitenerosion geschaffenes V-förmiges Tal.

Kiltgang, Fensterln, Gasslgehen
Im alpinen Jungsiedelraum verbreiteter Brauch zur Einleitung der Ehe. Die unverheirateten Burschen des Dorfes hatten das Recht, an bestimmten Tagen bei den ledigen Mädchen nächtliche Fenstersbesuche zu machen, entweder als geselliger Kiltgang in Burschengruppen oder als einzelgängerischer Kiltgang, bei dem der Bursche erst nach vielfachen Besuchen in die Kammer eingelassen wurde. Im Altsiedelraum gab es zum gleichen Zweck den Brauch des winterlichen Abendsitzes (ital.: veglia; franz.: veillée; einen guten deutschen Ausdruck gibt es nicht): Man trifft sich zum geselligen Beisammensein reihum in den Häusern, v.a. in denen, in denen ledige Mädchen wohnen. Man redet, erzählt, arbeitet zusammen und knüpft dabei erste Beziehungen. Mit dem Ende der winterlichen Isolation der Dörfer (ab 1960–65) verschwand dieser Brauch.

Kirchturmpolitik
In den A. früher und heute weitverbreitete Haltung, nur die eigenen Interessen zu sehen. Sie ist auf allen Maßstabsebenen verbreitet: Einzelhof gegen Einzelhof, Weiler gegen Weiler, Dorf gegen Dorf, Talschaft gegen Talschaft, Region gegen Region (z.B. Wallis gegen Graubünden), Schweiz gegen Österreich. Auf Dorf- und Talschaftsebene haben die entsprechenden Auseinandersetzungen oft eine jahrhundertealte Tradition und sind heute noch aktuell (jedem Ort sein eigenes Skigebiet). Eine nachhaltige Entwicklung muß mit diesen Traditionen bewußt brechen und eine gemeinsame Verantwortung auf den verschiedenen politischen Ebenen mit durchaus komplementären Gewichtungen aufbauen.

Klagenfurter Becken
Größtes inneralpines Becken der Alpen, 75 km lang und 20–30 km breit, mit großen Schotterflächen und hügeligem Charakter. Das kontinentale Klima führt zu kalten Wintern (Temperatur-Inversion) und heißen Sommern.

Klamm
Enge und tief eingeschnittene Schlucht eines Flusses oder Baches mit senkrechten, manchmal überhängenden Felswänden.

Klauen- und Hornmänner
Traditionelle Bezeichnung für Kleinviehhalter (Klauenmänner) und Rindviehhalter (Hornmänner).

Klause
(ital. chiusa; franz. cluse). Engstelle im Talverlauf, mit senkrechten Felswänden, entweder schluchtartig ausgebildet oder – bei breiteren Talböden – durch See, Flußlauf oder Moor schwer passierbar. In Quertälern sehr häufig, in Längstälern seltener. Solche Klausen bildeten früher ein viel größeres Verkehrshindernis als die Pässe, und sie sind bis heute wichtige politische Sprach- und Kulturgrenzen (z.B. Salurner Klause/Etsch: dt.-ital. und Grenze Südtirol-Trentino; Chiusa di San Michele/Dora Riparia: franko-provenz.-ital. und Gemeindegrenze). Weil die kurzen Quertäler der größeren Alpenflüsse am Alpenrand meist Klausen aufweisen (von den heutigen Straßen meist durch Tunnelstrecken umgangen), ist die Zugänglichkeit der A. erschwert und konnte bzw. kann relativ einfach kontrolliert werden.

Kleine Eiszeit
Bezeichnung für die relativ kühle und feuchte Klimaperiode zwischen 1350 und 1860 n.Chr., am stärksten zwischen 1600 und 1750 ausgeprägt (enge Definition), die die bäuerliche Nutzung der A. erschwerte und zu erheblichen Gletschervorstößen führte. Die Gletscher drangen bis 1820–1850 so weit in die Täler vor wie nie zuvor seit dem Ende der Eiszeit.

Klima der A.
Die A. liegen im Einflußbereich des mitteleuropäischen, des mediterranen und des kontinental-europäischen Klimas, das sie aber

durch ihren hochaufragenden Gebirgskörper erheblich überprägen. Da es beim Klima keine klaren Grenzen, sondern nur allmähliche Übergänge gibt, soll die Klimasituation der A. durch den vierfachen Formenwandel (Übergangsbereiche) dargestellt werden.

1. *Der hypsometrische Formenwandel:* Mit steigender Seehöhe sinkt die Durchschnittstemperatur (um ca. 0,5 Grad/100 m), nimmt die Intensität der Sonneneinstrahlung zu und steigen die Niederschläge bis über 3000 mm/Jahr an (hochgebirgstypischer Klimawandel; in den A. am wichtigsten). Eine Ausnahme davon bieten nur die tiefen Talböden mit Kälteseen und Temperaturinversion.

2. *Der peripher-zentrale Formenwandel:* Die A. als hoher und breiter Gebirgskörper zwingen die vom Atlantik oder Mittelmeer heranziehenden feuchten Winde zum Aufsteigen und Abregnen. Dadurch ist der gesamte Alpenrand sehr feucht und kühl, während im Innern der A., in Lee-Lage, Trockenheit herrscht, so daß sich dort warme, inneralpine Trockenzonen finden.

3. *Der planetarische Formenwandel:* Die A. bilden die Grenze zwischen dem mitteleuropäischen Klima (kühlgemäßigte Breiten) und dem mediterranen Klima, so daß die Unterschiede zwischen Nord- und Südseite ausgeprägt sind: Im Norden ist es kühler, und die Niederschläge verteilen sich über das gesamte Jahr (mit deutlicher Spitze im Sommer); im Süden ist es wärmer, und die Niederschläge fallen im Frühjahr und Herbst oft als Starkniederschläge (mit ausgeprägter Sommerdürre). Dieser Nord-Südunterschied tritt auch im kleinen Maßstab überall als Unterschied zwischen Sonn- und Schatthängen in Erscheinung.

4. *Der westöstliche Formenwandel:* Da sich die A. 800 km in West-Ost-Richtung erstrecken, haben sie Anteil am Klimawandel feuchtes West-/trockenes Osteuropa, so daß die Westalpen feuchter und ozeanischer, die Ostalpen trockener und kontinentaler sind. Dieser Wandel wird aber durch den Einfluß des Mittelmeers reduziert, indem zahlreiche Tiefdruckgebiete aus der Adria über die Karnischen A., Karawanken, Hohe und Niedere Tauern nach Norden ziehen, so daß erst der östliche Teil der Ostalpen (etwa 30 km östlich der Linie Linz-Ljubljana) kontinental geprägt ist.

Daraus lassen sich vier Hauptklimaregionen der A. mit breiten Grenzsäumen ableiten: 1. die warmen inneralpinen Trockenzonen;

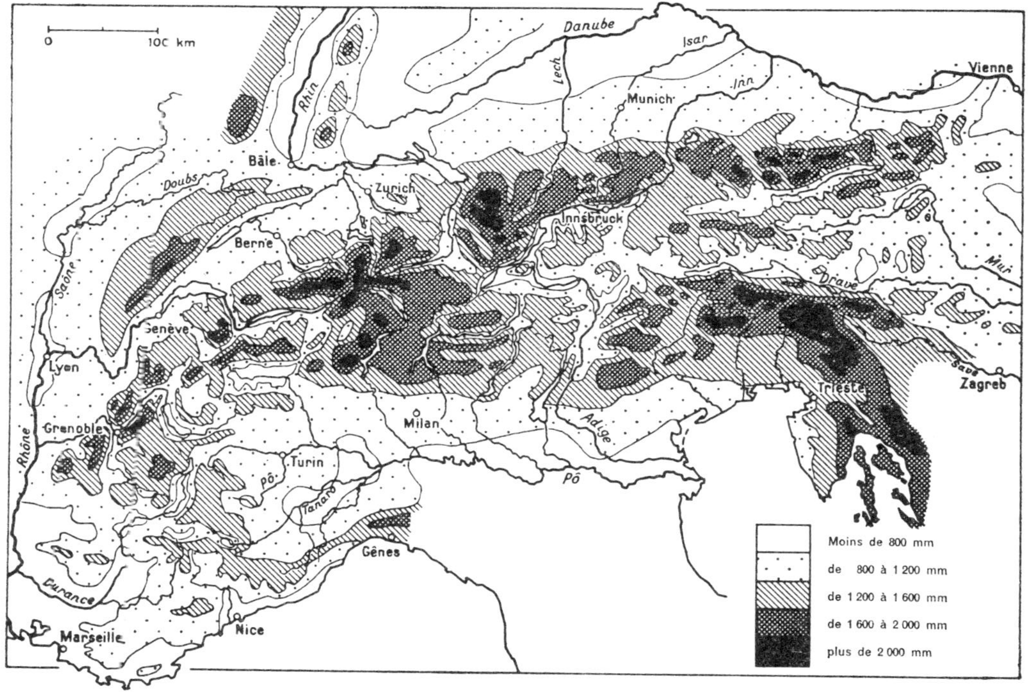

Niederschlagsverteilung in den Alpen.
Quelle: Gabert/Guichonnet: Les Alpes, 1965 (nach E. de Martonne und R. Blanchard)

2. der warme, mediterran geprägte Südsaum der A.; 3. Der kühle, mitteleuropäisch geprägte Nordsaum der A.; 4. der kontinental geprägte (sommerwarme, winterkalte), trockene Ostteil der Ostalpen.

Klimaänderungen

Wie die Gletscher mit ihren steten Vorstoß- und Rückzugsphasen am deutlichsten sichtbar machen, bleibt das Klima in den A. nie gleich, sondern pendelt immer innerhalb einer gewissen Bandbreite. Dabei lassen sich drei Zeitmaßstäbe unterscheiden:

1. Pleistozäne Klimaschwankungen zwischen Kaltzeiten (Eiszeiten) und Warmzeiten (Interglaziale) mit einem Rhythmus von etwa 100.000 Jahren und Temperaturschwankungen um 10 Grad mittlere Jahrestemperaturen. Wir befinden uns heute in einer Warmzeit.

2. Historische, nacheiszeitliche (postglaziale) Klimaschwankungen zwischen wärmeren und kälteren Perioden mit einem Rhythmus von 500–1000 Jahren und Temperaturschwankungen um etwa 2 Grad. Im sog. Atlantikum (ca. 6000–3500 v.Chr.), im Subboreal (2000–1300 v.Chr.) und während des Mittelalters (950–1350 n.Chr.) war es etwa 1 bis 1,5 Grad wärmer als in der ersten Hälfte des 20. Jh., im sog. Boreal (ca. 7000–6000 v.Chr.), im Subatlantikum (1300 bis 500 v.Chr.); in der „Kleinen Eiszeit" (1350–1860) war es dagegen etwa 1 Grad kälter. Wir befinden uns heute in einer warmen Periode dieser Klimaschwankungen.

3. Kurzfristige Klimaschwankungen mit einem Rhythmus von 10–30 Jahren und Temperaturschwankungen von weniger als 0,5 Grad. Im 20. Jh. zeigen die Gletscher – im Rahmen des großen Rückzuges seit 1860 – immer wieder kleine Vorstoß- und Rückzugsphasen. Die letze Vorstoßphase dauerte von 1967–1984, seitdem sind die Gletscher wieder auf dem Rückzug.

Die Klimaerwärmung zwischen 1860 und heute beträgt je nach Meßmethode 0,5–1,0 Grad, und hier überlagern sich natürliche Klimaschwankungen und eine anthropogen verursachte Klimaerwärmung, die aber nur äußerst schwer zu verifizieren und zu quantifizieren ist. Der Rückzug der Gletscher liegt derzeit (noch?) im Bereich der natürlichen Schwankungsbreite.

Die gegenwärtige Klimaerwärmung führt jedoch – unabhängig, ob natürlich oder anthropogen verstärkt – zu erheblichen Problemen in den A.: Zum einen tauen die Permafrostböden auf, was ein großes Gefahrenpotential darstellt, zum anderen wurden viele Skianlagen der 60er/70er Jahre in Lagen erbaut, die schon damals nur bedingt schneesicher waren und die heute große Probleme mit Schneemangel haben. Drittens sinkt bei weiterem Gletscherrückgang die natürliche Wasserspeicherkapazität der A., was die sehr wichtige Funktion der A. für Europa als Wasserreservoir einschränkt und die Wasserenergiegewinnung (gleichmäßiger Abfluß als Voraussetzung) beeinträchtigt.

Klimaxstadium oder Schlußgesellschaft
Natürlicher Endzustand der Boden- und Vegetationsentwicklung auf einem bestimmten Standort, bei dem die höchstmögliche Ordnung und Biomasse erreicht ist. Dieses Stadium bleibt langfristig bestehen, solange sich die Umweltbedingungen nicht ändern.

Klippe
Geolog. Bezeichnung für einen kleinen Teil einer großen Sedimentschicht („Decke"), der während der Gebirgsbildung von seinem Untergrund getrennt und über größere Entfernungen auf eine andere Decke überschoben wurde. Dort fällt er durch sein andersartiges Gestein auf. Die Mythen im Kanton Schwyz sind dafür ein klassisches Beispiel.

Kloster
Spezielle Organisations-, Wirtschafts- und Lebensform innerhalb des Christentums. Die Ordensleute (Mönche und Nonnen verschiedener Orden) leben in nach außen abgeschlossenen Gebäudekomplexen (Kloster im baulichen Sinn mit Kirche, Kreuzgang, Bibliothek, Wohn-, Wirtschafts- und Verwaltungsgebäuden) und arbeiten in den Bereichen Landwirtschaft, produzierendes Gewerbe (Druckerei, Bier-, Wein-, Spirituosenproduktion u.a.) und Dienstleistungen (Unterricht, Ausbildung, Seelsorge, Wissenschaft). In der Geschichte der A. spielen Klöster in dreifacher Beziehung eine besondere Rolle:

1. Klöster sind seit der Erhebung des Christentums zur Staatsreligion im 4. Jh. n.Chr. die stabilste Sozialform Europas. Sie garantieren daher auch in den sehr turbulenten Zeiten des frühen Mittelalters in den A. eine kulturelle Kontinuität, dank der wichtige Erfahrungen und Traditionen nicht verlorengehen.

Der große Wirtschaftsaufschwung ab 1000 n. Chr. in den A. wäre ohne die Kontinuität der Klöster wohl nicht so schnell abgelaufen.

2. Klöster sind landwirtschaftliche Großbetriebe, die zudem europaweit eng miteinander vernetzt sind. Sie haben einen erheblichen Spielraum für landwirtschaftliche Experimente und Innovationen und können andernorts realisierte Innovationen schnell aufgreifen, was in kleinbäuerlichen Strukturen sehr viel schwerer möglich ist. Wichtige traditionelle landwirtschaftliche Qualitätsprodukte der A. stammen aus Klöstern.

3. Klöster spielen im Mittelalter eine besondere Rolle bei der Urbarmachung und Besiedlung zuvor kaum besiedelter Alpentäler (Klosteranlagen in der „Wildnis"), v.a. in den Kalkalpen. Mit der Reformation (Aufhebung der Klöster durch protestantische Landesherren) und v.a. mit der Säkularisation im Zeitalter Napoleons) geht die Zahl und die Bedeutung der Klöster in den A. stark zurück. Ihre Bauten prägen aber noch heute viele alpine Kulturlandschaften. Die immer noch erhebliche Zahl der aktiven Ordensgemeinschaften ist aus dem geistigen und geistlichen Leben der A. nicht wegzudenken. Das höchste Kloster der A. und Europas, Sant'Anna di Vinadio, liegt in den ital. Seealpen (Valle Stura di Demonte) in 2010 m Höhe und wird seit 20 Jahren nur noch im Sommer bewohnt. Es wurde im 13. Jh. zur Paßsicherung gegründet.

Knabenschaften (schweizer-dt.) oder Burschenschaften (bajuwarisch-österr.). Franz.: jeunesses; ital.: abbadie; rätoroman.: compagnias de mats

Traditionelle Organisationsform der männlichen Jugendlichen eines Ortes (Austritt mit Heirat), die Gestaltung und Ablauf der kirchlichen und weltlichen Jahresbräuche bestimmen und dafür besondere Rechte innehatten (Wegegeld bei Hochzeiten, „Organisieren" von Getränken). In vielen Fällen übten sie auch eine sittenrichterliche Kontrolle aus, indem sie moralische und andere Verfehlungen öffentlich an den Pranger stellten bis hin zur Veranstaltung von Katzenmusik (Charivari).

Die klassischen Fehden zwischen benachbarten Orten wurden in der Regel von den Knabenschaften ausgetragen. Heute sind sie meist verschwunden oder bessere Festkomitees geworden.

Krieg im Alpenraum
Krieg steht im harten Gegensatz zu den konstruktiven Aktivitäten eines nachhaltigen Wirtschaftens. Abgesehen von Menschenopfern verursacht er unmittelbar große Zerstörungen (Abholzen von Bannwäldern zum Barrikadenbau, Anlage von Schützengräben auf Almen, die jahrhundertelang bestehen bleiben, Zerstörung von Siedlungen) und verhindert ein langfristig ausgerichtetes Wirtschaften. So wie Krieg leider zur europ. Geschichte gehört, prägt er auch den Alpenraum. Und selbst dort, wo ein Staat keinen Krieg führte und sich bewußt außenpolitisch neutral verhielt, wie die Schweiz seit 1515, profitierten seine Alpenregionen durch „Reislaufen“ (Anwerben von Söldnern für fremde Heere) von den europ. Kriegen, indem ein Teil der Söldner später vermögend wieder in die alpine Heimat zurückkehrte.

Besondere kriegerische Ereignisse fanden statt während der römischen Eroberung der A. im 1. Jh. v.Chr. (mit Deportation besiegter Völker und Neuansiedlungen), im Frühen Mittelalter (Einfälle von Hunnen, Sarazenen und anderen „Barbaren“-Völkern in die A.), in der Frühen Neuzeit zwischen 1500 und 1789 (sich verschärfende Konflikte zwischen den immer mächtiger werdenden absolutistischen Staaten) und unter Napoleon (gewaltsame Neuordnung der politischen Strukturen in den A.). Zwischen 1815 und 1915 wird im Alpenraum fast nicht gekämpft (die ital.-habsburg. Schlachten um Oberitalien finden meist außerhalb der A. statt). Hingegen sind die Kämpfe 1915–18 an der österr.-ital. Front (in der Ortler- und Adamello-Gruppe, in den Vicentiner A., Dolomiten, Karnischen und Julischen A.) ganz besonders heftig und zerstörerisch. Auch im Zweiten Weltkrieg sind die A. wieder Kriegsschauplatz: Im Juni 1940 beim Angriff Mussolinis auf Frankreich (Grajische, Cottische, Seealpen) und von 1943–45 während der Partisanenkämpfe (v.a. in den franz., ital. und slow. A.). Die jüngsten Kampfhandlungen in den A. fanden Ende Juli 1991 im Zuge der Unabhängigkeitserklärung Sloweniens statt.

Die kriegerischen Ereignisse des 20. Jh. bescheren dem gesamten Alpenraum eine militärische Infrastruktur gigantischen Ausmaßes mit einem System von Artillerie-Festungen (die höchste auf dem Gipfel des Monte Chaberton, 3130 m, oberhalb des Montgenèvrepasses), verbunkerten Stellungen vom Tal bis in größte Höhen, Schützengräben, Kasernenanlagen, Militärstraßen, -seilbahnen, -wegen und -Klettersteigen, die heute noch zahlreiche Alpenregionen unübersehbar prägen.

Krummholz oder Knieholz
Populäre Bezeichnung für die Holzgewächse der (subalpinen) Stufe, die nicht aufrecht, sondern wegen des Schneedrucks gebogen und gekrümmt wachsen. Neben Latschen (Legföhren) v.a. Grünerlen, die sich bei Schneebedeckung nach unten legen und dann eine gute Lawinenbahn bilden.

Krummsegge
Almwirtschaftlich kaum nutzbares Sauergras mit schmalen, charakteristisch gekrümmten Blättern, das in der oberen alpinen Höhenstufe (2500–2800 m) häufig und teilweise bestandsbildend ist (Klimax-Vegetation). Diese Pflanzen breiten sich unterirdisch aus, bilden im Lauf der Zeit reich verzweigte Sprosse (zugleich Erosionsschutz), wachsen sehr langsam (0,4–0,9 mm pro Jahr) und können sehr alt werden. Am Furkapaß wurde ein etwa 2000 Jahre alter Krummseggenhorst mit einem Radius von 80 cm entdeckt. Zerstörte Krummseggenrasen brauchen für eine natürliche Regeneration viele hundert Jahre.

Kuhreihen
Franz.: Ranz des vaches. Melodie bzw. Lied, das ursprünglich beim abendlichen Eintreiben der Kühe gesungen wurde, weil die Kühe sich damit besser leiten lassen. In der Schweiz haben sich sehr alte Melodien bis heute erhalten, die aus vorchristlicher Zeit stammen dürften. Sie sind europaweit dadurch bekannt geworden, daß Schweizer Söldner heimwehkrank wurden oder desertierten, wenn sie die Kuhreihen-Melodie hörten. Deshalb wurde es im Jahr 1621 in der franz. Armee verboten, diese Kuhreihen zu singen oder zu spielen.

Kultur, gemeinsame alpine
In den A. treffen die drei großen europ. Kulturen, die romanische (oder lateinische), germanische und slawische aufeinander. Sie unterscheiden sich im gesamten Bereich der materiellen wie immateriellen Kultur (Haus-, Siedlungs-, Flurformen, Wirtschaftsformen, Familienstruktur, Traditionen, Werte usw.) deutlich voneinander, und die Alpenregionen sind jeweils integrative Teile dieser

großen Kulturräume. Deshalb sind die inneralpinen Unterschiede zwischen romanischen (mit Acker-Alp-Betrieben) und germanischen Regionen (meist mit Wiesen-Alp-Betrieben) wesentlich größer als diejenigen zwischen alpinen und außeralpinen Regionen der gleichen Kultur. Es gibt also *keine* gemeinsame alpine Kultur. Trotzdem finden wir im Bereich der traditionellen Alltagskultur alpenweit verblüffende Gemeinsamkeiten, wie bestimmte alpenspezifische Werkzeuge (z.B. die Holztruegla zum leichten Zusammenbinden der Heunetze), Arbeitsgänge (z.B. das Errichten von Heutristen auf Bergmähdern oder der winterliche Heuzug), Gemeinschaftsarbeiten (Putzen, Schwenden und Zäunen auf der Alm), Gemeinsamkeiten in der Almwirtschaft, reproduktive Arbeiten (Bergauftragen abgeschwemmten Ackerbodens) oder alpenweit verbreitete Sagen (Blümlisalpsage, Erzählungen von Wildleuten, Sagen zur Käseerfindung). Solche sekundären alpinen Gemeinsamkeiten basieren auf bestimmten Anpassungsleistungen der drei Kulturen an die besonderen Bedingungen im Alpenraum, die zu ähnlichen oder gleichen Formen der Alltagskultur geführt haben.

Doch auch heute noch sind die großen kulturellen Unterschiede in den A. wahrnehmbar, z.B. am unterschiedlichen Naturbild (die ideale Natur als Garten im romanischen Raum, als Wald im germanischen Raum), am Verhältnis Stadt-Land (schwache Stellung des Landes im romanischen Raum, starke im germanischen), an der emotionalen Besetzung der Landwirtschaft oder dem unterschiedlichen Stellenwert von Umweltschutz und „Wildnis". Diese Mentalitätsunterschiede behindern inhaltliche Gemeinsamkeiten in den A. erheblich.

Andererseits sorgt die europ. Wirtschaftsentwicklung mit ihrer Tendenz, die Bedeutung der einzelnen Staaten abzuwerten und die europ. Verhältnisse zu homogenisieren, dafür, daß die Probleme der einzelnen Alpenregionen alpenweit tendenziell immer ähnlicher werden, so daß aus der Abwehr unerwünschter Entwicklungen heraus eine neue Gemeinsamkeit entsteht.

Kulturanthropologen, amerikanische, in den A.
Um das Jahr 1965 kommen amerikanische Kulturanthropologen (Ethnologen) in größerer Zahl in die A., um hier wissenschaftliche Untersuchungen durchzuführen, weil Feldaufenthalte in der

Dritten Welt immer schwieriger werden. Sie konzentrierten sich meist auf kleine, abgelegene Orte oder Gemeinden und führten völlig neue Methoden in die volkskundliche Alpenforschung ein. In den 80er Jahren zieht sich diese Form der Wissenschaft wieder zurück.

Kulturlandschaften in den A.
Vom Menschen mittels seiner (agrarischen, touristischen, industriellen) Nutzung veränderte Naturlandschaft mit einer spezifischen ökologischen Dynamik (Sukzessionsprozesse) und Struktur (ökologisches Gefüge). Diese Veränderungen können folgendermaßen zusammengefaßt werden:

1. *Almstufe:* Durch Rodung vieler Wälder der subalpinen Stufe und fast aller Zwergsträucher der unteren alpinen Stufe wurde die Waldobergrenze fast überall in den A. um 200–400 Höhenmeter gesenkt, wodurch die ursprünglichen Urwiesen um ein Vielfaches vergrößert wurden. Die Entfernung der Nadelhölzer und Zwergsträucher verbesserte zusammen mit dem Dung der Weidetiere die Qualität der Almböden, die Entwässerung von zu feuchten und die Bewässerung von zu trockenen Flächen verbesserte die Wuchsbedingungen extremer Standorte. Die regelmäßige, langfristige Nutzung (Almen: Weide, Bergmähder: Mahd) auch der höchsten Rasenflecken in der nivalen Stufe veränderte die Zusammensetzung der Rasengesellschaften erheblich (Zunahme von Kräutern gegenüber Gräsern). Daher kann man die Almstufe nicht als naturnah bezeichnen. Die stark verbesserten Existenzbedingungen der alpinen Flora, die zuvor auf Randbereiche abgedrängt war, führten zu einer Erhöhung der Artenvielfalt.

2. *Waldstufe:* In dieser Zwischenstufe wurde der Wald auf den Schattseiten kleinflächig, auf den Sonnseiten großflächiger gerodet, wobei fast immer ein Waldstreifen als Bannwald zwischen Alm und Tal erhalten blieb. Diese Waldrodungen konzentrierten sich auf flachere, gut besonnte Flächen und solche mit einer guten Bodenentwicklung, um Wiesen, Weiden, teilweise auch Äcker anzulegen. Durch die mosaikförmige Auflichtung der artenarmen subalpinen Wälder wurde die ökologische und landschaftliche Vielfalt in dieser Stufe erhöht. Dort, wo es in früheren Zeiten Bergbau gab, fanden allerdings großflächige Abholzungen statt.

3. *Dauersiedlungs- oder Talstufe:* Im Bereich der unteren Berghänge und der Talböden (aber nur, wo nicht hochwasserge-

fährdet) wurde der Wald vollständig gerodet und statt dessen Kulturland angelegt, dessen einzelne Teile oft durch Baum-, Hekken- oder Lesesteinreihen voneinander getrennt waren. Durch Einführung der Acker- und der Ackerbegleitflora aus dem Vorderen Orient wurde die Artenvielfalt dieser Stufe vergrößert.

4. Talauen: Erst ab dem 19. Jh. wurden die breiten Talauen trockengelegt und in intensiv genutztes Kulturland umgewandelt, und erst nach 1955 wurden hier Siedlungen angelegt.

Zusammenfassung: Damit wurden alle mit Vegetation bestandenen Flächen in den A. bis in die nivale Stufe hinein vom Menschen genutzt und durch diese Nutzung ökologisch mehr oder weniger stark verändert, so daß die A. eine Kulturlandschaft darstellen.

Üblicherweise bezeichnet man diese vom Bauern bis etwa 1850 genutzte und gestaltete Landschaft als „traditionelle Kulturlandschaft", während sich für die moderne Kulturlandschaft der Industrie- und Dienstleistungsgesellschaft kein eigener Begriff durchgesetzt hat. Im Gegensatz zur flächenhaften traditionellen Kulturlandschaft sind die modernen Nutzungsformen und -strukturen jedoch nur punkt- oder bandförmig ausgebildet (Eisen-/Autobahnlinie, Skipisten, Bergbahnstationen, Siedlungsbänder in den Tälern).

Kulturretardierung, alpine

Wörtlich: Kulturverzögerung. Volkskundlicher Begriff, der z.B. die Situation bezeichnet, daß in den A. noch Kirchen im romanischen Stil gebaut werden, während sich im außeralpinen Europa längst die Gotik und die Renaissance durchgesetzt haben. Auch in anderen Bereichen gibt es dieses Phänomen der Verzögerung (verspätete Einführung bestimmter landwirtschaftlicher Geräte und Techniken, bestimmter Lebens- und Wirtschaftsformen), so daß die traditionelle Welt der A. oft als konservativ und altertümlich dargestellt wird.

Ein solches Alpenbild dient den einen zur Rechtfertigung der Modernisierung ab 1955 (die traditionelle Welt als rückständig und elend), den anderen zur radikalen Kritik der modernen Welt (Idealisierung der traditionellen Welt). Obwohl beide Sichtweisen populär sind, ist es nicht richtig, die A. pauschal als konservative Welt zu bezeichnen, weil man dabei die zahlreichen Innovationen und Veränderungen der letzten zwei Jahrhunderte ausblendet.

Natürlich liefen diese hier langsamer ab als in den europ. Städten, aber viele ländliche Regionen Europas zeigen eine ähnliche Entwicklung wie die A., und in ihnen setzte der grundlegende Strukturwandel auch erst nach 1945 ein.

Kunstschnee
Aus Druckluft und Wasser künstlich hergestellter Schnee, der oft etwas andere Eigenschaften als Naturschnee (nasser, härter) besitzt, physikalisch mit ihm aber identisch ist. Mittels Bakterien (Snow-Max) chemisch hergestellter Schnee wird derzeit noch nicht in den A. eingesetzt und sollte aus Umweltgründen auch nicht eingeführt werden.

Die erste Kunstschneepiste der A. wurde 1963 angelegt, und in den 70er Jahren errichteten eine Reihe großer Skistationen künstlich beschneite Pisten. In den 80er Jahren setzte ihre massenhafte Verbreitung ein (besonders in F und I), was durch die schneearmen Winter am Ende der 80er Jahre noch forciert wurde.

Die Diskussionen um den Kunstschnee konzentrieren sich auf drei Punkte:

1. Der Kunstschnee treibt die technische Aufbereitung der A. zur Erfüllung von Freizeitbedürfnissen noch einmal weiter voran – wenn kein Schnee liegt, muß man nicht unbedingt skifahren. Die Freizeitaktivitäten sollten sich an den vorhandenen Möglichkeiten orientieren und nicht die A. als Sportgerät weiter perfektionieren.

2. Die künstliche Beschneiung verändert die Pistenvegetation erheblich, weil das Wasser einen Düngeeffekt bewirkt, der die so seltenen Magerrasen verschwinden läßt.

3. Der Energie- und Wasserverbrauch ist sehr hoch und dies auch noch dann, wenn der tägliche Bedarf am größten ist (Winterabende/-nächte).

Während die punktuelle Beschneiung exponierter Geländestellen von allen Seiten als sinnvoll angesehen wird, gibt es v.a. um die vollständige Beschneiung ganzer Pisten Streit zwischen Seilbahnbetrieben und Umweltschützern.

Lägerflur
Überdüngte Liegeplätze des Viehs auf den Almen, die meist aus artenarmen dichten Hochstauden (Alpenampfer, Alpen- und Fuchs'sches Kreuzkraut) bestehen. Weil nach Auflassen der Wei-

denutzung die Nährstoffe über viele Jahrzehnte im Boden erhalten bleiben und die Lägerflora sich von selbst stark ausbreitet, sind diese Standorte ohne menschliche Pflegemaßnahmen für andere Pflanzen für lange Zeit blockiert.

Längstal
Alpental, das parallel zu den Gebirgsketten verläuft, in den Zentral- und Ostalpen also in West-Ostrichtung, in den Südwestalpen in Nord-Südrichtung. Hierbei handelt es sich oft um lange und weite Täler, die sich an geolog. Grenzlinien und Einsenkungen entwickelt haben.

Landwirtschaft im Alpenraum:
Gegenwärtige Situation

1. Unterschiedliche Situation nach Landwirtschaftstypen:

1.1. Acker-Alp-Betriebe: Weil der Ertrag des Ackerbaus mit steigender Seehöhe stark zurückgeht und die Handarbeit im Gebirge kaum zu mechanisieren ist, gerät dieser Typ am frühesten (ab 1880) in die Krise. Hinzu kommen sehr kleine Betriebsgrößen, eine hohe Besitzzersplitterung, geringe Rentabilität in der aufkommenden Marktwirtschaft, sowie ein hoher Stellenwert des Gemeineigentums (Alm- und Waldflächen), was Innovationen im einzelnen Betrieb oft unmöglich macht. Heute meist nur noch in Reliktform erhalten (pensionierte Betriebsinhaber).

1.2. Wiesen-Alp-Betriebe: Da die Viehwirtschaft, v.a. in der arbeitsextensiven Ausrichtung auf Schlacht- und Zuchtviehproduktion, im Rahmen der europ. Konkurrenz wesentlich vorteilhafter als Ackerbau ist, stehen diese Betriebe heute wesentlich besser da als Acker-Alp-Betriebe. Hinzu kommen relativ große Betriebseinheiten mit wenig zersplittertem Besitz und um den Hof arrondierten Flächen. Da der einzelne Hof oft alle Alm- und Waldflächen in privatem Eigentum hat, kann er innovativ handeln (bis hin zur Zimmervermietung).

In den Ostalpen wurde die Wirtschaftskraft dieses Typs lange Zeit durch größeren Hochwaldbesitz gestärkt (der Wald als die „Sparkasse der Bergbauern“); erst mit den seit etwa 10 Jahren stark fallenden Holzpreisen geht dieser Vorteil verloren. Trotz der vergleichsweise guten Lage erleiden diese Betriebe derzeit einen schleichenden Substanzverlust, so daß ihre Zukunft nicht gesichert ist.

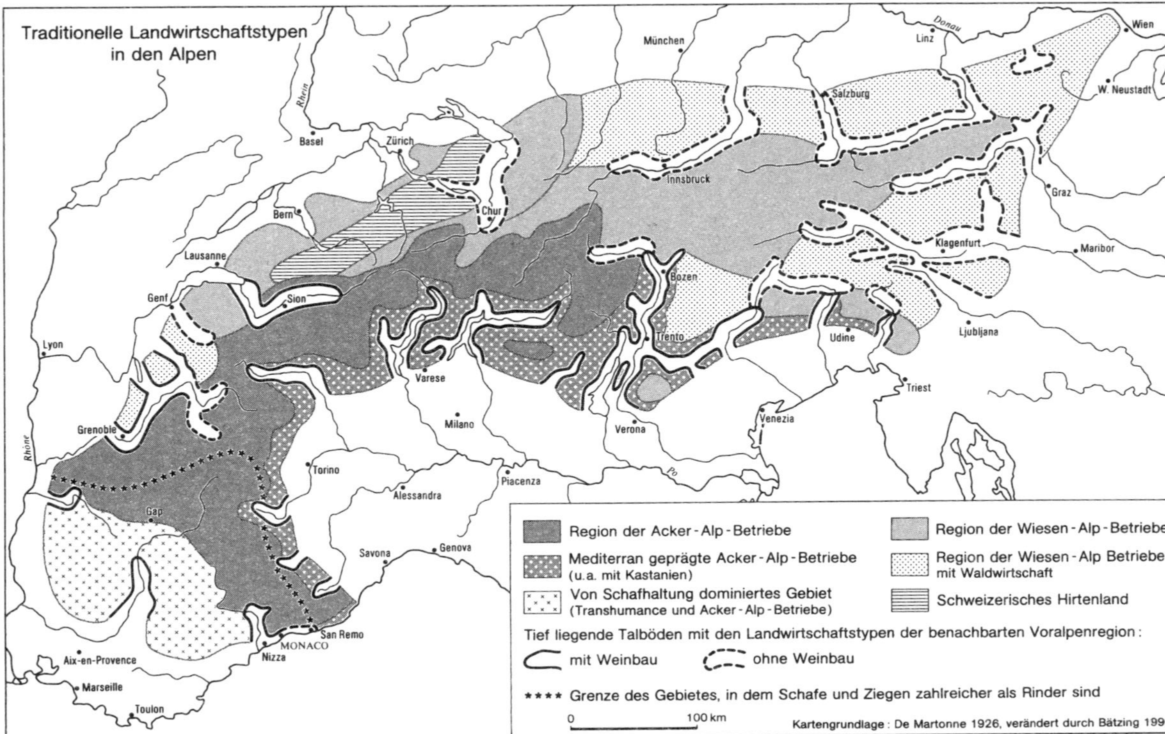
Traditionelle Landwirtschaftstypen in den Alpen
Wien
Donau
Linz
München
W. Neustadt
Salzburg
Rhein
Basel
Zürich
Innsbruck
Graz
Bern
Chur
Klagenfurt
Maribor
Lausanne
Bozen
Sion
Genf
Ljubljana
Trento
Udine
Lyon
Varese
Triest
Venezia
Milano
Verona
Grenoble
Rhône
Torino
Piacenza
Po
Alessandra
Gap
Savona
Genova
San Remo
MONACO
Nizza
Aix-en-Provence
Marseille
Toulon
Region der Acker-Alp-Betriebe
Mediterran geprägte Acker-Alp-Betriebe (u.a. mit Kastanien)
Von Schafhaltung dominiertes Gebiet (Transhumance und Acker-Alp-Betriebe)
Region der Wiesen-Alp-Betriebe
Region der Wiesen-Alp Betriebe mit Waldwirtschaft
Schweizerisches Hirtenland
Tief liegende Talböden mit den Landwirtschaftstypen der benachbarten Voralpenregion:
mit Weinbau
ohne Weinbau
Grenze des Gebietes, in dem Schafe und Ziegen zahlreicher als Rinder sind
0
100 km
Kartengrundlage: De Martonne 1926, verändert durch Bätzing 1996

1.3. Sonderkulturbetriebe der inneralpinen Trockenzonen: Die Vergrößerung der landwirtschaftlichen Nutzflächen durch die Melioration der Talauen im 19./20. Jh., das günstige Klima, die ebene Topographie und eine gute Verkehrsanbindung führen zum Wachstum der hochspezialisierten Wein-, Obst- und Gemüsebetriebe, die sich nach dem Zweiten Weltkrieg ohne Subventionen einen festen Platz im europ. Agrarmarkt erobert haben. Mit dem Rückgang der eigentlichen Berglandwirtschaft wird die wirtschaftliche Bedeutung dieser Betriebe im Alpenraum immer wichtiger, und dies scheint der einzige Landwirtschaftstyp mit positiven Zukunftsaussichten zu sein.

1.4. Acker-Kastanienbetriebe: Am mediterran geprägten Alpensüdrand stellten die bis in etwa 900 m hinaufreichenden Kastanienkulturen traditionell ein recht großes Nutzungspotential dar, das im 18./19. Jh. zu einer sehr dichten Besiedlung des Alpenrandes führte. Mit dem Auftreten des Kastanienkrebses zu Beginn der 1950er Jahre erlosch dieses Potential innerhalb weniger Jahre. Die bisherigen Bemühungen um eine Wiederaufwertung haben zu einigen punktuellen Erfolgen, aber noch zu keinem wirklichen Durchbruch geführt.

1.5. Coltura-mista-Betriebe: Dank der sehr tiefliegenden Talböden und des günstigen Klimas reichen traditionelle mediterrane Betriebstypen (Mischanbau von Gemüse, Obst, Wein, Getreide, oft in übereinander liegenden Nutzungsstockwerken: unten Gemüse, darüber Wein im Pergolaanbau, darüber hohe Obstbäume) von Süden her bis weit in die A. hinein. Diese Betriebe halten sich heute relativ gut, allerdings haben sie ihre traditionelle Nutzungsvielfalt meist zugunsten einseitiger Spezialisierungen aufgegeben.

1.6. Wiesen-Wald-Betriebe: Traditionelle Betriebsform im kontinental geprägten Ostteil der Ostalpen, Kombination von Viehwirtschaft mit bäuerlicher Waldnutzung (v.a. Holzkohleproduktion). Heute stark zurückgegangen und durch Forstwirtschaft ersetzt.

2. Unterschiedliche Situation in den Alpenteilräumen: Derzeit (1990/91) gibt es nach den Agrarstatistiken alpenweit noch etwa 514.000 Landwirtschaftsbetriebe, davon etwa 300–350.000 Haupt- und Nebenerwerbsbetriebe. Diese verteilen sich sehr ungleich in den A.:

2.1. Ital. A.: 236.000 bzw. knapp die Hälfte aller Landwirtschaftsbetriebe der A. liegen in den ital. A. Nur in Südtirol dominieren die Wiesen-Alp-Betriebe: Hier findet sich – auch dank der starken Förderung der Landwirtschaft durch die Südtiroler Regierung – der alpenweit geringste Rückgang der Betriebszahlen, nämlich –0,6 % zwischen 1982 und 1990 (1970–90 = –4 %). Auch setzt der Strukturwandel vom traditionellen Wiesen-Alp-Betrieb zum hochspezialisierten Betrieb (reine Milchproduktion, reine Kälbermast usw.) am spätesten, nämlich Mitte bis Ende der 70er Jahre (in abgelegenen Tälern erst Anfang der 80er Jahre), ein. Alle anderen Gebiete der ital. A. sind durch Acker-Alp-Betriebe geprägt, die heute sehr schlecht dastehen (nur 4 Rinder/Betrieb, oft Pensionisten als Betriebsinhaber), aber noch sehr zahlreich sind. Ihre Zahl dürfte in Kürze drastisch zurückgehen. 6 % der Nutzfläche der ital. A. dient dem Obst- und Weinanbau. Der wirtschaftliche Ertrag dieser kleinen Flächen ist 1992 bereits halb so groß wie der aller Wiesen-, Weiden- und Almflächen der ital. A. zusammen.

2.2. Franz. A.: Hier gibt es nur 42.000 Betriebe. Bezogen auf die Fläche eine sehr geringe Zahl, die sich daraus erklärt, daß der Zusammenbruch der Acker-Alp-Betriebe 50 Jahre früher als in den ital. A. einsetzte und deshalb viel weiter fortgeschritten ist (Rückgang 1979–88 = –21 %). Die traditionelle Betriebsstruktur ist hier verschwunden, und wir finden im Norden moderne Viehwirtschaftsbetriebe mit Großviehhaltung, in den tiefen Tallagen im Gebirge hochspezialisierte Ackerbaubetriebe (19 % der Nutzfläche der franz. A. sind Ackerflächen!) und im trockenen Süden moderne, sehr extensiv wirtschaftende Kleinviehbetriebe (im Durchschnitt 800 Schafe/Betrieb).

2.3. Schweiz. A.: Die Acker-Alp-Betriebe sind bereits verschwunden (Tessin) oder gehen drastisch zurück (Wallis, Graubünden).Die derzeit 70.000 Betriebe sind v.a. Viehwirtschaftsbetriebe (Wiesen-Alp-Betriebe) mit relativ guten Strukturen im alpenweiten Vergleich (18 Rinder/Betrieb), was mit der Schweizer Agrarförderung zusammenhängt. Allerdings geht auch hier die Zahl der Betriebe kontinuierlich zurück.

2.4. Österr. A.: Nur im Oberinntal gab es früher Acker-Alp-Betriebe, ansonsten dominieren die Wiesen-Alp-Betriebe. Die 144.000 Betriebe weisen im Vergleich mit der Schweiz und Bayern eine relativ schlechte Struktur auf (nur 10 Rinder/Betrieb). Dies hängt aber mit der traditionell hohen Bedeutung eines außerlandwirtschaftlichen Einkommens (Tourismus, Industrie) zusammen, das die wirtschaftliche Lage der Bauern spürbar verbessert. Der Rückgang der Betriebe betrug zwischen 1983 und 1989 minus 1,7 %.

2.5. Bayer. A.: Die 28.000 Wiesen-Alp-Betriebe stehen im alpenweiten Vergleich mit 30 Rindern/Betrieb und 15 ha Nutzfläche/Betrieb mit Abstand an der Spitze. Trotzdem geht die Zahl der Betriebe zwischen 1979 und 1991 um 11 % zurück.

2.6. Slow. A.: Dieser Alpenraum stellt einen Sonderfall dar, weil während der sozialistischen Epoche die Landwirtschaft kollektiviert wurde, was jedoch in den A. nicht konsequent durchgeführt wurde, so daß unbeabsichtigt die traditionellen Verhältnisse der Vorkriegszeit bis 1991 erhalten blieben. Diese zeichnen sich durch sehr kleine Betriebe mit nur 4 Rindern/Betrieb aus, die im heutigen europ. Kontext kaum überlebensfähig scheinen.

2.7. Zusammenfassung: Überall in den A. geht die Landwirtschaft – mit Ausnahme der Gemüse-, Obst- und Weinbetriebe der inneralpinen Trockenzonen und der mediterran geprägten Talböden – in den letzten 20 Jahren stark zurück. Die bayer. Verhältnisse verdeutlichen, daß sich selbst die alpenweit größten Betriebe dieser Entwicklung nicht entziehen können, weil sie immer noch teurer als im Flachland produzieren. Während im Wiesen-Wald-Bereich (östliche Ostalpen) und im Acker-Alp-Bereich die Landwirtschaft bereits zusammengebrochen ist (franz. A., Tessin) bzw. derzeit zusammenbricht (ital. A., Wallis, Graubünden), sieht die Lage im Wiesen-Alp-Bereich vordergründig besser aus. Hier läuft allerdings der gleiche Prozeß nur um etwa 30 Jahre versetzt ab. Wenn sich nichts Wesentliches ändert, dann zeigen die franz. A., wie die Zukunft der Landwirtschaft in den A. aussehen wird: Sehr wenige, aber flächengroße und intensiv wirtschaftende Betriebe auf den Gunststandorten im Talbereich, sehr wenige und sehr extensiv wirtschaftende Betriebe mit sehr hohen Viehzahlen auf den Gunststandorten im eigentlichen Gebirge und zwischen ihnen riesige Brachflächen.

3. Die Konsequenzen dieser Entwicklung:

3.1. Wirtschaftliche Konsequenzen: Mit dem Zusammenbruch der Landwirtschaft, der seinerseits weitere Arbeitsplätze im 2. und 3. Wirtschaftssektor nach sich zieht, wird die endogene Wirtschaftskraft der A. deutlich geschwächt, so daß die Abhängigkeit der A. von außen (Tourismus) steigt. Weiterhin gerät dadurch die flächenhafte Infrastruktur der A. in Gefahr, die allein vom Tourismus nicht aufrecht erhalten werden kann.

3.2. Kulturelle Konsequenzen: Die Landwirtschaft war ein zentraler Pfeiler der traditionellen Identität im Alpenraum. Mit ihrem Zusammenbruch droht nicht nur ein Identitätsbruch, sondern auch die Gefahr, daß neu entstehende Identitäten keinen *konkreten* Umweltbezug zu den Verhältnissen im jeweiligen Tal mehr haben.

3.3. Ökologische Konsequenzen: Unter den heutigen Rahmenbedingungen ist der Landwirtschaft ein nachhaltiges Wirtschaften praktisch nicht mehr möglich. Die derzeit praktizierten, extensiven und intensiven Nutzungsformen sind umweltbelastend, weil beidemal die Reproduktion keinen Stellenwert besitzt. Dadurch sinkt die biologische und landschaftsökologische Vielfalt in den A. sowie die ökologische Stabilität der Kulturlandschaften. Noch sind, v.a. im Bereich der Acker-Alp-Betriebe und in Slowenien, wertvolle traditionelle Kulturlandschaften mit wichtigem ökologischen Potential vorhanden. Doch ihre Zukunft ist nicht einmal mittelfristig gesichert.

Laufkraftwerk
Bezeichnung für eine Wasserkraftanlage an einem Fluß, die elektrischen Strom durch fließendes Wasser, also kontinuierlich produziert (Grundlastenergie).

Lawinen
Schnell abgleitende oder abstürzende Schneemassen in Form von Schneebrettern (gleichzeitiger Anriß auf der gesamten Breite), ausgelöst durch eine labile Zwischenschicht im Schnee oder durch Schwimmschnee in Bodennähe (ca. 50 km/h) und Lockerschneelawinen (punktförmiger Anriß, Birnenform, bis 100 km/h). Zu letzteren gehören die Staublawinen (Bewegung des Schnees durch die Luft, bis 360 km/h) und Naßschneelawinen (Fließbewegung der gesamten Schneedecke, oft unter Einbezug der Vegetationsdecke). Die Schäden werden sowohl durch die Schneemassen als auch durch den von ihnen erzeugten Luftdruck verursacht. Lawinengebiete werden in das Anrißgebiet (steile, v.a. waldfreie Hänge mit Neigungen zwischen 25 und 50°, oft oberhalb der Waldgrenze), die Sturzbahn (oft eine Runse oder ein kleines Seitental) und das Ablagerungsgebiet gegliedert. Immer wieder werden auch Eis-, Schutt- oder Steingleitungen oder -stürze fälschlicherweise als Lawinen bezeichnet.

Lawinenverbauung
Technische Maßnahmen (hangparallele Verwehungs- und Stützbauten im Anrißgebiet, Ablenkungs- und Bremsbauten im Ablagerungsgebiet) zur Verhinderung von Lawinenabgängen.

Lawinenwinter
Bezeichnung für einen durch besonders zahlreiche Lawinenabgänge geprägten Winter. Sie waren während der kleinen Eiszeit relativ häufig und werden mit der Klimaerwärmung seit 1850 seltener, gehören aber weiterhin untrennbar zur alpinen Realität. Der letzte große Lawinenwinter der A., der weit über hundert Todesopfer forderte und zahlreiche Dörfer und Seitentäler längere Zeit von der Außenwelt abschnitt, fand 1950/51 statt, also lange Zeit vor dem Einsetzen des Wintermassentourismus. Ein solcher Lawinenwinter hätte heute sehr viel dramatischere Auswirkungen als damals.

Leitbild
Politischer bzw. raumplanerischer Fachbegriff für eine politisch umzusetzende Konzeption oder ein Programm, das z.T. unter Öffentlichkeitsbeteiligung, immer jedoch unter Einbezug verschiedener politischer Ressorts erarbeitet wird. Grundprinzipien eines Leitbildes sind erstens sehr generelle, jedoch allgemein verständliche Zielsetzungen, die zur politischen Realisierung einer Konkretisierung (Fachplanungen) bedürfen, und zweitens ein integrativer, ressortübergreifender Ansatz.

In der europ. Politik besitzen Leitbilder (mit unterschiedlichen Bezeichnungen) fast nur im Bereich der Raumentwicklung/-planung einen größeren Stellenwert, obwohl sie grundsätzlich für alle Politikbereiche und die Gesamtpolitik sinnvoll wären, weil sie eine wichtige Brücke zwischen der (oft schwer verständlichen) Fachpolitik und der Öffentlichkeit bilden.

In der Regel stellen Leitbilder die inhaltlich-normative Basis der Raumplanung dar, die dann innerhalb der jeweiligen politischen Strukturen (EU, Staat, Land, Region, Gemeinde) weiter konkretisiert und umgesetzt wird. Dabei *können* auf jeder politischen Ebene weiter differenzierte Leitbilder erarbeitet werden.

Im *Alpenraum* spielen Leitbilder auf folgenden Ebenen eine wichtige Rolle:

1. Gesamter Alpenraum: Grundsätzlich besitzt die AK die Funktion eines raumordnungspolitischen Leitbildes für die A.

Allerdings fehlt dabei ein wesentliches Element, nämlich ihre konkrete Umsetzung auf den nachgeordneten politischen Ebenen, insbesondere die Verbindung zu den staatlichen Berggebietspolitiken und zu den Raumplanungen der Bundesländer/Kantone/regioni/régions. Darüber hinaus haben die alpinen Arbeitsgemeinschaften Leitbilder für den Alpenraum erarbeitet. Das früheste, das der Arge Alp, ist 1996 aktualisiert worden.

2. *Staatliche Alpenteilräume:* Die verschiedenen Berggebietsgesetze haben einen Leitbild-Charakter (gehen aber weit darüber hinaus), ohne dabei jedoch zwischen Alpen- und außeralpinen Berggebieten zu differenzieren. Bei der Er- bzw. Überarbeitung dieser Gesetze werden zwar im Rahmen des Vernehmlassungsverfahrens politische Lobby-Gruppen verschiedenster Art einbezogen, es findet aber keine breite Diskussion mit der betroffenen Bevölkerung statt.

3. *Bundesländer/Kantone/regioni/régions:* Diese politische Ebene ist fast überall der politische Träger der Raumplanung, der Staat hat dabei oft nur eine Rahmenkompetenz. Sie erarbeitet deshalb raumordnungspolitische Leitbilder für ihr Gebiet und ist für die konkrete Umsetzung verantwortlich. Alpenweit am aktivsten versuchen die Bundesländer Tirol, Salzburg und Vorarlberg sowie Südtirol dabei der Alpenentwicklung eine bestimmte Richtung zu geben (raumplanerische Maßnahmen gegen ungezügelte Tourismus- und Siedlungsentwicklung, zur Stärkung der Berglandwirtschaft, zu umweltverträglicher Verkehrsgestaltung u.ä.), wobei sie jeweils mit unterschiedlichen rechtlichen Instrumenten arbeiten. In der Öffentlichkeit sind wohl die Moratorien zur Skipistenerschließung (5–jährige „Denkpausen“, innerhalb derer keine Neuerschließungen möglich waren) der Länder Tirol und Salzburg Ende der 80er Jahre am bekanntesten geworden. Sie wurden nach Ablauf der Frist verlängert.

4. *Berggebietsregionen:* Die von den Berggebietsgesetzen vorgeschriebenen Entwicklungspläne/-konzepte haben ebenfalls Leitbildcharakter. Teilweise sind zu ihrer Umsetzung und Konkretisierung weitere Pläne auf Regions- und Gemeindeebene notwendig (Italien), und gelegentlich geht der Erstellung bzw. Überarbeitung dieser Pläne eine öffentliche Diskussion voraus. Angesichts der politischen Bedeutung dieser Ebene wäre es jedoch wichtig, daß *jeder* dieser Pläne durch eine breite Diskussion unter allen Betroffenen politisch fundiert ist.

5. Gemeinde: Ende der 80er Jahre setzt zuerst in den schweiz., dann in den österr. A. eine Bewegung zur Erarbeitung von Gemeindeleitbildern ein. Grundlage sind zunehmende Interessensgegensätze innerhalb vieler Gemeinden (oft Tourismusgemeinden), die die Gemeindepolitik blockieren. Mit einer gründlichen Diskussion innerhalb der Gemeinde (unter Einbezug der zuvor oft ausgegrenzten alternativen Gruppen und Personen) versucht sich eine Gemeinde über ihre Perspektiven klar zu werden, um dann gemeinsame Leitlinien für die künftige Entwicklung festzulegen, die in einem Gemeindeleitbild schriftlich fixiert werden. Bei Tourismusgemeinden ist dies in der Regel mit der Definition von Ausbaugrenzen (Betten, Skilifte) und der notwendigen Balance zwischen Tourismus, anderen Wirtschaftsaktivitäten und Umweltschutz verbunden. Grundsätzlich handelt es sich bei diesem Prozeß um eine Art institutionalisierter Bürgerinitiative der gesamten Gemeinde, die häufig von Bürgerinitiativen und ähnlichen Gruppen angeregt wurde.

Derzeit ist das Bundesland Tirol bei der Ausarbeitung von Gemeindeleitbildern führend. Es gibt dort bereits eine Menge einschlägiger Erfahrungen, die alpenweite Relevanz besitzen.

Subsidiaritätsprinzip: Alle Politiker und Experten sprechen sich dafür aus, daß die AK nicht zentralistisch, sondern nach dem Prinzip der Subsidiarität umgesetzt werden solle. Das bedeutet, daß alle genannten politischen Ebenen aktiv einbezogen werden müssen – unter breiter Beteiligung der Bevölkerung. Derzeit gibt es aber lediglich ganz oben (AK) und ganz unten (Gemeindeleitbilder) eine aktive politische Dynamik in diese Richtung, während die mittlere Ebene – mit Ausnahme Tirols, Salzburgs, Vorarlbergs, Südtirols – eher von Passivität geprägt ist. Der Prozeß zur Entwicklung von Gemeindeleitbildern könnte bzw. sollte den anderen politischen Ebenen als Vorbild dienen, denn ohne ein solches Engagement auf *allen* Ebenen würde die AK eine bloße Absichtserklärung bleiben müssen.

Lesesteine

Durch Verwitterung vom anstehenden Fels im Boden abgelöstes oder durch Steinschlag oder Lawinen auf Kulturland deponiertes Gestein, das früher regelmäßig ausgelesen (wichtige Frühjahrsarbeit auf Almen, „putzen" genannt) und in unregelmäßigen Formen (Lesesteinhaufen auf Wiesen und Weiden) oder regelmäßigen

Formen (hangparallele Terrassenränder, Lesesteinreihen in Fallinie auf Äckern) deponiert wurde. Heute kaum noch praktiziert, aber im Landschaftsbild oft noch sichtbar.

Liberalisierung
Politischer Begriff, der eine weitestgehende Regelung und Lösung aller Probleme über den Markt bezeichnet, wobei sich der Staat mit direkten Eingriffen sehr stark zurückhält. Von den sieben Staaten mit Alpenanteil ist die Schweiz mit Abstand der liberalste Staat, aber auch hier interveniert er stark zu Gunsten des Berggebietes. In einer Zeit, in der die Liberalisierung europa- und weltweit eine große Konjunktur hat, ist es erstaunlich, daß in der Öffentlichkeit die staatlichen Leistungen für die A. wenig in Frage gestellt werden und daß sich selbst die EU hier für ausgleichende Maßnahmen ausspricht (in EUROPA 2000): Man weiß, daß die verschiedenen Maßnahmen der Berggebietsförderung unter dem Strich erhebliche Kosten sparen und unerwünschte Entwicklungen bremsen, so daß ihre Liberalisierung kontraproduktive Auswirkungen hätte.

Liechtenstein
Autonomes Fürstentum mit 28.877 Einwohnern (1991) und einer Fläche von 160 km^2, Hauptort Vaduz. Der Siedlungs- und Wirtschaftsraum liegt fast ausschließlich in der breiten Rheinebene und auf den direkt angrenzenden Hangflächen; der zum Rätikon gehörende Gebirgsteil (höchster Gipfel: Grauspitz, 2599 m) umfaßt zwar etwa die Hälfte der Landesfläche, ist aber wirtschaftlich unbedeutend (Malbun als einziger Tourismusort mit nur 400 Betten). Die Wirtschaft ist sehr stark von der Textil- und metallverarbeitenden Industrie sowie vom Banken- und Finanzsektor (Standortgunst durch Steuervorteile) geprägt. Obwohl Liechtenstein als einziger Staat *vollständig* in den A. liegt, hat er in wirtschaftlicher und demographischer Hinsicht fast nichts mit den A. zu tun, sondern ist sehr stark auf die europ. Zentren bezogen.

Lokalverkehr
Verkehr innerhalb einer Alpengemeinde/-region zwischen Wohnhaus und Arbeitsstätte/Infrastruktureinrichtung, meist auf Erschließungs-, Güter-, Forst- oder Almstraßen. Der Bau dieser Wege war lange Zeit eine zentrale Aufgabe der Berggebietsförde-

rung, um die Benachteiligung der Berggebiete zu mindern. Diese Anstrengungen setzten ab 1955 ein, erreichten in den 70/80er Jahren ihren Höhepunkt und flachten in den 90er Jahren wieder ab.

Einerseits sind Straßen notwendig, um die früher sehr ausgeprägte Isolation im Streusiedlungsbereich im Winter und auf den Almen im Sommer zu verringern und die anfallenden Arbeiten zu erleichtern. Andererseits wurden sie lange Zeit nicht nach ökologischen Gesichtspunkten angelegt; heute oft von zahllosen Ausflüglern zweckentfremdet, stellen sie sogar eine zusätzliche ökologische Belastung dar.

Außerdem herrscht seit 1955 das Dogma, Verkehrserschließung sei mit Straßenbau identisch. Im alpinen Steilrelief sind Straßen jedoch extrem aufwendig, weil sie zahlreiche Kehren benötigen und somit lang, teuer und landschaftsbelastend werden. Viele Almen, Weiler und Einzelhöfe könnten dagegen mit einer Seilbahn vergleichweise einfach, billig und landschaftsschonend erschlossen werden. In der Schweiz wurden zwischen 1942 und 1960 zahlreiche Seilbahnen anstelle von Straßen gebaut, bis sich auch hier das Dogma der Straße durchsetzte. Eine umweltverträglichere Gestaltung des Lokalverkehrs müßte bei diesen Erfahrungen ansetzen.

Luv-Lee-Lage

Luv-Lage bezeichnet in den A. einen Hang, der den feuchten, von außerhalb der A. kommenden Winden ausgesetzt und daher niederschlagsreich ist. Lee-Hänge liegen im Windschatten und sind relativ trocken. Dort, wo die Luv-Hänge die nordexponierten Hänge sind, wie am nördlichen Alpenrand und in Teilen der Südwestalpen, ist der Gegensatz zwischen feuchten nordexponierten und trockenen südexponierten Hängen besonders stark ausgeprägt, weil die Trockenheit der Leehänge durch die Sonneneinstrahlung und die Feuchtigkeit der Luvhänge durch die schattige Lage noch verstärkt werden. Daraus erwachsen markante Unterschiede in der standortgemäßen Vegetation und in der traditionellen Nutzung.

Magerwiese – Fettwiese

1. biologisch: Bezeichnung für einen nährstoffarmen bzw. -reichen Standort. Fette Standorte entstehen oft durch einen Nährstoffeintrag durch Wasser (Flußauen, Mulden, Hangfüße).

2. landwirtschaftlich: ungedüngte bzw. gedüngte Wiesen. Magerwiesen sind in der Regel viel artenreicher als Fettwiesen.

Mahdalm
Irreführender Begriff für Flächen in der alpinen Höhenstufe, die nicht beweidet (= Alm), sondern gemäht (= Bergmähder) werden. In Tälern, in denen im Dauersiedlungsraum neben Äckern kaum Platz für Wiesen war, waren die besten Flächen im Almbereich für die Bergmähder reserviert, um genügend Winterfutter beizubringen. Als größtes Bergmähdergebiet der A. gilt die Seiser Alm in Südtirol.

Marterl
Grab- und Gedenksprüche auf Holzkreuzen am Wegesrand, nur in den Ostalpen üblich. Oft an markanten Geländepunkten und an Weggabelungen (als Kreuzwegstation, Flur- und Feldschutz) oder an Unfallstätten (als Gedenkstätte). Sie dienen der privaten Andacht und dem öffentlichen Gottesdienst und erinnern an Notzeiten und persönliche Schicksale. Während die Inschriften und Gedenksprüche traditionell ernsthafter Natur waren, entwickelten sie sich unter dem Einfluß des Tourismus zu derb-komischen und unbeholfenen Sprüchen. Ursache war das touristische Bild des kauzigen, urigen Älplers, dem die Sprüche allmählich angepaßt wurden, wobei einige der frühen Marterlsammler und Volkskundler diesen Prozeß aktiv mitvorantrieben.

Im Süden und Südwesten der A. gibt es an Stelle der Holzkreuze oft auch kleine Steingebäude mit einer Öffnung (Bildstock, ital.: pilone), in dem ein Votivbild, ein kleines Kreuz o.ä. deponiert ist. Hier finden sich ebenfalls Gedenk- und Danksprüche, aber es gibt dabei keine Entwicklung wie in den Ostalpen.

Massenlager
Schweizerdt. Ausdruck für einfache Gruppenunterkünfte im Dauersiedlungsraum, in den Ostalpen auch Talhütten genannt. In den schweiz. A. sehr häufig.

Matze oder Mazze
Walliser Ausdruck für einen nagelbeschlagenen Holzapfel, der vom Mittelalter bis heute im Oberwallis als Symbol des Aufstandes der Bauern gegen eine übermütig gewordene Obrigkeit dient.

Maut

Österr. Ausdruck für eine Straßenbenutzungsgebühr für eine Berg- oder Paßstraße in den A.; später auch auf Autobahngebühren ausgeweitet.

Mediennetzwerk Alpen

Vom Journalisten WILFRIED RICHTER in Zürich im Jahr 1994 aufgebauter und alpenweit ausgerichteter Presse- und Informationsdienst, der erstmals Nachrichten aus dem gesamten Alpenraum zusammenträgt und einer größeren Öffentlichkeit via wöchentlichem Fax-Rundbrief und Teletext („Bergblick" auf 3-SAT-Teletext Seite 128) zugänglich macht. Thematischer Schwerpunkt sind die Berichterstattung über die aktuellen Entwicklungen bei der AK (beste, schnellste und umfangreichste Quelle dafür), die Alpen-Agenda mit den jeweils aktuellen alpenweiten Veranstaltungen und Terminen und Kurzberichte zur Politik, Kultur, Wirtschaft, Umwelt.

Mittelgebirge

1. Gebirge mittlerer Höhe wie Harz, Schwäbische Alb, Spessart. Obwohl erhebliche Teile der A. (v.a. der Ostteil der Ostalpen) Mittelgebirgscharakter besitzen, gelten diese als Hochgebirge.

2. Mittlere Höhenstufe in den A. Diese Bezeichnung ist v.a. in F (moyenne montagne) und I (media montagna) verbreitet und spielt hier eine wichtige Rolle zur Bezeichnung derjenigen Gebiete, die zu hoch für Landwirtschaft und zu niedrig für Skisport liegen und deshalb besonders benachteiligt sind.

3. Tiroler Ausdruck für die eiszeitlichen Innterrassen, die etwa 100–200 m über der Talsohle liegen.

Monaco

Autonomes Fürstentum an der Côte d'Azur in den Seealpen mit 30.000 Einwohnern und einer Fläche von 1,9 km² (3 km langer Küstenstreifen mit einer Breite von 200–500 m, der durch Aufschüttungen bereits um 0,3 km² vergrößert wurde. Die Wirtschaft basiert auf Tourismus (2300 Hotelbetten), 40 Banken und Finanzinstitutionen (Steuervorteile), Immobilien und Spielcasino. Monaco hat im Dezember 1994 die AK als achter Staat unterschrieben, so daß das Fürstentum im politischen Sinne zu den A. gezählt werden kann.

Montes horribiles
Wörtlich: die furchterregenden Berge. Häufige Bezeichnung der A. im Mittelalter und in der frühen Neuzeit.

Moräne
Aus dem Franz. stammender Begriff für den vom Gletscher mitgeführten und abgelagerten Gesteinsschutt, der als Grundmoräne (am Untergrund des Gletschers), als Seiten- oder Endmoräne abgelagert wird. Beim Zusammenfluß von zwei Gletschern entstehen Mittelmoränen. An den End- und Seiten-Moränen in den Alpen und im Alpenvorland können frühere Gletscherhochstände abgelesen werden.

Mosaik-Zyklus-Theorie
Biologische Theorie, die verneint, daß natürliche Vegetationsgesellschaften großflächig und einheitlich ihr Klimax-Stadium erreichen und dann stabil bleiben, sondern die davon ausgeht, daß kleinräumig (mosaikförmig) stets zyklische Sukzessionsprozesse ablaufen. Ein Wald z.B. verjüngt sich nicht dadurch, daß im Schutz hoher Bäume junge Bäume einzeln nachwachsen, sondern indem größere Baumgruppen gemeinsam aufwachsen und absterben, so daß er stets aus kleineren Teilfächen der verschiedenen Sukzessionsphasen besteht (waldfreie Flächen, Jungwuchs, mittelalte, alte, überalterte Bestände). Empirisch kann dies kaum überprüft werden, weil es in den A. keine hhinreichend großen natürlichen Wälder mehr gibt.

Diese Theorie besitzt für die A. erhebliche Bedeutung, weil der natürliche Wald nicht mehr per se ökologisch stabil wäre, sondern auf Teilflächen immer wieder zusammenbräche, was zum partiellen Verlust seiner Schutzwirkung führen könnte. Einer angepaßten Forstwirtschaft mit Einzelstammentnahme käme dann eine besondere Bedeutung zu.

Mountain blight
Internationaler wissenschaftlicher Ausdruck für die völlige Entvölkerung eines Alpentales/-region.

Mure
Schnell fließender Schlamm- und Gesteinsstrom aus Wasser, Erdreich und Gestein, der meist Totholz und Bäume mit sich führt.

Zur Entstehung einer Mure – meist in Bachbetten – sind einerseits „murfähiges“ Material (Lockermaterial, das vom Wasser abtransportiert werden kann), andererseits hohe Niederschläge Voraussetzung, wobei die auslösende Ursache oft eine Verklausung oder ein Felssturz ist. Im Ablagerungsgebiet, dem Schwemmkegel bzw. der Talaue des Haupttales, werden die mitgeführten Materialien oft meterhoch deponiert.

Mur-Mürz-Furche

Geographische Bezeichnung für die 200 km lange Längstalfurche in den östlichen Ostalpen, die sich zwischen Lungau und Semmeringpaß erstreckt und nach den beiden Flüssen Mur und Mürz benannt ist. Als Teilgebiet der Eisenwurzen entwickelte sich hier wegen der lokalen Kohle- und Erzfunde schon früh eine Kleineisenindustrie, die im 19. Jh. zu einem der bedeutendsten Schwerindustriegebiete Habsburgs ausgebaut wurde. Der österr. Staat, der die Betriebe 1955 verstaatlicht hatte, stützte diesen inzwischen sehr peripheren Industriestandort aus sozialpolitischen Gründen bis 1989. Seitdem setzt eine Umstrukturierung und Deindustrialisierung ein, die mit Abwanderung von Teilen der Bevölkerung verbunden ist. Es ist derzeit unklar, wie die Zukunft dieses größten alpinen Industriegebietes aussehen wird.

Mythos Alpen

Während es festgeprägte Selbstbilder der A. nicht gibt, weil ein überregionales Alpen-Bewußtsein fehlt, gibt es ausgeprägte Fremdbilder der A., die in der europ. Kulturgeschichte eine wichtige Rolle spielen. Sie haben sich so stark verdichtet und sind so allgemein geworden, daß man dabei von Alpen-Mythen sprechen kann. Ihr gemeinsames Merkmal besteht darin, daß sie die alpine Realität sehr verzerrt wiedergeben und umso stärker ausgebildet sind, je weiter man sich von den A. entfernt.

1. Europäische Alpen-Mythen:

1.1. Die A. als „montes horribiles“: Das Bild der A. als furchterregender, schrecklicher Region wird bereits von römischen Schriftstellern entworfen und prägt die gesamte europ. Alpenwahrnehmung bis zum Jahr 1760. Die A. werden als lebensfeindliche, bedrohliche Welt gesehen, die man möglichst schnell überquert. Daß hier Menschen leben, wird ausgeblendet, oder die Menschen werden als tierähnliche Barbaren mit niedrigster Kultur beschrieben.

1.2. Das romantische Alpenbild: Vor dem Hintergrund der Industrialisierung und des Sieges der Technik über die Natur wandeln sich die schrecklichen Berge zu schönen, ästhetisch interessanten und anregenden Bergen. F. Petrarca, J. Simler, J. J. Scheuchzer, A. v. Haller u.a. bereiten diesen Wandel gedanklich vor. Mit dem Roman „La nouvelle Heloïse" (1761) von J. J. Rousseau erreicht dieses neue Alpenbild eine große Verbreitung. Die A. werden dabei als Inbegriff der schönen Natur (daß sie Kulturlandschaft sind, wird nicht erkannt) und ihre Bewohner als „glückliche Wilde" gesehen, die ein einfaches, nicht entfremdetes Leben in Einklang mit der Natur führen (später wird dieses Bild auf Südseebewohner und andere exotische Menschengruppen übertragen). Damit entwirft die städtische Industriegesellschaft ein ländlich-idyllisches Gegenbild zu sich selbst. Ernst Bloch bemerkt zu Recht, daß die Zerstörung von Natur im industriellen Produktionsprozeß und ihre Ästhetisierung und Verklärung zur Idylle die zwei zusammengehörenden Seiten derselben Medaille sind. Die frühen Alpenpioniere zwischen 1760 und 1850 prägen nicht nur ganz allgemein das romantische Alpenbild, sondern sie bereiten auch sehr konkret die „richtigen" Sichtweisen auf die Berge vor (Auswahl bestimmter Orte, Aussichtspunkte, Perspektiven, Wege), damit der romantische Eindruck entsteht. Dies prägt die gesamte touristische Wahrnehmung der A. bis etwa 1980 und ist sogar heute noch existent.

Dieses romantische Alpenbild ist die zentrale geistig-kulturelle Basis des Tourismus im 19./20. Jh.

1.3. Die Vielfalt der Alpenbilder in der Postmoderne: Etwa um das Jahr 1980 verliert das romantische Alpenbild seine Überzeugungskraft: Konkrete Umweltprobleme wie Massentourismus, Transitverkehr und Waldsterben lassen die Idylle ins Gegenteil umkippen, wobei viele Anklänge an das alte Alpenbild wieder aktiviert werden. Gleichzeitig ändert sich die touristische Umweltwahrnehmung: Vor dem Hintergrund immer hochspezialisierterer Freizeitaktivitäten werden Landschaften nicht mehr in ihrer Gesamtheit, sondern selektiv in ihrer Eignung zum Paragliding, Mountainbiking, Riverrafting usw. wahrgenommen, also als spezielles Sportgerät. Darüber hinaus produzieren jetzt zahlreiche Lobbygruppen (Wasserwirtschaft, Landwirtschaft, Forstwirtschaft, Naturschutz, Politik usw.) öffentlichkeitswirksam jeweils ihre eigenen Alpenbilder, so daß eine Vielfalt entsteht, die die

Gemeinsamkeit besitzt, daß die A. etwas Besonderes, Unvergleichliches in Europa sind. Dieser Wandel hängt mit der Transformation der Industrie- zur Dienstleistungsgesellschaft zusammen: Das gemeinsame Bedürfnis einer idyllischen Gegenwelt zerfällt in der Unübersichtlichkeit der Postmoderne, deren heterogene Interessen keine Bündelung in gemeinsamen Bildern mehr erfahren.

2. *Staatliche Alpen-Mythen:* Neben dieser europ. Dimension gibt es noch besondere Alpen-Mythen in einzelnen Staaten. Überall entwickeln sich aufgrund unterschiedlicher Geschichte und Tradition jeweils besondere Alpenbilder. Sie verdichten sich aber nur in der Schweiz und in Österreich zu eigenständigen Alpen-Mythen, weil hier die A. im Rahmen der staatlichen Identität eine besonders große Rolle spielen.

2.1. *Schweiz:* Der Gründungsmythos der Schweiz (Rütlischwur 1291: er enthält historische Elemente, die ideologisch wichtigen Bestandteile sind aber Legende) hängt zwar eng mit den A. zusammen, ist aber noch kein Alpen-Mythos, weil er sich nicht auf „die" A., sondern nur auf die Inner- oder Urschweiz bezieht. Mit der Herausbildung der europ. Industriegesellschaft und der Transformation der Schweiz vom Staatenbund zum Bundesstaat (1848) muß eine neue staatliche Identität (gerade auch *gegen* die europ. *National*staaten) aufgebaut werden. Zu diesem Zweck wird der Gründungsmythos generalisiert, d.h. auf die gesamten Schweizer A. ausgeweitet und durch Hirtentraditionen und Elemente des romantischen Alpenbildes (freie Bergbauern = Urdemokratie) bereichert. Während der nationalsozialistischen Bedrohung wird dieser Mythos zum Gotthard-Mythos verdichtet. Nach 1945 nimmt seine Bedeutung ab, prägt aber noch heute wichtige Aspekte der Schweizer Politik. Das mit diesem Mythos untrennbar verbundene Gefühl einer Sonderentwicklung dürfte ein wesentlicher Grund dafür sein, daß sich die Schweiz heute mit allen Formen internationaler Zusammenarbeit – vom UN- und EU-Beitritt bis hin zur AK – so schwer tut.

2.2. *Österreich:* Gewisse Alpen-Mythen gibt es zwar in Tirol, nicht jedoch im Habsburger Reich. Sie spielen auf der staatlichen Ebene bis 1919 keinerlei Rolle und werden erst wichtig, als das neue kleine Österreich eine eigene Identität aufbauen muß. Erste, bald wieder abgebrochene bzw. unterdrückte Ansätze finden sich in den 30er Jahren, der Aufbau des Alpen-Mythos findet in den

50er Jahren statt. Da alle österr. Bundesländer Anteil an den A. haben, liegt es nahe, die A. als einigendes Element des neuen Österreich anzusetzen (Bundeshymne: „Land der Berge"). Die mangelnde Identifikation der Bewohner mit ihrem Staat wird erfolgreich mit Anleihen am romantischen Alpenbild – als „schönes" Österreich – hergestellt. Mittels technischer Großprojekte von nationaler Bedeutung (Großglockner-Hochalpenstraße, Speicherkraftwerke Kaprun, beide in den Hohen Tauern) und einer stark ideologisierten Aufwertung neuer Seilbahnen im Hochgebirge (Seilbahnfahren als neues Alpenerlebnis) wird das konservativ-rückschrittliche Alpenbild modernisiert und als „heile Welt" mit gelungener Synthese von Tradition und Fortschritt dargestellt.

Nachhaltig

Begriff, der seit der Rio-Konferenz über Umwelt und Entwicklung 1992 weltweit bekannt geworden ist. Er stammt ursprünglich aus der Forstwirtschaft der A. des 18. Jh. (i.S. nur soviel Holz zu schlagen, wie jährlich nachwächst), wurde von der Brundtland-Kommission der UN 1987 als Leitidee für das gesamte globale Wirtschaften entwickelt (nachhaltiges Wirtschaften) und auf der Rio-Konferenz auf alle Lebensbereiche ausgeweitet (nachhaltiges Verhalten und Leben).

Die Brundtland-Kommission definierte nachhaltiges Wirtschaften derart, daß die Bedürfnisse der heutigen Generation befriedigt werden, ohne die Möglichkeiten künftiger Generationen zu vermindern. Diese allgemeine Formel wurde seitdem mit unzähligen Auslegungen zu konkretisieren versucht. Dabei gibt es bei allen Differenzen im Detail zwei zentrale Gemeinsamkeiten:

1. „Nachhaltig" stellt ein neues Umweltschutzverständnis dar: Der Schutz der Natur läßt sich nicht durch den Rückzug des Menschen aus der Natur gewährleisten (hier Naturschutzgebiete ohne menschliche Nutzung, dort Wirtschaftsräume ohne Naturschutzauflagen), sondern durch ein der Umwelt angepaßtes Wirtschaften auf *allen* Flächen.

2. Nachhaltig muß die drei Teilbereiche der ökonomischen, ökologischen und gesellschaftlichen (oder kulturellen) Nachhaltigkeit umfassen:

2a: Ökonomisch: Ohne eine ausreichende ökonomische Existenzgrundlage wandern die Menschen einer Region ab, so daß nachhaltige Nutzungsformen zusammenbrechen (in den A. in den Entsiedlungsregionen gut sichtbar).

2b: Ökologische Nachhaltigkeit: Ausrichtung der Naturnutzung an der ökologischen Stabilität und der ökologischen Vielfalt der vom Menschen genutzten Ökosysteme (Kulturlandschaften).

2c: Gesellschaftliche Nachhaltigkeit: Nutzungssysteme, die zwar ökologisch nachhaltig, sozial jedoch ungerecht sind und bestimmte gesellschaftliche Gruppen eindeutig benachteiligen, sind nicht dauerhaft aufrechtzuerhalten. Soziale Gerechtigkeit, gemeinsame Umweltverantwortung aller Betroffenen und politische Gleichberechtigung sind zentrale Elemente der gesellschaftlichen Nachhaltigkeit.

Nachhaltige Gebirgsentwicklung: Weil Gebirgsräume ökologisch besonders sensible Regionen sind, von deren Ressourcen ein erheblicher Teil der Menschen direkt oder indirekt abhängig ist (v.a. Wasser), wurde auf der Rio-Konferenz im Rahmen der „Agenda 21“ (= weltweit prioritäre Umsetzungsschritte zur Realisierung einer nachhaltigen Entwicklung) ein Gebirgskapitel (Kapitel 13) erarbeitet mit dem Titel: Managing Fragile Ecosystems – Sustainable Mountain Development“. Darin werden Leitlinien einer nachhaltigen Bodennutzung, Wirtschafts- und Gesellschaftsentwicklung skizziert, die auf dem traditionellen lokalen Erfahrungswissen aufbauend moderne, angepaßte Nutzungsformen fordern, wobei großer Wert darauf gelegt wird, daß diese Entwicklung von den Betroffenen selbst und nicht von Fremden bestimmt wird.

Obwohl in der AK das Wort nachhaltig nicht vorkommt, ist sie dem Gebirgskapitel der Agenda 21 inhaltlich verpflichtet. Sie stellt insofern eine erste Konkretisierung dar, die für andere Gebirge zum Vorbild werden könnte.

Nachhaltige Entwicklung
Im Unterschied zum nachhaltigen Wirtschaften, das sich auf die direkte Nutzung und die damit verbundenen Veränderungen der Natur bezieht, wird hier unter Nachhaltiger Entwicklung eine entsprechende Ausgestaltung der Rahmenbedingungen für die Entwicklung von Wirtschaft und Gesellschaft verstanden.

Das Wirtschaften kann in den A. *nicht* nachhaltig gestaltet werden, wenn die europäische Entwicklung so weitergeht wie bisher, wenn die Verstädterung (in Form der Sub- und Periurbanisierung) weiter zunimmt und der ländliche Raum entweder verödet (Entsiedlungsregionen) oder monostrukturell bestimmte städtische Aufgaben erfüllen muß (Tourismus-, Wasserkraft-, Trinkwasser-, Transit-, Deponieregionen). Die ökonomischen, ökologischen und gesellschaftlichen Gegensätze zwischen verstädterten Wachstums- und menschenleeren Entsiedlungsregionen sowie die Probleme einseitig monostrukturierter Regionen werden dann so groß, daß sie nicht mehr auf nachhaltige Weise zu bewältigen sind.

Aber auch das Gegenteil, eine radikale Abschottung der A. vom übrigen Europa und der Aufbau einer alpinen Autarkiewirtschaft, kann nicht nachhaltig sein: Die A. sind auf vielfältige Weise ökonomisch und kulturell mit Europa verflochten. Ohne Tourismus, Wasserkraft, Transitverkehr und staatliche Transferzahlungen könnten heute nicht 11 Mio., sondern nur etwa 6 Mio. Menschen in den Alpen leben. Der kulturelle Austausch mit Europa bedeutet für die A. nicht nur Überfremdung, sondern auch kulturelle Bereicherung.

Weder die Globalisierung von Wirtschaft und Gesellschaft, noch die Autarkie bzw. Abschottung können eine nachhaltige Entwicklung ermöglichen, sondern dazu bedarf es des Konzeptes der „ausgewogenen Doppelnutzung“: Die A. können nur dann die außeralpinen Interessen an den A. (Erholung, Wasserkraft, Trinkwasser, Transitverkehr) dauerhaft erfüllen, wenn ihre eigene Wirtschaftsbasis (Landwirtschaft, Forstwirtschaft, Handwerk, Industrie, Dienstleistungen) nachhaltig ausgestaltet und insgesamt deutlich gestärkt wird, um die Dominanz von außen zu reduzieren und extern verursachte Monostrukturen abzubauen. Erst dann ist es möglich, daß die außeralpin bestimmten Wirtschaftsaktivitäten diejenigen der Einheimischen unterstützen und stärken, anstatt wie heute in Konkurrenz mit ihnen zu treten (= ausgewogene Doppelnutzung der A. durch einheimische *und* außeralpine Wirtschaftskräfte). Dies setzt jedoch voraus, daß bei Nutzungskonflikten einheimische Interessen den Vorrang vor den außeralpinen erhalten und daß der Alpenraum in Europa, d.h. nach außen hin, einheitlich auftritt.

Da die wirtschaftliche Wertschöpfung in den A. grundsätzlich geringer als in den europ. Zentren ist, diese jedoch heute gratis von vielen ökologischen Leistungen des Alpenraumes profitieren, und weil die A. nicht zum Subventionsgebiet der EU werden sollen (daraus erwachsende politische Konflikte wären nicht nachhaltig), müssen die Preise der Leistungen der A. für Europa (Tourismus, Wasserkraft, Trinkwasser, Transitverkehr) so erhöht werden, daß damit eine nachhaltige Land- und Forstwirtschaft sowie nachhaltige Wirtschaftsimpulse in strukturschwachen Alpenregionen gewährleistet werden können. Diese Leitidee einer nachhaltigen Alpenentwicklung basiert auf der Erkenntnis, daß die Kulturlandschaft – Grundlage allen Lebens und Wirtschaftens in den A. – einer flächenhaften ökologischen Stabilisierung bedarf, und daß dies effizient nur von der Land- und Forstwirtschaft, nicht von abgelösten Naturschutzmaßnahmen erfüllt werden kann. Der Reproduktionsaufwand ist geringer, wenn er in enger Verbindung mit land- und forstwirtschaftlicher Produktion geleistet wird, als wenn er als isolierte Tätigkeit anfällt. Eine nachhaltig ausgerichtete, dezentral-flächenhafte Land- und Forstwirtschaft ist also die ökologische Basis für die nachhaltige Ausgestaltung aller übrigen Wirtschaftsaktivitäten (lokal wie außeralpin initiierter), und ihr kommt daher ein zentraler Stellenwert zu. Auf solcher Grundlage kann dann mit gezielter regionalwirtschaftlicher Vernetzung (Landwirtschaft-Tourismus, Forstwirtschaft-Handwerk usw.) die Wertschöpfung erhöht und ökologische Belastungen (v.a. durch den Verkehr) gesenkt werden.

Die Realisierung der „Leitidee der ausgewogenen Doppelnutzung" setzt *innerhalb* des Alpenraumes voraus, daß traditionelles Kirchturmdenken auf den verschiedenen politischen Ebenen abgebaut wird und daß alle Regionen die gleiche Zielrichtung verfolgen. Angesichts der großen Unterschiede in den A. besitzen die vier Regionstypen dabei sehr unterschiedliche Probleme und Möglichkeiten, so daß eine nachhaltige Gesamtentwicklung nur zu realisieren ist, wenn sie je nach Regionstyp spezifisch konkretisiert wird.

Europäische Ebene: Nachhaltige Entwicklung ist in den A. nur möglich, wenn sich Europa insgesamt in die gleiche Richtung entwickelt, denn beide sind so eng miteinander verflochten, daß eine isolierte Entwicklung nicht realistisch ist. Es wird in politischen Sonntagsreden zwar sehr oft von einem „Europa der Regionen" gesprochen, aber dies bleibt immer merkwürdig blaß und abstrakt. Am Beispiel der A. wird jedoch heute schon sichtbar, wie solche europ. Großregionen konkret aussehen könnten. Die Erarbeitung der AK zeigt sogar, wie die politischen Umsetzungsschritte ablaufen könnten. Die A. waren in den letzten beiden

Jahrzehnten ein europaweites Beispiel dafür, daß die herkömmlichen Formen des Tourismus und des Transitverkehrs wegen ihrer negativen Folgen für Mensch und Umwelt keine Zukunft haben. Jetzt könnte ihre neue Aufgabe darin bestehen, Europa deutlich zu machen, daß eine nachhaltige europ. Entwicklung nur mit einem Europa der Regionen nach Art der Alpenkonvention möglich ist. Nur dann haben die Alpenregionen die reelle Chance, ihre Entwicklung nachhaltig zu gestalten.

Nachhaltiges Wirtschaften
Beim Wirtschaften geht es in Land-/Forstwirtschaft um direkte, in den anderen Wirtschaftsbereichen um indirekte oder vermittelte Naturnutzung. *Jede* Nutzung der Natur durch den Menschen verändert aber seit dem Neolithikum (Erfindung von Ackerbau und Viehwirtschaft) die vorgefundene Natur zu menschlich geprägten Kulturlandschaften. Diese sind als künstliche Ökosystem aus sich heraus ökologisch instabil und müssen vom Menschen aus (Über)Lebensinteresse laufend stabilisiert werden. Kernproblem des nachhaltigen Wirtschaftens: Eine dauerhafte, langfristige Naturnutzung ist nur dann möglich, wenn der Mensch neben der Produktion auch die Reproduktion (die ökologische Stabilisierung der Kulturlandschaft) berücksichtigt. Diese Erkenntnis gilt zwar weltweit, wird in den A. aber besonders anschaulich deutlich.

Das traditionelle Erfahrungswissen zur nachhaltigen Naturnutzung im Alpenraum läßt sich in vier Punkte zusammenfassen:

1. Nicht jede Waldfläche in den A. kann gerodet und genutzt werden – der Mensch muß Nutzungsgrenzen anerkennen (z.B. Bannwälder), will er nicht lebensgefährliche Prozesse auslösen.
2. Die Nutzung muß sich an die kleinräumigen Strukturen des Naturraums anpassen und die naturräumlichen Einheiten unterschiedlich nutzen.
3. Dem richtigen Maß der Nutzung kommt eine Schlüsselrolle zu: Eine zu intensive Nutzung schafft ökologische Probleme durch Übernutzung (keine Regeneration der Vegetationsdecke), eine zu extensive Nutzung schafft ökologische Probleme durch das Auslösen von Sukzessionsprozessen. Nur beim richtigen Maß zwischen Über- und Unternutzung kann sich die Vegetationsdekke gut regenerieren.
4. Zusätzlich ist eine große Menge an Pflege- und Reparaturarbeiten (reproduktive Arbeiten) notwendig, die besonders labile

Bereiche der Kulturlandschaft stabilisieren und die sprunghafte Dynamik vieler Naturprozesse dämpfen.

Auch im Agrarzeitalter war nachhaltiges Wirtschaften arbeitsaufwendiger als kurzfristig ausgerichtetes Wirtschaften (Raubbauwirtschaft), das die Produktion absolut setzt und die Reproduktion vernachlässigt. In den A. wurde dies bereits im Mittelalter am Beispiel des Lehnviehs auf den Almen diskutiert: Es wäre für den Einzelnen kurzfristig profitabel gewesen, fremdes Vieh gegen Bezahlung zusätzlich auf die gemeinschaftliche Alm zu geben, hätte aber mittelfristig zur Degradation der Alm geführt. Deshalb wurden auf allen Gemeinschafts- und Genossenschaftsalmen seit dem Mittelalter teilweise sehr detaillierte Nutzungsvorschriften (gegen Über- *und* Unternutzung) schriftlich festgelegt (Alpsatzungen, -briefe) und kontrolliert.

Nachhaltiges Wirtschaften wurde im Agrarzeitalter dadurch erleichtert, daß der Einzelne selten egoistisch handelte, sondern in einem größeren Kontext lebte und dachte: Im Altsiedelraum war dies die Familie, im Jungsiedelraum der Hof, deren Zukunft in der Gegenwart gesichert werden mußte. Als Kontrollinstanz spielte im Altsiedelraum die Kommune (Gemeinde) die zentrale Rolle, die darauf achtete, daß sich keine Familie zu Lasten der anderen und zu Lasten kommender Generationen ungerechtfertigt bereicherte. Im Jungsiedelraum nahm anfangs der Grundherr, später der Hofbesitzer diese Instanz ein. Nachhaltiges Wirtschaften braucht also eine kulturelle Verankerung, die egoistische Verhaltensweisen einschränkt und notfalls sanktioniert.

Probleme mit dem nachhaltigen Wirtschaften gab es in folgenden Situationen:

1. In allen Phasen der Neubesiedlung und der erstmaligen Nutzung: Solange man die konkreten Verhältnisse noch nicht kannte, konnte man nicht nachhaltig wirtschaften und verursachte erhebliche Umweltprobleme (Bodenerosion, Lawinen, Muren usw.).
2. In Phasen, in denen bäuerliche Gesellschaften ihre Nutzungsprinzipien nicht realisieren konnten, weil übergeordnete politische oder militärische Interessen dies verhinderten (Interessen absolutistischer Staaten, Kriege u.ä.).
3. In Phasen, in denen die Interessen bäuerlicher Gesellschaften durch überregionale Wirtschaftsinteressen (Bergbau, Erzverarbeitung, Salinen) überfahren wurden (während der Protoindustrialisierung häufig, während der Industrialisierung dominant).

Heutige Situation: Die Erfahrungen der Agrargesellschaften in den A. mit nachhaltigem Wirtschaften sind heute noch gültig, wie sich am Beispiel der Skipisten zeigen läßt: Eine Skipiste ist weder immer und überall eine Umweltzerstörung, noch läßt sie sich immer und überall umweltverträglich anlegen. Sie ist nur dann nachhaltig, wenn die vier o.g. Punkte berücksichtigt werden: 1. Akzeptieren von Grenzen für die Anlage von Skipisten (zu steile Hänge u.ä.), 2. kleinräumiges Einpassen einer Skipiste ins vorhandene Relief, 3. das richtige Maß der Pistennutzung finden (keine Übernutzung, Mindestschneehöhe festlegen und Liftbetrieb entsprechend beschränken), 4. Pflege- und Reparaturarbeiten im Sommer.

Das zentrale Problem besteht aber heute darin, daß die Industriegesellschaft prinzipiell die Produktion absolut setzt und die Reproduktion (als Kostenfaktor) negiert, so daß die wichtigen Erfahrungen nachhaltigen Wirtschaftens in den A. übergangen oder verdrängt werden bzw. als nicht-konkurrenzfähige Produktionsformen zerstört werden. Die zahlreichen Ansätze zum Neuaufbau nachhaltiger Wirtschaftsformen, die es inzwischen vielerorts in den A. gibt, kopieren jedoch nicht die Vergangenheit, sondern versuchen den traditionellen Erfahrungen in völlig neuen Formen eine Zukunft zu geben. Damit dies über den Kreis von Einzelinitiativen hinauswächst, braucht es jedoch – wie in der Vergangenheit – eine gemeinsame kulturelle Verankerung, nämlich die gemeinsame Verantwortung eines Alpentales, einer Alpenregion bzw. der gesamten A. für die Umwelt und für die Zukunft des eigenen Lebens- und Wirtschaftsraumes.

Naturkatastrophen

Die A. sind ein Raum, in dem häufig katastrophale Prozesse wie Muren, Hochwasser, Lawinen, Berg-/Felsstürze, Erdbeben vorkommen. Dabei handelt es sich aber keineswegs um Katastrophen der Natur oder für die Natur, sondern um natürliche Prozesse, die sich lediglich für den Menschen katastrophal auswirken. Sie haben ihre Ursache im Charakter der A. als jungem Hochgebirge, dessen Prozesse häufig durch eine sprunghafte Naturdynamik geprägt sind (siehe Naturlandschaftliche Dynamik).

Auch wenn diese sprunghaften Prozesse eine natürliche Ursache haben, so können sie durch „Fehler“ des Menschen im Naturumgang sehr viel häufiger und in ihren Auswirkungen wesentlich heftiger werden als von Natur aus: Einige Bergstürze (Goldau

1806, Elm 1881, Monte Toc 1963) wurden von Menschen ausgelöst (falsche Anlage von Steinbrüchen, Aufstau eines Sees), zahlreiche Lawinen verdanken ihre Entstehung der Rodung von Wäldern, die eigentlich als Bannwälder hätten geschützt sein müssen, nicht nachhaltige Wirtschaftsformen lösen Bodenabtrag und Hochwasser aus, und gegenwärtig nimmt die Gefahr von Verklausungen und den daraus entstehenden Muren und Flutwellen durch Verwilderung wieder zu.

Die Naturkatastrophen der letzten Jahrzehnte, die in den Medien oft sehr großes Aufsehen erregen – am stärksten der Katastrophen-Sommer und -Herbst 1987 –, sind als naturräumliche Prozesse in der Regel NICHT stärker als frühere (bekannte) Ereignisse, aber der von ihnen verursachte Schaden ist um ein Vielfaches größer, weil man seit etwa 1955 den bekannten Gefahren nicht mehr ausweicht, sondern den technischen Schutzmaßnahmen vertraut (Bebauung der Talauen usw.). Eine häufige Ursache von aktuellen Umweltkatastrophen sind moderne Betonbrücken bei Lokal-, Erschließungs-, Forst- und Almstraßen mit einem zu niedrigen Profil: An solchen Engpässen haben sich in den vergangenen 20 Jahren oft die Wassermassen bei einem Gewitter gestaut und sind dann umgeleitet worden oder plötzlich ausgebrochen. Am bekanntesten ist die Katastrophe von Brig vom 24. September 1993, bei der eine zu niedrige Brücke über die Saltina zur meterhohen Vermurung und Überschwemmung des gesamten Ortskerns (Schwemmkegelsiedlung) führte.

Die Ursache dieser zu niedrigen Bauten liegt darin, daß man bei der Berechnung der maximalen Wasserführung von den Abflüssen der letzten Jahrzehnte ausging, also von relativ niedrigen Werten (seit 1850 deutlich wärmeres und trockeneres Klima in den A.) und nicht die (mündlich existierenden) längeren Erfahrungen einbezog.

Die Aufgabe nachhaltiger Wirtschaftsformen in Land- und Forstwirtschaft und die Anlage von nicht der Umwelt angepaßten Großbauten (Siedlung, Verkehr, Tourismus usw.) führt oft jahre- bzw. jahrzehntelang zu lediglich kleinen Veränderungen im Naturhaushalt; diese besitzen jedoch unter den gegenwärtigen Klimabedingungen (relativ warme und trockene Klimaphase) die Tendenz, zu einem bestimmten Zeitpunkt in Form einer Naturkatastrophe zu reagieren, die dann von den Betroffenen als überraschend erlebt wird, weil ihr keine massiven Natureingriffe unmittelbar vorausgingen.

Naturlandschaft

Landschaft in den A., die nicht vom Menschen verändert oder geprägt ist. Solche Landschaften gibt es in den A. heute nicht, weil alle Flächen bzw. Flecken mit Vegetation bis in die nivale Stufe hinein bis Anfang des 20. Jh. genutzt und damit ökologisch verändert wurden, und selbst nach Nutzungseinstellung heute meist noch nicht eine natürliche Vegetationszusammensetzung erlangt haben. Lediglich die vegetationsfreien Gebiete der nivalen Stufe wurden im Agrarzeitalter gar nicht, heute durch touristische Nutzung teilweise verändert, selbst die ungenutzten Flächen sind jedoch nur bedingt als natürlich zu bezeichnen, da sie der Beeinflussung durch Schadstoffe und Stickstoffe aus der Luft (Düngeeffekt) und der anthropogenen Klimaerwärmung unteriegen.

Naturlandschaftliche Dynamik

Die A. als junges Hochgebirge, deren Gebirgsbildung noch nicht beendet ist, sind ein Naturraum in stetem Wandel (Abtragungsprozesse in den oberen, Ablagerungsprozesse v.a. in den unteren Höhenstufen), dessen Dynamik durch die Klimaschwankungen (auf die v.a. die oberen Höhenstufen sehr sensibel reagieren) noch erhöht wird. Aufgrund labiler Gesteinsschichtungen, steilem Relief, hohen Niederschlägen, kurzer Vegetationszeit und ausgeprägten Temperaturextremen (zwischen Sonne/Schatten bzw. Sonn-/Schattseite) laufen viele Naturprozesse in Form einer sprunghaften Dynamik ab (Bergstürze, Muren, Hochwasser, Lawinen). Diese werden vom Menschen als Naturkatastrophen bezeichnet, sind aber charakteristisch für den Naturraum Alpen. Am Ende der letzten Eiszeit war die Dynamik dieser sprunghaften Dynamik erheblich größer als heute, mit der aufkommenden Vegetationsdecke jedoch wurde v.a. im Waldbereich diese Dynamik gedämpft. Der Wald mildert mit seinem eigenen Mikroklima die Temperatur- und die Feucht-Trocken-Gegensätze in einem Alpental, sorgt mit seinem Wurzelwerk für einen verzögerten, gleichmäßigen Wasserabfluß mit stark reduzierter Hochwasserspitze, bremst geomorphologische Prozesse (Steinschlag, Lawinen) und verhindert Bodenabtrag. Analoges gilt in abgeschwächter Form für die Zwergsträucher und die Rasen der alpinen Stufe. Mit der nacheiszeitlichen Vegetationsbedeckung der A. wird die sprunghafte

Dynamik der Naturprozesse in der collinen und montanen Stufe stark verringert (ohne allerdings ganz aufgehoben zu werden), in der subalpinen und alpinen Stufe teilweise verringert, in der nivalen Stufe jedoch kaum verändert.

Phasen der Klimaverschlechterung erhöhen die sprunghafte Dynamik vieler Naturprozesse in der nivalen, alpinen und subalpinen Stufe (Gletschervorstöße, Lawinen, Hochwasser, Muren, Erosion), die dann den gesamten Alpenraum betreffen; Phasen der Klimaerwärmung (z.B. von 1860 bis heute) wirken sich dagegen – mit Ausnahme des Auftauens des Permafrostes – dämpfend und stabilisierend aus.

Mensch und Naturdynamik: Diese sprunghafte Naturdynamik ist für den Menschen existenzgefährdend. Er versuchte sie früher mit folgenden Strategien in den Griff zu bekommen:

1. Ausweichen vor den Auswirkungen von Prozessen, die zu groß für ihn waren: keine Besiedlung der Talauen, keine Siedlungen in Lawinenbahnen usw.

2. Standortgemäße, nachhaltige Nutzung der Kulturlandschaft, damit durch eine unangepaßte Nutzung nicht zusätzliche sprunghafte Prozesse ausgelöst werden.

3. Hoher Aufwand an Pflege- und Reparaturarbeiten, um instabil werdende Flächen zu stabilisieren: Einsäen von vegetationsfreien Flecken, Befestigungen von rutschenden Hangteilen, Regulieren des Abflusses von Oberflächenwasser, um die Entstehung von Erosionsgräben zu verhindern, Säubern der Bachbetten, um Verklausungen zu verhindern usw. Diese heute kaum noch vorstellbaren Arbeiten waren im Agrarzeitalter möglich, weil Arbeitszeit sehr billig und Arbeitskräfte sehr zahlreich waren.

Heute sieht die Situation völlig anders aus:

1. Im Glauben, die Natur technisch beherrschen zu können, weicht der Mensch nicht mehr den Gefahren aus, sondern nutzt und bebaut die Gefahrengebiete intensiv.

2. Eine standortgemäße, nachhaltige Nutzung ist teuer und wird immer weniger praktiziert.

3. Anstelle arbeitsintensiver und flächenhafter Stabilisierungsmaßnahmen werden meist aufwendige punkt- oder linienförmige technische Maßnahmen (Wildbach-, Lawinenverbauungen) durchgeführt.

Daß dieser Wandel bisher nicht zu einer stark zunehmenden Zahl von (menschlich mitverursachten) Naturkatastrophen geführt hat, verdankt sich der allmählichen Klimaerwärmung seit 1860, die die natürliche Dynamik dieser Prozesse gedämpft hat.

Naturschutzgebiete in den A.
Derzeit gibt es in den A. 12 Nationalparks, 41 Natur- oder Regionalparks und etwa 230 Naturschutzgebiete mit einer Mindestgröße von 1 km^2, die zusammen eine Fläche von 26.000 km^2 (= 14 % der Alpenfläche) aufweisen. Die Schwierigkeit einer Gesamtdarstellung besteht darin, daß es in den verschiedenen Staaten sehr unterschiedliche Schutzgebietskategorien und -strategien gibt (z.B. F = flächengroße Gebiete, CH = sehr kleinflächige Gebiete), so daß eine Addition fast nicht möglich ist.

1. Nationalparks: Die von der Internationalen Umweltorganisation IUCN festgelegte Nationalparkdefinition orientiert sich an den nordamerikanischen Verhältnissen (vom Menschen unberührte Landschaften) und ist auf Europa und die A. kaum anzuwenden. Daher sind nur 8 der 12 Nationalparks der A. von der IUCN anerkannt.

Normalerweise umfassen Nationalparks eine sog. Außenzone, in der ein traditionelles bzw. umweltverträgliches Wirtschaften erlaubt ist (teilweise sogar mit Siedlungen), eine Kernzone, in der die meisten menschlichen Aktivitäten untersagt sind (mit vielen Ausnahmen für nicht-technische touristische Aktivitäten, Jagd, Weide usw.) und sehr kleine Sonderzonen mit absolutem Schutz. Insgesamt bedecken die 12 Nationalparks eine Fläche von 8.000 km^2 (knapp 5 % der Alpenfläche). Im Einzelnen:

A: Nationalpark Hohe Tauern (Salzburg, Kärnten, Tirol) und Nockberge (Kärnten). In Planung sind die Nationalparks Kalkhochalpen (mit Anschluß zum Nationalpark Berchtesgaden) und Kalkalpen (Oberösterreich).

CH: Schweizer Nationalpark (Graubünden). Die Ausweisung eines zweiten Nationalparks zur 700–Jahrfeier der Eidgenossenschaft im Jahr 1991 wurde nicht realisiert. Stattdessen wurde der Fond Landschaft Schweiz (FLS) mit dem Ziel der Erhaltung traditioneller Kulturlandschaften eingerichtet.

D: Nationalpark Berchtesgaden (Oberbayern).

F: Nationalparks Vanoise (franz. Nordalpen), Les Ecrins (Grenze Nord-Südalpen), Le Mercantour (Südalpen).

FL: Ein kleiner Nationalpark in Planung.

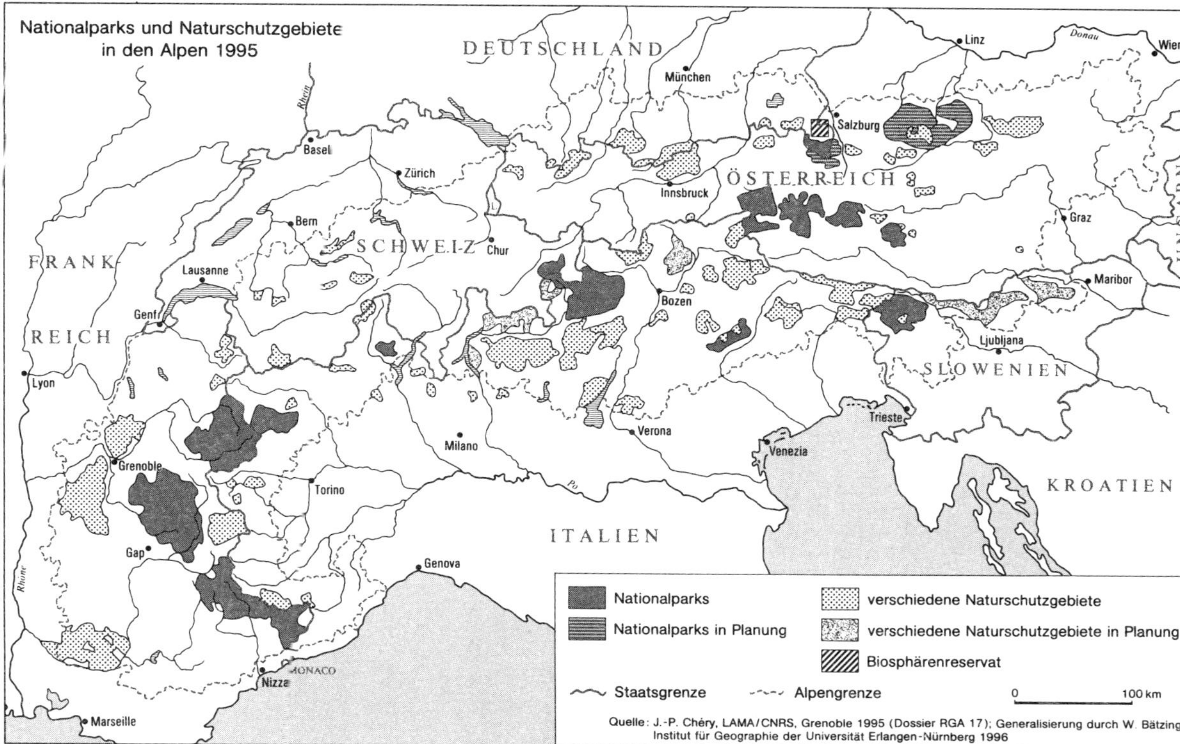
Nationalparks und Naturschutzgebiete
in den Alpen 1995
DEUTSCHLAND
ÖSTERREICH
SCHWEIZ
FRANKREICH
ITALIEN
SLOWENIEN
KROATIEN
UNGARN
MONACO
Linz
Wien
Donau
München
Salzburg
Innsbruck
Graz
Maribor
Ljubljana
Trieste
Venezia
Verona
Bozen
Milano
Torino
Genova
Nizza
Marseille
Gap
Grenoble
Lyon
Genf
Lausanne
Bern
Basel
Zürich
Chur
Rhein
Rhone
Po
Nationalparks
Nationalparks in Planung
verschiedene Naturschutzgebiete
verschiedene Naturschutzgebiete in Planung
Biosphärenreservat
Staatsgrenze
Alpengrenze
0
100 km
Quelle: J.-P. Chéry, LAMA/CNRS, Grenoble 1995 (Dossier RGA 17); Generalisierung durch W. Bätzing, Institut für Geographie der Universität Erlangen-Nürnberg 1996

I: Nationalparks Gran Paradiso (Piemont, Aostatal), Stelvio/Stilfser Joch (Südtirol, Trentino, Lombardei) sowie die neuen Dolomiti Bellunesi (Veneto) und Val Grande (Piemont, erste Wilderness-Fläche Italiens). Weitere Planungen in Diskussion.

SLO: Nationalpark Triglav.

2. Natur- und Regionalparks: Es handelt sich um eine Gruppe von Schutzgebieten, die v.a. in Italien und Frankreich vorkommt. Solche Gebiete werden dort zum Zwecke der wirtschaftlichen Förderung strukturschwacher Regionen (meist Sommertourismus in umweltverträglicher Form) ausgewiesen, oft jedoch mit eher bescheidenem Erfolg.

A, CH, D, FL: nicht vorhanden.

F: Vier Parcs Naturels Régionaux (Chartreuse, Lubéron, Queyras, Vercors), seit 1967 als Maßnahmen der staatlichen Raumplanungspolitik gegründet; zwei weitere sind derzeit in Planung.

I: Die 37 Parchi Naturali bzw. Regionali (Bezeichnung in autonomer Region) besitzen je nach Region einen sehr unterschiedlichen Status. Verteilung: 11 in Piemont, 1 im Aostatal, 13 in der Lombardei, 7 in Südtirol, 2 im Trentino, 2 im Veneto, 4 im Friaul. Seit Anfang der 70er Jahre eingerichtet, weitere Projekte in Planung.

SLO: Zwei Gebiete in Vorbereitung.

3. Sonstige Naturschutzgebiete: Sehr heterogene Gruppen von Schutzgebieten verschiedenster Art, die oft kaum miteinander vergleichbar sind.

A: Der Naturschutz liegt im Kompetenzbereich der Bundesländer, so daß kein Bundesnaturschutzgesetz und neun Landesnaturschutzgesetze mit teilweise deutlichen Unterschieden existieren. In den österr. A. gibt es 78 Naturschutzgebiete mit einer Gesamtfläche von 2500 km^2.

CH: Die Gründung von Naturschutzgebieten geht in der Schweiz meist auf private Initiative zurück. Es gibt 65 Naturschutzgebiete mit einer Fläche von 768 km^2. Daneben gibt es die vom Bund initiierten und von den Kantonen zu erstellenden Bundesinventare für Objekte (Biotope) mit nationaler Bedeutung (Naturdenkmäler, Landschaften, Moore); 120 Objekte aus den acht Inventaren liegen im schweiz. Alpenraum.

D: Die bayer. Landschaftsschutzgebiete sind großflächig, beinhalten aber eher schwache Nutzungseinschränkungen. Die Ruhezone (Zone C) des Bayer. Alpenplans ist eine Schutzkategorie v.a.

gegen Bebauung und technische Erschließung. Sie schränkt hauptsächlich den Verkehr ein, nicht jedoch Land- und Forstwirtschaft. Hinzu kommt ein Biosphärenreservat. Insgesamt ergibt dies 18 Gebiete mit einer Gesamtfläche von 926 km^2.

F: Die Schutzbestimmungen der réserves naturelles werden in einem Verwaltungsplan festgelegt; daneben gibt es weitere Schutzgebiete. Insgesamt 18 Gebiete mit einer Fläche von 465 km^2.

FL: 9 Natur- und Landschaftsschutzgebiete mit einer Fläche von 1,7 km^2.

I: Verschiedene Kategorien von riserve naturali (mit z.T. strengem Schutz). 37 Gebiete mit einer Gesamtfläche 300 km^2.

SLO: Naturschutzgebiete (naravni rezervati) und Landschaftsschutzgebiete (Krajinski parki). Acht Gebiete mit 43 km^2 Fläche.

Zusammenfassende Bewertung: Die 14 % der unter Schutz stehenden Alpengesamtfläche sind nicht viel, wenn man die sehr unterschiedlichen Schutzkategorien (oft nur eingeschränkter Schutz) bedenkt. Das zentrale Problem besteht jedoch darin, daß sich diese Schutzgebiete historischen Einzelinitiativen und Zufällen verdanken und deshalb keiner übergreifenden ökosystemaren Logik folgen. Daher sind manche Ökosystemtypen der A. sehr gut, andere gar nicht vertreten. Darüber hinaus wäre es heute wichtig, die bestehenden Naturschutzgebiete räumlich miteinander zu vernetzen, um einen gewissen Austausch zwischen ihnen zu ermöglichen.

Netzwerk Umweltorganisationen der Bergkantone (NUB)
1995 gegründeter Zusammenschluß von etwa 70 verschiedenen Umweltgruppen und -organisationen aus den Schweiz. A., der sich für die AK einsetzt und das Ziel verfolgt, ein Gegengewicht zur ablehnenden Haltung der schweiz. Gebirgskantone der AK gegenüber zu bilden. Nach der Positionsänderung der Gebirgskantone im August 1996 will sich das Netzwerk nun für die Umsetzung und Konkretisierung der AK in den Schweiz. A. engagieren.

NGO Non-Governmental-Organization, dt.: Nicht-Regierungs-Organisationen,
also alle privaten Organisationen und Zusammenschlüsse im Bereich Umwelt, Kultur, Wirtschaft, Verkehr usw. (Lobbygruppen). Mit der UN-Weltkonferenz in Rio im Jahr 1992 erlangten diese

Gruppen erstmals ein großes politisches Gewicht. Sie sind heute aus der Politik nicht mehr wegzudenken. Im Rahmen der AK besitzen die NGOs des Alpenraums die Position eines offiziellen Beobachters. Derzeit sind dabei folgende NGOs anerkannt: Die Internationale Alpenschutzkommission CIPRA (als alpenweite Dachorganisation der Umweltgruppen), die Internationale Naturschutzunion IUCN (wegen ihren einschlägigen Erfahrungen im grenzüberschreitenden Natur-/Umweltschutz und bei Umwelt-Konventionen speziell), die Internationale Föderation der europ. Berg- und Seilbahnen FIANET, die Arbeitsgemeinschaft Alpenstädte sowie der Club Arc Alpin (als Vertretung der Alpenvereine der Staaten mit Alpenanteil). Für das Jahr 1997 ist erstmalig eine Konferenz aller NGO's der europ. Berggebiete geplant, und in Zukunft dürfte die Bedeutung der NGOs für die Berggebiets- und Alpenpolitik noch deutlich steigen.

Ökologisches Gefüge
Bezeichnung für die ökologische Struktur von traditionellen Kulturlandschaften, die durch das kleinräumige Nebeneinander von unterschiedlichen, menschlich geprägten Ökosystemen (Acker, Wiese, Weide, Garten, Wald) mit meist breiteren Randstreifen (Terrassen, Lesesteinreihen, Acker- und Wegraine) charakterisiert sind. Diese Gefügestruktur ist verantwortlich für eine hohe Biodiversität und für landschaftliche Vielfalt.

Österreichische A.
Der mit 54.385 km^2 (= 30 % der Alpenfläche) größte nationale Alpenteilraum vor den ital. A. liegt mit 2,9 Mio. Einwohnern im Jahr 1991 (= 26 % der Alpenbevölkerung) deutlich hinter den ital. A. (3,8 Mio. Einwohner). Diese Differenz, die 1870 noch viel stärker ausgeprägt war, erklärt sich aus den ungünstigen naturräumlichen Verhältnissen der österr. A., denen größere inneralpine Trockenzonen und warme Alpenrandgebiete fehlen.

Die österr. A. gliedern sich in die hochalpin geprägten und meist feuchten westlichen Ostalpen (mit dem höchsten Berg Österreichs, dem Großglockner, 3797 m) und die kontinental geprägten östlichen Ostalpen (Grenze etwa Linie Passau-Triest), die keine Vergletscherung mehr besitzen und nach Osten zunehmend

Mittelgebirgscharakter aufweisen. Beide Teile unterscheiden sich traditionell stark in Wirtschaftsstruktur, -entwicklung und Landschaftsbild: Hier Almbauern auf großen Rodungsflächen (wenn auch deutlich kleiner als in den franz. oder ital. A.), dort Waldbauern inmitten großer Wälder und traditionelle Erzverarbeitung in kleinen Strukturen („Eisenwurzen"); hier eine lebhafte ländlich-touritische Entwicklung mit starkem Bevölkerungswachstum, dort ein Bevölkerungsrückgang durch „Bauernlegen" und flächenhafte Aufforstungen für industrielle (Holzkohle) und jagdliche Zwecke und ein großes Industrierevier mitten im Gebirge (Mur-Mürz-Furche). Nur die westlichen Ostalpen entsprechen dem üblichen Alpenbild, die östlichen Ostalpen besitzen einen gänzlich anderen Charakter und sind touristisch wenig erschlossen. Der moderne Strukturwandel setzt um 1860–70 ein. Bis 1918 ist Österreich kein Alpenland, sondern die A. bilden eine Peripherie in der großen Donaumonarchie. Erst ab 1955 baut die österr. Republik eine nationale Identität als Alpenland auf. Zwischen 1955 und 1989 ist in Österreich die Marktwirtschaft durch staatliche Kontrolle erheblich eingeschränkt (Verstaatlichung der Schlüsselindustrien, Limitierung des Bankensektors), was zusammen mit weiteren gesetzlichen Maßnahmen (bis 11 Fremdenbetten pro Betrieb sind genehmigungsfrei) zu einer ausgeprägt dezentralen Wirtschaftsentwicklung führte. Deshalb ist der Tourismus in Österreich so dezentral-flächenhaft-kleinbetrieblich ausgeprägt wie sonst nirgends in den A. mit Ausnahme von Südtirol und den bayer. A. Von dieser Entwicklung profitierten jedoch nur die österr. Westalpen: Der Wirtschafts- und Bevölkerungsschwerpunkt verschob sich nach dem Zweiten Weltkrieg mit dem Eisernen Vorhang aus dem Wiener Becken nach Westen (Österreich als „gedrehter Staat"), so daß seitdem Handwerk, Industrie, Tourismus und nicht-touristische Dienstleistungen in Vorarlberg, Tirol und Salzburg stark wachsen, wodurch in den Alpentälern hohe Nutzungsintensitäten und -konflikte entstehen. Mit dem Fall des „Eisernen Vorhangs" 1989 verlieren die östlichen Ostalpen zwar etwas ihre periphere Lage, die neuen Entwicklungsimpulse sind jedoch bis heute eher schwach geblieben.

Österr. Bergbauern-Vereinigung

Privater Zusammenschluß von Bergbauern aus ganz Österreich, 1974 mit dem Ziel „Selbstbestimmung der Betroffenen – Organisation und Bildung von unten" gegründet. Seitdem starkes Engagement für eine umwelt- und sozialverträgliche Berglandwirtschaft und eine eigenständige Regionalentwicklung.

Ötzi
Populärer Name für den „Mann aus dem Eis", den „Similaun-Mann" (nach dem gleichnamigen Berg und Gletscher) bzw. den „Mann vom Hauslabjoch" (korrekte Bezeichnung der Fundstätte). Etwa 5500 Jahre alte Gletschermumie, die am 19.09.1991 in 3210 m Höhe in den Ötztaler A. im Gratbereich zwischen Ötztal (A) und Schnalstal (I) gefunden wurde. Das Einzigartige dieses Fundes besteht darin, daß man wegen der Konservierung im Gletschereis erstmals die Möglichkeit hat, Einblick in die Kleidung und Ausrüstung eines Menschen aus dem Übergang von der Stein- zur Metallzeit zu nehmen. Es handelt sich bei dem Toten sehr wahrscheinlich um ein Mitglied einer Ackerbauern-Hirten-Gesellschaft aus dem Vintschgau, die bereits Kontakt mit der Metallverarbeitung (ein Kupferbeil lag bei) hatte. Der Fundort liegt in der Nähe eines häufig begangenen Übergangs vom Schnals- zum Ötztal, auf dem von prähistorischen Zeiten bis heute im Hochsommer jeweils Tausende von Schafen zur Almweide ins hinterste Ötztal getrieben werden. Dieser Fund hat die Diskussion über die prähistorische Besiedlung und Nutzung der A. sehr angeregt und unterstrichen, daß die A. ein sehr alter Kulturraum in Europa sind.

Orographisch
Zusatz bei Richtungsangaben im Gebirge: von der Richtung des fließenden Wassers aus gesehen.

Padania
Von der ital. Lega Nord in die Politik eingebrachter Begriff für ein staatlich selbständiges Norditalien, das neben der Emilia-Romagna ausschließlich die sieben Regionen mit Alpenanteil umfaßt. Hier leben 26 Mio. Menschen.

Palast- oder Palace-Hotel
Typische Hotelform der Zeit zwischen 1880 und 1914 mit riesigen, großstädtisch anmutenden Gebäudekomplexen (mindestens

5-stöckig, teilweise Türmchen), bis zu 300–400 Gästezimmern und prunkvollen Speisesälen und Repräsentationsräumen. Vor dem Ersten Weltkrieg waren die Palasthotels mit Abstand die größten zivilen Gebäude der A., die in bezug auf das Bauvolumen nur noch von (wenigen) Schlössern, Burgen, Klöstern, Kirchen und Festungen übertroffen wurden.

Der Erste Weltkrieg beendete den Bauboom abrupt, der seit 1900 hektisch geworden war. Anschließend gerieten fast alle Palasthotels in die Krise, wurden teilweise geschlossen oder als Altersheime, Sanatorien oder Krankenhäuser umgenutzt. Auf Druck des Heimat- und Naturschutzes wurden verschiedene Gebäude wegen Verschandelung der Landschaft sogar abgerissen (zuletzt noch 1951 zwei Hotels auf dem Rigi-Gipfel in der Schweiz). Die heute noch bestehenden Palasthotels haben immer wieder ökonomische Schwierigkeiten (Gebäudestruktur für modernes Hotelmanagement wenig geeignet, hohe Modernisierungskosten), obwohl sie jetzt nostalgisch wirken und zur Identität eines Tourismusortes wie Davos, Bad Gastein oder St. Moritz untrennbar hinzugehören.

Parahotellerie
Fachbegriff zur Bezeichnung aller außerhalb der Hotellerie angebotenen Übernachtungsmöglichkeiten: Ferienhäuser, Ferienwohnungen, Jugendherbergen, alpine Schutzhütten, Campingplätze. Die Parahotellerie ist in den A. sehr verbreitet (in CH und F extrem stark, in I stark, in A und D schwächer), kann aber kaum quantitativ erhoben werden, da nicht vermietete und rein privat genutzte Ferienhäuser/-wohnungen praktisch nicht erfaßbar sind. Von den gut 7 Mio. Ferienbetten der A. dürften gut die Hälfte der Parahotellerie zuzurechnen sein.

Paß
Engstelle eines Weges. Heute ausschließlich für Einsattelungen verwendet, die ein Weg oder eine Straße benutzt, um eine Gebirgskette zu queren. Je nach Bedeutung des Weges und je nach Form der Einsattelung existieren dafür eine Vielzahl von Dialektausdrücken (Sattel, Scharte, Joch). Früher auch für Talengstellen oder Klausen (z.B. Paß Lueg im Salzachquertal) gebräuchlich.

Paßfußort

An den Stellen in den A., an denen ein Transitweg die breiten Talauen verläßt und der Steilanstieg ins eigentliche Gebirge beginnt, mußten früher die Waren von Wagen und Karren auf Saumtiere umgeladen werden (säumen = Lasten tragen). Hier entstanden Rast-, Handels- und Lagerplätze, die sich schon früh zu Städten weiterentwickelten (teilweise bereits zu Römerzeiten), u.z. jeweils als Städtepaar zu beiden Seiten eines Passes: Susa und Briançon am Montgenèvre, Martigny und Aosta am Großen St. Bernhard, Brig und Domodossola am Simplon, Chur und Chiavenna am Splügen, Innsbruck und Bozen am Brenner.

Dort, wo aus topographischen Gründen ein Paßfußort zu mehreren Pässen führte (z.B. Chur zum Lukmanier, San Bernardino, Splügen, Julier, Albula und Flüela, Susa zu Montgenèvre und Moncenis, Aosta zum Großen und Kleinen St. Bernhard) entstanden besonders wichtige Städte. Mit dem Ende des Saumverkehrs (Bau von durchgehenden Fahrstraßen über die Pässe hinweg ab 1780, Eisenbahnbau ab 1854) entfällt diese Wirtschaftsfunktion; die (wenigen) Orte und Städte, die einen Eisenbahnanschluß erhalten, entwickeln sich gut, die anderen erleiden einen Bedeutungsverlust.

Paßstaat

Politische Einheit, die um einen Alpenpaß und den beiden Paßfußorten herum zur Kontrolle des Passes im Hochmittelalter entsteht. Diese einzige „alpenspezifische" Territorialstruktur wurde im 20. Jh. von Vertretern der Geopolitik als Beweis für „natürliche Grenzen" ideologisch instrumentalisiert, um politische Machtansprüche zu verschleiern. Nach 1945 ist es darum wieder sehr still geworden.

Die Paßstaaten in den A. (Reihenfolge: von West nach Ost):

1. Grafschaft Tenda am Tenda-Paß (See-/Ligurische A.): Kleiner Paßstaat, der im Norden Limone Piemonte, im Süden Tenda umfaßt, im 12. Jh. entsteht und 1575 von Savoyen-Piemont annektiert wird.

2. Grand Escarton oder Bund von Briançon am Montgenèvre-Paß (Cottische Alpen): Großer Paßstaat, der die oberen Abschnitte von zehn Alpentälern umfaßt, darunter als größtes das Durance-Tal mit der Stadt Briançon, der höchstgelegenen Stadt der A. auf 1321 m. Im Jahr 1349 wird er nach Abkauf der feudalen

Rechte durch die Bevölkerung de facto selbständig. 1713 im Frieden von Utrecht aufgelöst, wird sein Gebiet zwischen Frankreich und Savoyen-Piemont aufgeteilt, wobei die Wasserscheide Rhone-Po die Grenze bildet.

3. Savoyen: Im 11. Jh. unter Humbert mit der Weißen Hand um die Pässe Großer und Kleiner St. Bernhard und Moncenis gegründet, erhält Savoyen 1361 den Status der Reichsunmittelbrkeit, um dem Deutschen Kaiser den Alpenübergang zu sichern. Seitdem betreibt dieser kleine Staat jahrhundertelang eine systematische Expansionspolitik. Durch das Erstarken Frankreichs im Westen und der Eidgenossenschaft im Norden wird die Expansionsrichtung seit dem Ende des Mittelalters nach Osten, nach Oberitalien gelenkt. Der Verlust des Unterwallis und damit der Kontrolle über den Großen St. Bernhard u.a. Gebiete in der Waadt an die Eidgenossenschaft (sowie größere Gebiete an der Rhone an Frankreich) wird durch bedeutende Territorialgewinne in Piemont kompensiert, wohin sich nun der politische und wirtschaftliche Schwerpunkt immer mehr verlagert. Die Verlegung der Hauptstadt von Chambéry nach Turin im Jahr 1560 bedeutet das Ende des früheren Paßstaates, auch wenn Savoyen weiterhin noch jenseits der Wasserscheide liegt. Politisches Ziel ist es jetzt, einen starken Flächenstaat im westlichen Oberitalien mit Meerzugang aufzubauen, was 1575 mit der Annektierung der Grafschaft Tenda erreicht wird. 1713/20 erhält Savoyen-Piemont das Königreich Sardinien und wird eine europ. Mittelmacht, die im 19. Jh. mit militärischer Macht – als „Preußen Italiens" – den Nationalstaat Italien aufbaut. Zur Sicherung der französischen Unterstützung bei der Zerschlagung des Kirchenstaates tritt Piemont-Sardinien-Italien 1860 Savoyen (die alten Stammlande) und Nizza an die Franzosen ab. Die politische Entwicklung führt also vom kleinen alpinen Paßstaat über viele Etappen zum Nationalstaat Italien.

4. Eidgenossenschaft: Im 12. Jh. wird die zuvor unzugängliche Schöllenenschlucht durch den Bau des „Stiebenden Steges" (an Eisenketten aufgehängte Bohlen) wegbar gemacht. Erst damit erhält der Gotthardpaß als kurze Alpenquerung seine Transitbedeutung. Die drei Waldstätten Uri, Schwyz und Unterwalden, die seit 1291 als „eidgenössischer Bund" zusammenarbeiten, erhalten 1231 (Uri) und 1240 (Schwyz) vom Deutschen Kaiser den Status der Reichsunmittelbarkeit zur Paßsicherung. Sie bemühen sich bereits ab 1351 auch um die Kontrolle der Gotthard-Südrampe. Noch im

14. Jh. wird dieser Bund durch Aufnahme der Mittellandstädte Luzern, Bern, Freiburg, Zürich und Zug wesentlich erweitert und gestärkt. Die folgende Expansionsphase führt zu großen Geländegewinnen im Norden, Westen und Süden (Tessin), wird aber 1515 mit der Schlacht bei Marignano (nahe Mailand) abrupt beendet. Bis zu Napoleon (1798 Zusammenbruch der alten Eidgenossenschaft) gibt es keine relevanten Gebietsveränderungen mehr. 1815 schließlich entstehen die heute noch bestehenden Außengrenzen der Schweiz (moderne Kantonsstruktur). Damit ist die Schweiz der einzige alpine Paßstaat, der in dieser Form heute noch besteht.

5. *Graubünden:* Im mittleren Alpenraum gibt es zwischen Lukmanier und Flüela-Paß sechs wichtige Pässe, die im Norden alle auf Chur und das Rheintal, im Süden jedoch auf verschiedenste Täler zulaufen. Um diese Pässe herum entsteht Graubünden. Schon im 10. Jh. fördern die Deutschen Kaiser im Rahmen ihrer Paßsicherungspolitik die Churer Bischöfe, indem sie Rechte im Bergell verleihen (Südrampe Septimer-Maloja) und den Transitverkehr durch Anlage von Klöstern erleichtern (Disentis an der Lukmanierroute, Müstair an der Flüela-Ofenpaßroute). Analog zu den Waldstätten entstehen auch hier „Bünde": 1367 der Gotteshausbund (Chur und Umgebung), 1424 der Obere oder Graue Bund (Vorderrheingebiet), 1436 der Zehngerichtenbund (Prättigau, Schanfigg, Davos). Diese arbeiten ab 1450 immer enger zusammen und erobern 1512 das Veltlin und die Grafschaften Bormio und Chiavenna als gemeinsames Untertanenland, womit der Paßstaat territorial abgerundet ist. 1798 bzw. 1815 fallen die Untertanengebiete an die Lombardei, wodurch Graubünden seinen Charakter als Paßstaat weitgehend wieder einbüßt. Lediglich die Talschaften Misox, Bergell, Puschlar und Münstertal, die über die Wasserscheide reichen und die Kontrolle von San Bernardino-, Maloja-, Bernina- und Ofenpaß gewährleisten, stellen noch kleine Paßstaatsstrukturen dar. Indem Graubünden 1815 als Kanton der Eidgenossenschaft beitritt, verliert es seine politische Unabhängigkeit.

6. *Tirol:* Der Brennerpaß als der niedrigste Paß im gesamten Alpenhauptkamm (nur 1374 m), der allerdings an der breitesten Stelle durch die A. führt, ist die Basis für das Entstehen des Paßstaates Tirol. Ausgehend von der Burg Tirol bei Meran erobern die Grafen von Tirol seit dem 11. Jh. immer größere Gebiete entlang der Brennerroute, bis sie 1281 das Gebiet zwischen Innsbruck

und Trient geschlossen beherrschen. Allerdings wird Tirol bereits 1363 von den Habsburgern erworben und verliert damit seine Selbständigkeit (die Habsburger verlegen 1420 die Residenz auf die Nordseite des Brenners, nach Innsbruck). Trotzdem kann Tirol in diesem Rahmen bis 1919 eine hohe Autonomie wahren. Die Abtrennung von Südtirol 1919 bedeutete das Ende der Paßstaatsstruktur.

7. Salzburg: Im Bereich der Hohen und Niederen Tauern gibt es sechs wichtige Übergänge. Das Erzbistum Salzburg, das 798 n.Chr. zur Sicherung der Südostgrenze des Deutschen Reiches gegründet wird und bald in den A. viele Besitztümer erwirbt, kann nur nördlich des Tauernkammes ein geschlossenes Territorialgebiet (seit dem Hochmittelalter) aufbauen. Die verstreuten Besitztümer in Kärnten entlang der Handelsrouten zu den Tauernpässen entziehen sich dagegen dieser Entwicklung. Nur der früher zur Steiermark gehörende Lungau im Einzugsgebiet der Mur ist seit 1400 für Salzburg gesichert. Er ermöglicht aber keine komplette Alpenüberquerung, weil südlich des Lungau erst noch die Kette der Gurktaler A. überschritten werden muß. Salzburg kann daher als „unvollendeter Paßstaat" bezeichnet werden.

Zusammenfassung: Zwischen den Ligurischen A. und den Niederen Tauern entstehen im Mittelalter an allen wichtigeren Pässen Paßstaaten. Sie können sich aber in der Regel nur wenige Jahrhunderte behaupten. Dann werden sie in die absolutistischen Flächenstaaten integriert oder von ihnen zerteilt, schließlich von den Nationalstaaten des 19./20. Jh. endgültig zersschlagen. Nur die Schweiz macht eine Ausnahme. Daß es nicht gelang, die alpenspezifische Staatsstruktur des Paßstaates bis in die Gegenwart zu erhalten, macht deutlich, daß die A. *keinen* Sonderfall in der europ. Geschichte darstellen und nur von der gemeinsamen geschichtlichen Entwicklung Europas her verstanden werden können.

Paßstraße

In den A. gibt es etwa 300 Paßstraßen, also Pässe, die mit einer öffentlichen Straße überquert werden. Nur drei von ihnen – Brenner, Gotthard, Moncenis (die letzteren beiden mit Basistunnel) – besitzen heute im Gütertransitverkehr eine zentrale Bedeutung, und weitere 20–25 Paßstrecken sind für den Regionalverkehr wichtig. Alle anderen Pässe sind nur von lokaler oder touristischer

Bedeutung, was die starke Konzentration des Verkehrs auf wenige Routen unterstreicht. Die höchsten und touristisch interessantesten Paßstrecken sind eher selten speziell zu touristischen Zwekken im 20. Jh. gebaute Paßstraßen wie Großglocknerhochalpenstraße, 2575 m, Timmelsjoch, 2509 m (Ötztal-Passeiertal), Col del Nivolet, 2612 m (Gran Paradiso-Gruppe) oder Colle dell'Agnello, 2748 m (Südl. Cottische A.). In der Regel sind die höchsten Paßstraßen ehemalige Militärstraßen, die nach dem Zweiten Weltkrieg für den öffentlichen Verkehr freigegeben wurden, wie z.B. die Iséran-Paßstraße, 2762 m, in den nordfranz. A. Der höchste befahrbare Alpenpaß ist der Col de la Bonette, 2802 m, die im Jahr 1962 freigegebene Verbindung zwischen Ubaye- und Tinéetal in den franz. Seealpen, die strenggenommen nicht über einen Paß, sondern einen strategischen Gratrücken führt. Auch die höchste befahrbare Straße der A. ist eine ehemalige Militärstraße, nämlich die Straße auf den Colle Sommeiller, 2991 m, in den nördl. Cottischen A. (Dora Riparia-Tal/I), und nicht die „Ötztaler Gletscherstraße“ von Sölden zum Rettenbachferner (2800 m), wie in der Werbung behauptet wird. Noch höher hinauf führt der straßenartig ausgebaute Saumweg auf den Monte Chaberton, 3130 m (Dora Riparia-Tal/I), der zur Versorgung der dortigen Gipfelfestung diente. Dieser wahrscheinlich höchste Saumweg der A. ist heute glücklicherweise für Geländefahrzeuge aller Art gesperrt bzw. nicht mehr befahrbar.

Pergola

Ital. Begriff für Laube bzw. Weinlaube: Etwa 2 m hohe, von Stein- oder Holzsäulen getragene Holzgestelle, an denen die Weinstöcke ranken. Mediterrane Art des Weinanbaus, die von Süden her weit in die A. vordringt.

periglazial

Wörtlich eigentlich: der Bereich um die Gletscher herum. Bezeichnung der geomorphologischen Höhenstufe zwischen der Schneegrenze und dem Bereich einer dichteren Vegetationsdecke.

Periurbanisation

Wissenschaftlicher Begriff, der in Europa unterschiedlich gebraucht wird. Hier schweiz. Definition: Verstädterung des weiter entfernt liegenden Umlandes einer größeren Stadt, bei der die ehemaligen Bauerndörfer die Funktion von Schlafgemeinden für Auspendler in die Kernstadt einnehmen. Merkmal: Ausgedehnte Einfamilienhaussiedlungen, aber kein baulicher Zusammenhang mit der Kernstadt.

Permafrost
Bezeichnung für den ständig gefrorenen Boden in Schattlagen oberhalb der Waldgrenze und im nivalen Höhenstockwerk, der im Sommer nur ganz oberflächlich auftaut (Sumpf- und Moorflächen, weil Wasser nicht versickern kann). Mit der Klimaerwärmung seit 1860 (Ende der kleinen Eiszeit) tauen die tiefgelegenen Permafrostböden allmählich auf, wodurch die zuvor festgefrorenen Schuttmassen in Bewegung geraten und Steinschlag und Muren auslösen können.

Piedmont-Fläche
Wissenschaftlicher Ausdruck für den Hangfuß eines Gebirges bzw. Verebnungsflächen am Gebirgsrand.

Pro Vita Alpina
Internationaler Verein zur Förderung der kulturellen, gesellschaftlichen, ökologischen und wirtschaftlichen Entwicklung im Alpenraum. 1972 als schweiz. Arbeitsgruppe in Graubünden gegründet und 1989 auf den gesamten Alpenraum ausgeweitet. Bewußt alpenweit angelegte Vereinsarbeit mit dem Schwerpunkt auf gegenseitiger Information und Vernetzung ähnlicher Initiativen untereinander, v.a. in den Bereichen Landwirtschaft, Handwerk, Kultur sowie Direktvermarktung und Aufbau regionalwirtschaftlicher Vernetzungen.

Quertal
Alpental, das quer zur Richtung der Gebirgsketten verläuft, in den Zentral- und Ostalpen also in Nord-Südrichtung, in den Südwestalpen in West-Ostrichtung. Solche Täler zerschneiden eine Gebirgskette, weshalb sie eng, oft sogar schluchtartig ausgebildet sind.

Räumen
Systematisches Entfernen von Steinen und Lawinenschutt auf den Almen. Das Räumen ist eine der wichtigen Frühsommerarbeiten der Almpflege.

Raumordnung, alpine
Der Fachbegriff Raumordnung wird in den einzelnen Staaten mit Alpenanteil meist im Sinne einer leitbildgerechten Ordnung oder einer Strukturierung des Raumes verwendet. Er bezieht sich also auf anzustrebende Ziele der räumlichen Entwicklung, zum Beispiel ausgeglichene Funktionsräume, Abbau räumlicher Disparitäten, die Realisierung gleichwertiger Lebensbedingungen in allen Teilräumen und die flächenhafte Abgrenzung von Erschließungs- und Schutzgebieten. Seine Umsetzung mittels grundsätzlicher politischer Entscheidungen wird Raumordnungspolitik, mittels konkreter Planungsinstrumente Raumplanung genannt.

Der Begriff alpine Raumordnung im Sinne einer alpenspezifischen Raumordnung wird derzeit nur in Tirol gebraucht. Da die AK aber für den Alpenraum die Funktion eines politischen Leitbildes übernimmt, weil implizit die Grundbausteine für eine alpine Raumordnung enthalten sind, dürfte dieser Begriff in Zukunft häufiger Verwendung finden.

Raumplanung, alpine
Fachbegriff für die konkrete Umsetzung von politischen Leitzielen der räumlichen Entwicklung mittels verschiedener Planungsinstrumente. Dabei ist die Raumplanung einer integrativen Gesamtsicht verpflichtet und soll die unterschiedlichsten Ansprüche an den Raum (Wirtschaft, Erholung, Wohnen, Naturschutz) mittels Zonierungen oder Ausweisung von Gebiets- oder Flächennutzungskategorien auf einen gemeinsamen Nenner bringen.

In allen Staaten mit Alpenanteil hat der Staat nur die Kompetenz der Raumordnungspolitik (Frankreich als Ausnahme), die Raumplanung ist an die Ebene der Bundesländer, Kantone, regioni delegiert. Hier gibt es lediglich in Bayern mit dem Alpenplan eine explizite alpine Raumplanung, in den anderen Staaten sind aber implizit ähnliche Konzepte (Umsetzung der Berggebietsgesetze) vorhanden.

Die konkrete Umsetzung der Raumplanung ist in den Staaten mit Alpenanteil verwirrend vielfältig angelegt. In grober Vereinfachung gibt es dabei folgende Instrumente: Kantonale Richtplanung bzw. Raumordnung der Bundesländer – Regionalplanung – Gemeindeplanung (mit Flächennutzungsplan). Fachliche Einzelbereiche (Sektoralplanungen) sind dabei: Festlegung der Zentralen Orte und der Entwicklungsachsen, Siedlungs- und Infrastrukturplanung (Bereiche Wohnen und Arbeiten), Landschaftsplanung (Bereich Natur- und Umweltschutz), Sonderflächen (z.B. für Müll). Überlagert wird diese Planungsebene durch nationale Sektoralplanungen (nationales Autobahn-/Eisenbahnnetz, Energie- und Wasserwirtschaft, Militär u.a.), die Vorrang vor der integrativen Raumplanung der Bundesländer haben, was auch in den A. häufig zu heftigen Konflikten führt.

Realteilung
Erbrecht, bei dem alle Geschwister (auch die Mädchen bzw. Frauen) einen etwa gleichgroßen Anteil des elterlichen Besitzes erben. Traditionelles, auf Römerzeiten zurückgehendes Erbrecht, das sich v.a. im alpinen Altsiedelraum bis heute erhalten hat.

Refuge Napoleon
In napoleonischer Zeit angelegtes System von (standardisierten) Schutzhütten auf oder in der Nähe der Paßhöhe, um den Transitverkehr zu erleichtern (v.a. in den Westalpen).

Region Mehrdeutiger Begriff:

1. Kleinregion: In der Schweiz werden die 1975 durch das Berggebietsgesetz neu geschaffenen territorialen Einheiten (mit jeweils 15–20–25 Gemeinden) Berggebietsregion oder IHG-Region (Investitionshilfegesetz für die Berggebiete) genannt. Es gibt 54 IHG-Regionen in der Schweiz, davon 46 in den Schweizer A. und 8 im Jura.

2. Größere Verwaltungseinheit: In Italien bezeichnet die „regione“ die politische Einheit direkt unterhalb des Staates, die 1971 im Zuge der „Regionalisierung“ Italiens politisch erheblich aufgewertet wurde, aber nicht die Befugnisse eines Bundeslandes oder Kantons besitzt. Die ital. A. gehören zu sieben regioni, davon liegen nur zwei vollständig in den A. (Aosta und Südtirol-Trentino). In Frankreich wurde die „région“ im Zuge der franz.

Dezentralisierung als politische Einheit *über* den Départements 1983 neu geschaffen. Die franz. A. haben Anteil an zwei régions, nämlich „Rhône-Alpes“ und „Provence-Alpes-Côte-d'Azur/PACA“.

3. Großregion: Im europ. und EU-Sprachgebrauch werden oft die A. bzw. „der Alpenbogen“ als eine einzige europ. Region bezeichnet.

4. In der Umgangssprache (z.B. regionale Identität) bedeutet Region in den A. meist eine Einheit, die irgendwo zwischen Gemeinde und Staat steht und sich je nach Kontext mehr auf eine Talschaft oder mehr auf einen Kanton/ein Bundesland bezieht. Zur Vermeidung von Mißverständnissen wäre es sinnvoll, mindestens zwischen Klein- und Großregion zu unterscheiden.

Regionalplanung/-politik, alpenspezifische
Auf der Ebene der Planungsregionen gibt es in den A. wichtige Ansätze und Erfahrungen für eine nachhaltige Regionalentwicklung, die allerdings von Staat zu Staat sehr unterschiedlich aussehen. Zu den Begriffen: Von Regional*politik* spricht man, wenn eine Region die finanziellen Mittel und die politische Aufgabe besitzt, regionalpolitische Ziele in die Realität umzusetzen (CH, I). Von Regional*planung* spricht man, wenn eine Region nicht über eigene, regionalpolitische Finanzmittel verfügt, sondern ihre regionalpolitischen Ziele lediglich mittels der gezielten und koordinierten Vergabe der bestehenden Finanzmittel realisieren kann (D, A, F).

I und CH: Zur Umsetzung der Berggebietspolitik wurden spezielle Berggebietsregionen ausgewiesen: In Italien 1971 die comunità montane (in den ital. A. heute 131) und in der Schweiz 1975 die IHG-Regionen (54 Regionen, davon 38 in den schweiz. A., allerdings ohne Davos und Oberengadin wegen mangelnder Förderungsbedürftigkeit und ohne die städtisch geprägten Gebiete um Lugano, Bellinzona, Glarus, Chur und das Rheintal Chur-Bodensee).

Diese Regionen müssen Entwicklungspläne (I: piano di sviluppo socio-economico; CH: Entwicklungskonzepte) erarbeiten und umsetzen. Die finanzielle Förderung erfolgt nur bei Vorlage eines genehmigten Entwicklungsplanes und nur, wenn das betreffende Projekt dessen Zielen entspricht. Gemäß dem integrativen Charakter der Berggebietsgesetze müssen diese Entwicklungspläne die wichtigen ökologischen, ökonomischen und sozio-kulturellen Aspekte der betreffenden Talschaft analysieren und auf dieser Basis konkrete Entwicklungsperspektiven erarbeiten. Besonders zu erwähnen sind hierbei die Richtlinien für die 2. Generation der schweiz. Entwicklungskonzepte aus dem Jahr 1989, die das Schwergewicht auf regionalwirtschaftliche Vernetzung, auf Stärkung der regionalen Innovationsfähigkeit und Identität und auf die gezielte Aufwertung endogener Potentiale mittels umwelt- und sozialverträglichen Nutzungsformen legen.

Ohne daß das Wort Nachhaltigkeit fällt, sind diese Entwicklungspläne dem Gedanken voll verpflichtet. Hier liegt auf der konkreten Umsetzungsebene die bislang umfangreichste und größte Erfahrung mit nachhaltiger Politik im Alpenraum vor.

Bayer. Regionalplanung: Die Gliederung Bayerns in 18 Planungsregionen wurde so vorgenommen, daß die Regionen Nr. 16 (Allgäu), Nr. 17 (Oberland) und Nr. 18 (Südostoberbayern) jeweils Alpen- *und* Voralpengebiete umfassen, sodaß der wirtschaftliche und Bevölkerungsschwerpunkt jeweils im Voralpenraum liegt. Damit gibt es einen gewissen raumplanerischen Bruch zwischen dem bayer. Alpenplan (nur Alpenraum), den Planungsregionen (Alpen- und Voralpengebiete zusammen) und der AK, deren Geltungsbereich sich nicht ganz mit den Regionen 16–18 deckt.

Österr. Regionalplanung: Mit der 2. Generation der Raumplanungsgesetze der Bundesländer in den 90er Jahren wird die Planungsregion hier als Stufe der Raumplanung zwischen Land und Gemeinde neu eingeführt. Noch gibt es wenig Erfahrungen damit, und jedes Bundesland geht hier unterschiedlich vor.

Slow. Regionalplanung: Derzeit im Neuaufbau begriffen.

Franz. Regionalplanung: Bis 1985 zentralistisch von oben bestimmt. Seitdem durch Schaffung der régions ein Stück weit dezentralisiert (Regionalplanung gemeinsam durch Staat und région). Kaum Ansätze für eine alpenspezifische Regionalplanung in den Regionen Rhône-Alpes und Provence-Alpes-Cote-d'Azur.

Regionalpolitik der EU: Eine alpen- oder berggebietsspezifische Regionalpolitik der EU gibt es nicht, aber die sog. Ziel-5b-Regionen spielen seit einigen Jahren eine gewisse Rolle in den A. Die EU-Regionalpolitik ist nach sog. Zielgebieten gegliedert, wobei der finanzielle Schwerpunkt (80 % der Finanzmittel) bei den (altindustrialisierten) Gebieten mit großen Strukturproblemen (sog. Ziel-1- und 2–Gebiete) liegt, aber auch strukturschwache ländliche Regionen (sog. Ziel-5b-Regionen) gefördert werden. Doch gerade die strukturschwächsten Alpenregionen haben besonders große Schwierigkeiten, diese EU-Mittel zu erhalten. Die Antragstellung ist relativ kompliziert und erfordert hohe fachliche Qualifikationen, so daß diese Mittel oft nicht beantragt werden. Grundsätzlich schneidet der Alpenraum bei der Vergabe der EU-5b-Mittel eher schlecht ab.

Regionstypen
Wissenschaftliches Konzept zur Gliederung der verschiedenen Formen der alpinen Entwicklung in wenige Regionstypen (Berggebiets- oder Kleinregion). Zweck: Erarbeitung von regionsspezifischen Strategien für eine nachhaltige Entwicklung. Dieses Konzept soll einerseits der Vielfalt der A. gerecht werden – populäre Vorschläge für die Zukunft der A. verallgemeinern oft richtige regionale Erfahrungen auf falsche Weise –, andererseits einer Unüberschaubarkeit entgegenwirken, die zu politischer Hilflosigkeit und Tatenlosigkeit führt. Es gibt vier Haupttypen:

1. Zentrendominierte Region (Z-Region): Alpenregion mit einem Zentrum von mind. 10.000 Einwohnern, in der mehr als 55 % der Bevölkerung im Zentrum selbst bzw. in den benachbarten Auspendlergemeinden wohnen. Die Z-Regionen umfassen heute etwa 35 % der Alpenfläche und 52 % der Alpenbevölkerung – in diesen verstädterten Regionen wohnt also bereits die Mehrheit! Es handelt sich bei ihnen um wirtschaftsstarke Regionen, die das gesamtalpine Wachstum von Wirtschaft und Bevölkerung tragen. Sie liegen meist an den internationalen Transitstrecken (an der Brenner-Strecke besonders stark ausgeprägt).

Während die Wirtschaft wenig Probleme macht (größtes Problem: sehr hohe Bodenpreise wegen relativ kleiner besiedelbarer Fläche), ist die soziale und kulturelle Situation durch eine hohe Dynamik und oft starke Anonymität geprägt. Die Umweltbelastung ist sehr hoch, Luftverschmutzung (durch Inversionswetterlagen der Talkessel/-lagen konzentriert) und Waldsterben (Überlagerung von Pendler- und Transitverkehr) sind stark ausgeprägt, so daß Umweltprobleme die Wirtschaftsentwicklung bereits mittelfristig gefährden könnten.

2. *Auspendler-Region* (P-Region): Alpenregion mit wenig Arbeitsplätzen vor Ort, aus der täglich mindestens 18 % der Er-

werbstätigen zur Arbeit auspendeln, meist in eine der großen Agglomerationen am Alpenrand. Die P-Regionen sind derzeit noch klein (12 % der Alpenfläche, mit 17 % der Alpenbevölkerung jedoch relativ dicht besiedelt), aber im starken Wachstum begriffen. Sie befinden sich v.a. dort, wo am Alpenrand große Agglomerationen liegen (Salzburg, Wien, Graz, besonders aber Varese-Como-Lecco-Bergamo-Brescia).

Die Mehrzahl der P-Regionen sind wirtschaftsschwach (Zwang zum Auspendeln aufgrund regionalwirtschaftlicher Defizite; Indikator: lange Pendlerwege), ein Teil wirtschaftsstark (zentrennahe P-Regionen). V.a. in letzteren gibt es ausgeprägte soziale und kulturelle Gegensätze zwischen den bäuerlich-traditionell geprägten Einheimischen und den urban geprägten Zuzüglern, die leicht eskalieren können und die Ausbildung einer gemeinsamen regionalen Umweltverantwortung behindern. Weil die Landwirschaft am Alpenrand noch vergleichsweise gut dasteht, haben sich hier häufig großflächig traditionelle Kulturlandschaften erhalten, die trotz Modernisierung und Intensivierung ein großes ökologisches Potential darstellen.

3. Ländliche oder nicht-zentrendominierte Region (N-Region): Die Mehrheit der Regionsbevölkerung lebt in ländlichen Gemeinden (Agrar-, Tourismusgemeinde u.ä.). Dieser Regionstyp entspricht dem klassischen Alpenbild, er umfaßt heute aber nur noch etwa 37 % der Alpenfläche mit 23 % der Bevölkerung, ist also keineswegs mehr für *die* A. repräsentativ. In den meisten Fällen sind die N-Regionen strukturschwach und kämpfen mit wirtschaftlichen Schwierigkeiten. Sie liegen häufig im Alpeninnern in schlecht erreichbarer Position, abseits der großen Transitstrecken.

Die Hälfte dieser N-Regionen verfügt über einen wirtschaftlich relevanten Tourismus, trotzdem weist ein erheblicher Teil von ihnen viele Merkmale der Strukturschwäche auf. Im kulturellen Bereich ist die traditionelle Kultur oft noch sehr lebendig, in touristischen N-Regionen mit ausgeprägten Überfremdungs- bzw. Abschottungserscheinungen. Die traditionellen Kulturlandschaften sind durch Nutzungsaufgabe und Extensivierung der Ungunstflächen und Nutzungsintensivierung der Gunstflächen bereits stark verändert, was beidemal mit ökologischen Problemen verbunden ist.

Der weitere Strukturwandel, der aus den N-Regionen Entsiedlungsregionen oder bestenfalls Auspendlerregionen macht, würde die ökologischen Veränderungen beschleunigen und damit Gefahren erhöhen.

4. Entsiedlungsregionen (E-Regionen): Ländliche Regionen mit einem starken Bevölkerungsrückgang seit 1870, der auch 1980–90 weitergeht. Die E-Regionen umfassen heute 18 % der Alpenfläche mit 8 % der Alpenbevölkerung. In ihnen bricht die Wirtschaft und Kultur völlig zusammen. Sie liegen in den franz.-ital. Westalpen und in den ital.-slow. Ostalpen. Mit der Strukturschwäche und dem wirtschaftlichen Zusammenbruch ist hier untrennbar eine kulturelle Erstarrung verbunden: Indem die lokalen Gesellschaften *alle* Veränderungen und Innovationen ablehnen, wollen sie zwar die traditionellen Strukturen erhalten, forcieren aber mit diesem Verhalten letztlich den beschleunigten Zusammenbruch. Deshalb stellt hier die kulturelle Frage den Schlüssel zur weiteren Entwicklung dar. In ökologischer Sicht haben sich hier, dank nicht vollzogener Modernisierung in der Landwirtschaft, die traditionellen Kulturlandschaften alpenweit am besten erhalten (einschließlich vieler traditioneller Haustierrassen und Nutzpflanzenarten). Daher ist in den wirtschaftlich bedrohtesten Alpenregionen das ökologische Potential am größten.

Regionsspezifische Nachhaltigkeitsstrategien:

1. Z-Regionen: Die Verstädterung hat hier zu den typischen großstädtischen Umweltproblemen geführt. Einwohner- und PKW-Zahlen sind zwar geringer als in Berlin oder Paris, aber die alpine Umwelt (Relief, Windsysteme) führt zu einer sehr hohen Konzentration aller Belastungen, die denen der großen Ballungsgebiete gleichkommen. Ziel muß hier eine alpenspezifische Agglomerationspolitik sein, die Umweltbelastungen, den Verkehr und den Lärm reduziert, das Anwachsen der Tagespendler bremst, den Flächenverbrauch stoppt und die Stadt-/Ortszentren als multifunktionale Lebensräume wieder aufwertet (Reurbanisation).

2. P-Regionen: Zentrales Problem ist das Auseinanderfallen von Wohn- und Arbeitsraum und das daraus resultierende Fehlen einer gemeinsamen Umweltverantwortung. Um zu verhindern, daß diese Regionen zum bloßen Anhängsel der außeralpinen Agglomerationen und damit total fremdbestimmt werden, müssen Arbeitsplätze vor Ort geschaffen und das Regionszentrum gestärkt werden. Die umweltverträgliche Nutzung der vorhandenen endogenen Potentiale (gute Bedingungen für Land-/Forstwirtschaft, sehr gute Naherholungseignung) kann von der Standortgunst dieser Regionen profitieren (sehr großer Kunden-/Nachfrager-Kreis direkt vor der Haustür).

3. N-Regionen: Wenn die Entwicklung so weitergeht wie in den letzten Jahrzehnten, dann werden die meisten der N-Regionen zu E-Regionen. Um dies zu verhindern, muß die noch bestehende dezentrale Wirtschaftsstruktur durch gezielte regionalwirtschaftliche Vernetzung konsolidiert und durch bessere Nutzung der endogenen Ressourcen in umwelt- und sozialverträglichen Formen gekräftigt werden. Das betrifft Landwirtschaft (Qualitätsprodukte), Handwerk/Kunsthandwerk, Industrie (EDV-Arbeitsplätze), Tourismus (als sanfter Tourismus) und nicht-touristische Dienstleistungen.

4. E-Regionen: Der Zusammenbruch von Wirtschaft und Gesellschaft hat hier schon zu völlig entsiedelten Seitentälern geführt, die als Wildnis- oder Naturschutzgebiete genutzt werden können. Auf großen Flächen sind aber noch die traditionellen Kulturlandschaften mit ihrem Artenreichtum vorhanden, die aus ökologischen, kulturellen und wirtschaftlichen Gründen unbedingt erhalten bleiben sollten. Im Gegensatz zu den N-Regionen sind hier jedoch die lokalen Strukturen kulturell erstarrt und zusammengebrochen, so daß ein Neuaufbau in neuen, regional vernetzten Strukturen (mit Erwerbskombinationen, Mehrfachbeschäftigung) erforderlich ist. Basis des Wirtschaftens müssen die spezifischen Qualitäten dieser Regionen sein (Landwirtschaft: alte Haustierrassen und Pflanzensorten; Handwerk/Kunsthandwerk: Traditionelle Materialien; Tourismus: Traditionelle Kultur- und Naturlandschaften), die durch moderne Wirtschaftsformen (EDV-Arbeitsplätze in Industrie und nicht-touristischen Dienstleistungen) ergänzt werden. Ziel ist dabei nicht die Musealisierung der Vergangenheit, sondern eine lebensfähige und -werte Mischung aus traditionellen und modernen Elementen.

Zusammenfassung: Die Probleme, aber auch die Möglichkeiten einer nachhaltigen Entwicklung sind in den vier Regionstypen so unterschiedlich, daß eine alpenweit einheitliche Strategie ins Leere laufen muß.

Reihendienst

Bezeichnung für die turnusmäßig auszuführenden Gemeinschaftsarbeiten im Altsiedelraum, die meist nach einer festen Reihenfolge organisiert waren.

Reproduktion
Komplementärer Begriff zur Produktion, der die Wiederherstellung und Erneuerung der Produktionsvoraussetzungen bezeichnet.

1. Ökologische Reproduktion: Die Kulturlandschaft als künstliches, vom Menschen hervorgebrachtes Ökosystem ist aus sich selbst heraus ökologisch instabil und entwickelt sich ohne stetigen menschlichen Eingriff zur standortgemäßen Vegetation (in den A. meist Wald). Will der Mensch dauerhaft in den A. leben, dann muß er sich neben der Produktion (von Lebensmitteln) bewußt für die Reproduktion seiner Lebensgrundlage, also für die permanente ökologische Stabilisierung seiner Kulturlandschaft, engagieren. Dies geschieht mittels Nutzungsbegrenzung, einer ganz bestimmten Gestaltung der Produktion (kleinräumige Struktur, richtiges Maß zwischen Über- und Unternutzung) und der Durchführung von Pflege- und Reparaturarbeiten. Ohne ökologische Reproduktion wird die Produktion zum Raubbau bzw. zur Raubwirtschaft, die in den A. nur für eine sehr kurze Zeitspanne ausgeübt werden kann, weil dann die ökologischen Voraussetzungen der Produktion zerstört sind. Bei vielen aktuellen Nutzungsformen in den A. spielt die Reproduktion keine oder nur noch eine sehr geringe Rolle.

2. Kulturelle Reproduktion: Der Mensch ist nicht in der Lage, durchgehend zu arbeiten. Er benötigt zur produktiven Arbeit Phasen der Regeneration, in denen er sich nicht bloß erholt, sondern – in Distanz zur Arbeit – sich selbst und seiner zentralen Werte und Ziele vergewissert und Erfahrungen wie neue Herausforderungen verarbeitet. In der traditionellen Welt der A. war das Sommerhalbjahr überreich mit Arbeit angefüllt, aber im Winter gab es relativ wenig zu tun, so daß genügend Zeit für eine (gemeinsame) kulturelle Reproduktion blieb. Und selbst die arbeitsreichste Hochsommerzeit war von Festtagen unterbrochen. Mit dem Zerfall der traditionellen Welt nach dem Zweiten Weltkrieg verfiel auch diese Abfolge von Arbeits- und Regenerationszeiten, die durch jahreszeitliche Feste deutlich gegliedert war, bei denen sich der Einzelne in einem größeren kulturellen Kontext wiederfinden konnte. Die moderne Welt ist dagegen im Arbeitsbereich von hoher Anspannung und Hektik, im Freizeitbereich von arbeitsähnlicher Leistungsbereitschaft oder passivem Konsum geprägt, so daß die Ruhe und Besinnung fehlt, sich in Distanz über die ablaufende Entwicklung und mögliche Alternativen klar zu werden. Oft sind es Bürgerinitiativen, neue Genossenschaften in Landwirtschaft, Handwerk und Tourismus, manchmal auch ganze Gemeinden, die diese Besinnung fordern und teilweise in völlig neuen Formen (neue Feste, Protestaktionen, Diskussionsforen) realisieren. Ein nachhaltiges Wirtschaften ist unmöglich, solange die produktive Arbeit absolut gesetzt wird und die kulturelle Reproduktion lediglich die physische Reproduktion der menschlichen Arbeitskraft beinhaltet.

3. Ökonomische Reproduktion: Der Produktionsprozeß muß soviel Ertrag abwerfen, daß am Ende eines Produktionszyklus das zu Beginn eingesetzte Kapital vollständig reproduziert ist (incl. Inflationsausgleich), also für neue Investitionen zur Verfügung steht. Ist dies nicht der Fall, zehrt ein Betrieb von der ökonomischen Substanz (in den A. heute bei Landwirtschafts-, kleinen/mittleren Tourismus- und kleineren Handwerksbetrieben häufig).

Produktion-Reproduktion: Das Wirtschaften der europ. Industriegesellschaften ist dadurch gekennzeichnet, daß zwar die ökonomische, kaum jedoch die ökologische und kulturelle Reproduktion berücksichtigt wird. In den A. ist deutlich sichtbar, daß auf diese Weise weder die natürliche Grundlage des Wirtschaftens, die Kulturlandschaft, noch die kulturelle Grundlage des Wirtschaftens, die Produktivität und Kreativität der arbeitenden Menschen, langfristig gesichert sind, so daß dieses System ökologisch und kulturell von der Substanz zehrt, ohne sie angemessen zu reproduzieren. Ein nachhaltiges Wirtschaften ist ohne Aufwertung der ökologischen und kulturellen Reproduktion nicht denkbar.

Römerstraßen

Die Römer legten ab 15 v.Chr. die ersten befahrbaren Straßen im Alpenraum an. Sie weisen dank weiten Serpentinen und Kunstbauten eine sehr gleichmäßige, relativ geringe Steigung auf und sind im ebenen Gelände oft schnurgerade angelegt. Römische Brücken zeichnen sich dadurch aus, daß sie ohne Steigung in durchgehend ebener Trasse über die Brücke führen. Mittelalterliche Brücken dagegen, die zwar oft den Namen „Römerbrücke“ tragen, steigen zur Brückenmitte hin steil an und fallen auf der anderen Seite genauso steil wieder ab. Mit dem Rückzug der Römer aus den A. verfielen diese Straßen allmählich, die Wegbarkeit der A. wurde deutlich schlechter. Die ab dem 11. Jh. neu angelegten mittelalterlichen Wege und Straßen erhielten meist eine andere Trassenführung als die Römerstraßen. Heute noch sind viele kleinere Teilstücke von Römerstraßen (im Aostatal bei Runaz und bei Donnaz, am Julier- und Malojapaß, bei Mittenwald, bei Villach, am Paß Lueg/Salzburg) sowie einige Römerbrücken erhalten.

RTM = Restauration des Terrains en Montagne
Franz. Fachbegriff bzw. häufig benutzte Abkürzung für alle Maßnahmen der Wildbach- und Lawinenverbauung bis hin zu flächenhaften Hangsanierungen und Wiederaufforstungen. Basis ist das franz. Forstgesetz von 1860, das zahlreiche Maßnahmen auch in den franz. A. auslöste und als erste Phase einer Berggebietspolitik bezeichnet werden kann.

Ruhegebiet
Raumplanerischer Fachbegriff für Gebiete außerhalb geschlossener Ortschaften ohne Seilbahnen/Lifte, öffentliche Straßen, lärmerzeugende Betriebe. Ruhegebiete wurden bislang nur im Bundesland Tirol 1991 ausgewiesen und dienen dort dem Ziel, neue Erschließungen zu verhindern (Skigebiet, neue Straßen, Überlandleitungen) sowie lärmende Aktivsportarten (Flugzeuge, Hubschrauber) auszugrenzen.

Rumpfschollengebirge
Ehemalige Bruchschollengebirge (durch starke Hebung zerbrochene Plattenteile) mit Hochgebirgscharakter, die durch weit vorangeschrittene Abtragung stark eingeebnet sind. Die meisten deutschen Mittelgebirge gehören zu diesem Typ. Die A. werden diesen Zustand in einer geologisch mittelfristigen Zeitspanne erreichen.

Rumpftreppe
Geomorphologischer Begriff zur Bezeichnung von Gebirgsgruppen mit übereinandergestaffelten Verebnungsflächen, die durch Erosion jedoch meist nur noch in Rumpfform existieren. Daher liegen flache und steile Reliefformen treppenförmig übereinander.

Rutschung
Weitgefaßter populärer Begriff zur Bezeichnung sehr verschiedener geomorphologischer Prozesse. Charakteristisch ist für diese

langsamen Massenbewegungen die Nischenform des Abrißgebietes und die wellenförmige Gestalt der Ablagerungsflächen. Voraussetzungen: Glaziale Übersteilung der Hänge, mergeligtonige Zwischenschichten im Gestein als Gleitfläche sowie sehr viel Wasser.

1. Gleitungen oder Schlipfe: Abrutschen von Fels- oder Hangpartien auf Gleitschicht oder -horizont, wobei das ursprüngliche Gesteins- oder Bodengefüge nicht zerstört wird. Solche Gleitungen sind v.a. im Bereich des Bündner Schiefers verbreitet und dort teils großflächig verbreitet (in Graubünden z.B. im Lugnez 52 km^2, im Safiental 46 km^2), wobei im Extremfall ganze Dörfer sehr langsam hangabwärts wandern. Gleitungen stehen oft am Anfang eines Prozesses, der sich dann zu einer Rutschung oder einem Bergsturz weiterentwickelt.

2. Absitzungen: Prozesse ohne Gleitschicht, bei denen das abrutschende Material plastisch deformiert wird. Am Beginn steht oft eine Sackung (vertikale Bewegung von Gesteinsmassen).

3. Sonstige Prozesse: Umgangssprachlich werden die verschiedensten Erosionsprozesse auch als Rutschung bezeichnet.

SAB

= Schweiz. Arbeitsgemeinschaft für die Berggebiete: Lobbyorganisation, die die wirtschaftlichen, kulturellen und sozialen Interessen der Berggebiete in der Schweiz sehr engagiert und öffentlichkeitswirksam vertritt.

Sacro Monte

Wörtlich: Heiliger Berg, präziser: Kalvarienberg. Monumentale Landschaftsarchitektur der Barockzeit, die aus einer auf einem Berggipfel gelegenen Kirche (mit zahlreichen Nebengebäuden) und einem auf den Berg führenden Prozessions- oder Kreuzweg mit zahlreichen Kapellen besteht. Bei der Gesamt- und Detailgestaltung wurde eine multimediale Kunstvision umgesetzt, in welcher Landschaft, Architektur, Malerei, Skulpturen und Szenographie zu einer Einheit verbunden sind. Noch heute beeindrucken die zahlreichen lebensgroßen und äußerst realistisch gestalteten Figurengruppen, die vor großen Gemälden stehen, wobei der Übergang von den Figuren zu den Bildern fast unbemerkt bleibt.

Theologische Leitidee der sacri monti war das Heilige Jerusalem und die Vergegenständlichung der Heilsgeschichte Christi von der Geburt bis zur Kreuzigung und Auferstehung entlang der einzelnen Stationen des Kreuzweges.

Im Laufe des 16./17.Jh. wurden 15 Sacri Monti errichtet (der Sacro Monte di Varallo 1477–81 als Vorläufer), die mit nur zwei Ausnahmen alle am piemontesisch-lombardischen Alpenrand liegen, in der Regel in bescheidener Seehöhe, aber immer in landschaftlich herausragender Position. 11 der 15 Sacri Monti liegen im Piemont (v.a. in den Provinzen Biella, Vercelli, Novara) und je zwei in der angrenzenden Lombardei und im Tessin (am Lago Maggiore).

Die größte Anlage, der Sacro Monte di Oropa bei Biella, ist zugleich die jüngste und mit 1200 m die höchstgelegene; sie ist Teil einer monumentalen Marienwallfahrt im Gebirge.

Safran
Die Safranpflanze ist ein Zwiebelgewächs (Krokusart), aus welchem das Gewürz gewonnen wird. Der einzige Ort der Alpen, an dem heute noch Safran in nennenswerter Menge produziert wird (3–4 kg/Jahr), ist Mund, 1200 m, im Oberwallis/CH bei Naters. Die Produktion läßt sich hier bis ins 16. Jh. nachweisen.

Sakrallandschaft
Volkskundlicher Ausdruck für eine von religiösen Bauten (Kirchen, Kapellen, Kreuzwegen, Bildstöcken) geprägte Landschaft, nur in katholischen Gebieten. Dieser Begriff wurde als barocke Sakrallandschaft vom Schweizer Volkskundler Richard Weiss für das Wallis, besonders das Oberwallis geprägt, trifft aber auch auf Tirol, Südtirol, Oberbayern und die Sacri Monti der Alpensüdseite zu. Es stellt sich die Frage, ob es nicht auch romanische Sakrallandschaften in den A. gibt, die zwar weniger reich ausgearbeitet sind wie im Barock, deren romanische Bauten in dominanter Position aber ebenso landschaftsprägend wirken (z.B. die Kirchenburghügel von Sion).

Salz
Die Salzlagerstätten der A. sind in der Regel durch Beimengung von Ton, Lehm und Gips verunreinigt und werden in den Ostalpen „Haselgebirge“ genannt. Bei der Salzgewinnung im Bergbau

muß daher durch Wasser zuerst das Salz von den anderen Materialien getrennt werden (im Sinkwerk). Die flüssige Sole (salzhaltige Wasserlösung) wird in einer Saline durch Erhitzen in Siedpfannen zu Salzkristallen umgewandelt, wofür früher sehr viel Brennholz benötigt wurde.

Große Salzlagerstätten gibt es im Salzkammergut, im Raum Salzburg-Berchtesgaden, im Tiroler Inntal und im unteren Rhonetal. In den Süd- und Südwestalpen stammt das Salz dagegen meist vom Ufer des Mittelmeeres, wo es in flachen Becken durch Verdampfen gewonnen wird.

Salzstraße
Saumweg, der dem Transport von Salz zwischen der Mittelmeerküste bzw. den Salinenorten der Nordalpen und den Alpenregionen diente. Um hohe Zölle zu vermeiden, wurden Wegführungen gewählt, die heute oft unlogisch wirken und unbekannte Pässe benutzen.

Sammelwirtschaft
Die paläolithische Wirtschaftsform des Sammelns (typisch für Wildbeutergesellschaften) hat sich in den A. bis weit ins 19. Jh. hinein erhalten. Sie war v.a. für landlose Familien (um 1800 etwa 20 % aller Familien in den Nordalpen) und für Familien mit sehr kleinem Grundbesitz (in den Südwest- und Südalpen häufig) von existentieller Bedeutung. In Krisen- und Kriegszeiten (Verwüstung der Äcker, Schlachtung des Viehs) war sie für die gesamte Bevölkerung wichtig. Gesammelt wurden wilde Beeren und Früchte, Kräuter, Pilze, Wurzeln, zahlreiche Waldprodukte (Laub, Bartflechten, Reisig, Wildfrüchte) sowie Wildheu, also Produkte, die ohne menschliches Zutun (Rodung, Pflanzung, Düngung) von selbst wachsen. Die Menge der Lebensmittel, die dadurch direkt oder indirekt (Ziegen-, Schafhaltung) gewonnen wurde, wird heute meist stark unterschätzt.

Saumweg
Weg, auf dem Waren „gesäumt", d.h. von Lasttieren getragen werden; vom Mittelalter bis zum Ende des 18. Jh. überall in den A. zu Handels- und Transitzwecken angelegt, auch in heute völlig abgelegenen Tälern. Solche Wege sind oft kunstvoll ausgearbeitet (Pflasterung, Steinmauern oder Hecken als seitliche Begrenzung,

gleichmäßige Steigung durch Anlage von engen Serpentinen) und relativ steil, weil Pferde und Maultiere größere Steigungen bewältigen können. Bis vor kurzem wurden solche Wege noch achtlos zerstört. Inzwischen setzt sich die Erkenntnis durch, daß es wertvolle Kulturdenkmäler sind, die zugleich sehr attraktive Wanderwege darstellen. In der Schweiz wird ihre Dokumentation, Erhaltung und Restauration am konsequentesten betrieben („Inventar Historischer Verkehrswege der Schweiz/IVS"). Allmählich ziehen hier auch andere Alpenregionen nach.

Schichtkamm
Stark vertikal gegliederte und mächtige Kalksteinschichten mit unterschiedlicher Gesteinshärte reagieren auf Erosion in der Weise, daß die weichen Gesteinsmassen schnell, die harten dagegen langsam abgetragen werden. Daher bestehen heute steile Hänge und Hochflächen aus harten, tiefere und Tallagen aus weichen Gesteinen; es bildet sich eine Art Treppung heraus, die Schichtkamm genannt wird. Die geolog. Voraussetzungen für diese Formen sind nur in der Helvetischen Decke gegeben, deshalb treten sie in reiner Form nur in den westalpinen Kalkalpen zwischen Mittelmeer und Bodensee auf.

Schleife
Bäuerliches Transportgerät, das einem Wagen ähnelt, dessen Hinterachse aber statt Rädern Schlittenkufen besitzt. Bessere Geländegängigkeit als ein vierrädriger Wagen.

Schlitten
Bäuerliches Transportgerät, das im Sommer und im Winter eingesetzt wurde. Schlitten zum sommerlichen Transport von Heu sind wesentlich geländegängiger als Wagen. Sie kamen erst mit dem Bau zahlreicher Güter- und Erschließungsstraßen aus der Mode.

Schnaiteln oder schneiteln
Abschneiden der dünneren Äste eines Laubbaumes (im Nadelwaldbereich auch der Sträucher), so daß lediglich der Stamm und eine kleine Baumkrone übrigbleibt. Früher inner- und außerhalb der A. sehr häufig, in den A. an vielen Stellen bis etwa 1965 (vereinzelt auch heute noch) praktiziert; an den typischen Baumformen (langer Stamm, sehr kurze und gleichlange Seitenäste) gut

erkennbar. Das so gewonnene Futterlaub diente Schafen und Ziegen als Winternahrung und wurde traditionell auch in der Tiermedizin eingesetzt. Derzeit gibt es einige Ansätze, diese alte Wirtschaftsform wieder aufleben zu lassen.

Schneekriechen
Sehr langsames, stetiges Bergabfließen der Schneedecke, meist im Frühling oder während zeitweiliger Auftauprozesse. Dabei werden im Schnee festgefrorene Pflanzen (kleinste Bäume, langes Gras) aus dem Boden herausgerissen und Hindernisse (größere Steine) talabwärts geschoben. So entstehen Bodenverwundungen, die Bodenabtrag begünstigen.

Schön Doppeldeutiger Begriff:

1. Im Verständnis des Agrarzeitalters bzw. der Landwirtschaft: Stellen im Gebirge, die besonders ertragreich oder gut zu bearbeiten sind. Diese Bedeutung findet sich in zahlreichen Orts- und Flurnamen wieder.

2. Im Verständnis des Industriezeitalters bzw. der Städter: Besonders malerische oder romantische Stellen im Gebirge; oft solche, die einen überraschenden Blick auf einen steilen Berg oder ein Bergmassiv ermöglichen. In der Regel Positionen, die eine bestimmte ästhetische Perspektive bieten: Im Vordergrund eine beruhigende, menschlich-idyllisch geprägte Szenerie, im Mittelgrund ein Distanz schaffender See oder Talboden, im Hintergrund ein abweisender, himmelhoher Berg mit steilsten Fels- und Eiswänden.

Nur von solchen Punkten aus wurde die alpine Landschaft anfangs als schön empfunden. Später wurde diese Erfahrung verallgemeinert und auf das gesamte Gebirge übertragen, was aber keinesfalls per se überall schön ist: Jeder Alpentourist dürfte das Gefühl kennen, daß ein Alpental einfach nicht schön ist, obwohl alle Voraussetzungen eigentlich stimmen, und sich der Eindruck von Schönheit erst bei einer bestimmten Biegung des Weges, die eine neue Perspektive ermöglicht, einstellt.

Schotter
Von Flüssen in den Alpentälern oder im Alpenvorland abgelagertes Geröll oft großer Mächtigkeit, das heute eine wichtige Rolle als Grundwasserspeicher spielt.

Schräger Durchgang durch die A.
Traditionelle geographische Bezeichnung für die Verbindung Wien-Triest via Semmering und Klagenfurt, die in schräger Linie durch die östlichen Ostalpen führt. Früher für Habsburg als schnellster Meereszugang sehr wichtig (deshalb bereits 1854 Semmeringbahn als erste Eisenbahnlinie der A.), ab 1918 starke Entwertung, seit 1990 wieder starke Aufwertung als West-Ost-Verbindung (deshalb Semmering-Basistunnel).

Schrofengelände
Gestuftes, meist brüchiges Felsgelände mit mäßiger Steigung.

Schwaige/Schwaighof
Vom Grund- oder Landesherren in den Ostalpen im Rahmen des hochmittelalterlichen Siedlungsausbaus gegründeter Bauernhof mit ausschließlicher Viehwirtschaft (Viehhof). Meist oberhalb der traditionellen Dauersiedlungen, oft am unteren Rand der Almen gelegen. Oder auf anderen, bislang nur randlich genutzten Flächen (Schatthänge), im Alpenvorland auch in den großen Flußauen von Donau, Inn, Isar und Traun als Einzelhof angelegt. Der Grundherr stattete die Schwaigen meist mit 6 Milchkühen oder 30 Melkschafen aus, sorgte für die Belieferung mit Getreide und erhob einen Zins von 300 Käse (à 1–3 Pfund) pro Jahr. Die Anlage von mehr als 2000 Schwaigen in den Nebentälern von Etsch, Inn, Salzach, Enns, Mur, Mürz, Möll und Drau führte zu einer erheblichen Siedlungsverdichtung im mittelalterlichen Jungsiedelraum. Mit Beginn der Klimaverschlechterung nach 1348 wurden viele hochgelegene Schwaigen als Dauersiedlungen aufgegeben und zu Almen oder Zuhuben (Teil eines tieferliegenden Bauernhofes) umgewandelt. Ehemalige Schwaigen sind heute nur anhand historischer Dokumente, nicht durch ihre Architektur oder Lage zu erkennen.

Schweizer A.
Sie nehmen eine Fläche von 26.975 km^2 (= 15 % der Alpenfläche) ein und besitzen 1990 1,7 Mio. Einwohnern (= 16 % der Alpenbevölkerung); der höchste Berg ist die Dufourspitze, 4634 m, in der Monte-Rosa-Gruppe. Sie umfassen einen großen Teil der Zentralalpen und greifen im Tessin (und in kleinerem Umfang auch in Graubünden) über den Alpenhauptkamm nach Süden ins Ein-

zugsgebiet des Po. Die schweiz. A. sind deutlich dreigeteilt: Die niederschlagsreichen Nordalpen, die trockeneren Zentralalpen mit ausgeprägten Trockenzonen im Wallis und Engadin und die mediterran beeinflußten Südalpen (nur im Südteil des Tessins, im Sottoceneri).

Trotz des sehr hohen Stellenwertes der A. in der schweiz. Politik sind die Strukturvoraussetzungen in den Zentralalpen so schlecht, daß es hier größere strukturschwache Gebiete gibt (v.a. im Tessin und in Teilen von Graubünden), in denen die Landwirtschaft zusammenbricht und in denen sich kein Tourismus ansiedelt. In anderen Teilen der Zentralalpen dagegen (v.a. im Wallis und in Teilen von Graubünden) sorgen hohe Tourismuskonzentrationen für ein starkes Bevölkerungswachstum. In den feuchten Nordalpen hat sich die Landwirtschaft dank den schweiz. Agrarförderungen noch recht gut erhalten; hier gibt es aber – mit Ausnahme des Berner Oberlandes – kaum größere Tourismusstrukturen und die Voralpengebiete sind sogar meist völlig tourismuslos. Im Tessin finden wir eine Entwicklung, die der der franz. Nordalpen ähnlich ist: Das Berggebiet ist heute fast vollständig entsiedelt und die tiefen Tallagen um Bellinzona, Lugano, Locarno, Chiasso sind sehr stark verstädtert – 87 % der Tessiner leben 1990 in Agglomerationsgemeinden!

Der moderne Strukturwandel setzt um 1860–70 ein und verursacht in den Zentral- und Südalpen große Auswanderungswellen. Einerseits bemüht sich die Schweiz schon sehr früh um eine flächenhafte Berggebietsförderung (ab 1922, nach 1955 sehr verstärkt), andererseits ist die Schweiz ein liberaler Staat mit einem sehr hohen Stellenwert marktwirtschaftlicher Prozesse. Diese führen zu starken Konzentrationen im Tourismus und in der Bauwirtschaft (Träger der in den schweiz. A. sehr zahlreichen Ferienhäuser und Zweitwohnungen), die durch die flächenhaft orientierte Berggebietsförderung nur teilweise ausgeglichen werden können, so daß erhebliche räumliche Disparitäten für die schweiz. A. charakteristisch sind.

Schwemmkegel/-fächer

An der Stelle, wo ein Seitenbach in den meist flachen Talboden eines Haupttales mündet, lagert er das mitgeführte Gesteinsmaterial (von grobem Schotter über Geröll bis hin zu Sand und Ton) ab, wodurch ein fächer- bis kegelförmiges Ablagerungsgebiet (teilweise mit 100 m und mehr Höhendifferenz) entsteht, das oft 1–2 km in Länge und Breite mißt und entweder flach und breit oder steil und schmal ausgebildet ist. Die Ablagerungsprozesse, die am Ende der letzten Eiszeit besonders stark waren, sind einmal plötzliche Großereignisse (Muren, Hochwasser), zum anderen die täglichen, sehr kleinen Sedimentationen. Solche Schwemmkegel sind in der Besiedlung und Landwirtschaft von besonderer Bedeutung.

Schwenden
Wichtiger Arbeitsgang der Almpflege: Gezieltes Entfernen (Mähen, Ausgraben) von hochwachsenden Weideunkräutern (z.B. Gelber Enzian, Germer, die das Vieh nicht frißt), aufkommenden Zwergsträuchern und Fichten.

Seen
sind in erdgeschichtlicher Perspektive kurzlebige Phänomene, die in den A. ihren Ursprung direkt oder indirekt den Eiszeiten verdanken und die durch die Ablagerungen der Bäche und Flüsse allmählich zugeschüttet werden. Die rund 4000 Seen der A. lassen sich in zwei Gruppen einteilen:

1. *Hochgebirgsseen:* Meist Karseen, Transfluenzpaßseen, Seen zwischen Endmoränen oder sonstige, durch eiszeitliche Gletscher geschaffene, heute wassergefüllte Hohlformen sowie aus Toteis entstandene Seen. Gletscherseen, also durch Eis aufgestaute Seen, sind heute sehr selten, waren aber in Zeiten von Gletschervorstößen häufiger. Alle diese Seen sind relativ klein und flach, lange Zeit eisbedeckt, nährstoffarm und besitzen sehr niedrige Wassertemperaturen, so daß alle biologischen Prozesse extrem langsam ablaufen. Viele dieser Seen sind schon seit langem zugeschüttet.

2. *Alpenrandseen:* Die durch starke glaziale Übertiefung geprägten Trogtäler, meist am Alpenrand, manchmal aber auch in tiefer Lage im Alpeninnern (Klagenfurter Becken), verwandelten sich in der Nacheiszeit in große, tiefe, längliche, teilweise fjordartige Seen, die seitdem erheblich an Fläche verloren haben (der Genfer See reichte ursprünglich bis Martigny, der Bodensee fast bis Chur, der Comer See bis Chiavenna) oder ganz zugeschüttet wurden. Die meisten dieser Seen haben gegenwärtig ihre Halbwertszeit erreicht und dürften in 10.000 Jahren vollständig verlandet sein. Diese etwa 40 Seen sind die größten Alpenseen (Genfer See = 581

km^2, Bodensee = 538 km^2, Gardasee = 370 km^2). Sie haben wegen der niedrigen Temperaturen (kaltes zufließendes Wasser, große Wassertiefe, schlechte Besonnung) und geringem Nährstoffeintrag von Natur aus nur eine relativ geringe biologische Produktivität.

Die Hochgebirgsseen hatten im Agrarzeitalter keine, die Alpenrandseen nur eine marginale wirtschaftliche Bedeutung (Fischerei; Transportweg für Saumverkehr). Dies änderte sich mit dem Tourismus, der alle Seen stark aufwertete und die Alpenrandseen zu bevorzugten Hotel-Standorten für den Sommertourismus, die Gebirgsseen zu beliebten Wanderzielen (teilweise mit Berghütte) machte.

3. Stauseen: Diese Seen zeichnen sich durch breite, vegetationsarme Uferstreifen aus, die durch den wechselnden Seespiegel entstehen. Speicherseen, die der Erzeugung von Spitzenstrom im Winter dienen, sind im November gefüllt und im Frühjahr fast leer, Seen für Trink- und Bewässerungswasser sind dagegen im Frühjahr/Frühsommer gefüllt und im Herbst leer. Der größte Speichersee ist der 1957 gebaute Lac de Dix im Val d'Hérémence (Wallis/CH) in 2364 m Höhe mit einer Fläche von knapp 4 km^2 und einem Volumen von 400 Mio. m^3; der größte Stausee für Bewässerungswasser ist der Lac de Serre-Ponçon im Durance-Tal (Südfranz. A.) in 790 m Höhe mit einer Fläche von 46 km^2.

Sektoralpolitik

Politischer Fachbegriff für eine Politik, die nur den Interessen *eines* Sektors oder *eines* politischen Ressorts verpflichtet ist, z.B. Wirtschafts-, Umwelt-, Kulturpolitik usw. Da die politischen Systeme in allen Staaten mit Alpenanteil sehr stark von den einzelnen Ressorts geprägt werden, besteht „die Politik" in der Regel aus zahlreichen Sektoralpolitiken, meist unter der Dominanz der Wirtschaftspolitik. Der Gegenbegriff zur Sektoralpolitik heißt integrale oder integrative Politik, eine Politik also, die von vornherein Wirtschafts-, Gesellschafts- und Umweltpolitik gegen- und miteinander zu einem Gesamtentwurf ausbalanciert. Dies ist die Aufgabe von Raumordnung und Regionalplanung, die aber meist nur einen randlichen Stellenwert besitzen. Die AK wurde anfangs von den betroffenen Staaten fälschlich als Sektoralpolitik (= Umweltpolitik) angesehen. Inzwischen ist deutlich geworden, daß dies der AK nicht gerecht wird, so daß auf Staatsebene Arbeitsgruppen gebildet werden, an der Vertreter aller betroffenen Ministerien (Wirtschaft, Energie, Kultur, Umwelt, Verkehr usw.) teilnehmen. So zeigt sich, wie schwierig es ist, eine integrative Politik zu entwickeln, wenn die Politik sektoral strukturiert ist. Die AK beinhaltet daher auch einen Impuls zur Stärkung integrativer Strukturen im politischen System der europ. Staaten, weil sonst eine nachhaltige Entwicklung politisch nicht zu realisieren ist.

Sérac
Aus dem Franz. stammender Begriff für Eisturm. Gletscher lösen sich beim Überfließen von Gefällestufen in Séracs auf.

Servitut oder Grunddienstbarkeit
Im Grundbuch eingetragenes Nutzungsrecht für bestimmte Personen, durch die die Eigentumsrechte des Eigentümers (oft der Staat, öffentliche Institution) eingeschränkt werden. Die meisten Servitute betreffen die Waldweide, Holzentnahme aus dem Wald, Wege- und Durchtriebsrechte u.ä. und gehen auf traditionelle bäuerliche Nutzungsrechte zurück. In den Ostalpen sehr häufig.

Siedlungsarten
1. *Dauersiedlungen:* Siedlungen, die ganzjährig bewohnt werden, oder die (bei nomadisierender Nutzungsform) im Winter bewohnt werden.

2. *Saisonale Siedlungen:* Siedlungen, die in einer bestimmten Jahreszeit regelmäßig bewohnt werden. Dabei gibt es vier Hauptgruppen:

a) Im Frühjahr und Herbst bewohnte Siedlungen: Solche Siedlungen stellen eine Zwischenstation zwischen Dauer- und Almsiedlung dar und werden meist nur je 2–3 Wochen übergangsweise genutzt. Dabei gibt es zwei Formen: aa) ackerbauliche und viehwirtschaftliche Nutzung, meist durch mehrere Familienmitglieder (Maiensäß); bb) rein viehwirtschaftliche Nutzung, meist nur durch eine Person (Voralm). Hierfür gibt es eine unübersehbar große Zahl von Dialektausdrücken.

b) Sommersiedlungen: Zwischen Anfang Juni und Ende September von der ganzen Familie bewohnte Siedlungen mit ackerbaulicher und viehwirtschaftlicher Nutzung, von der aus Familienmitglieder aufbrechen, um die anfallenden Arbeiten in den tieferen (Dauersiedlung, Weinberg) und höheren Lagen (Bergmähder, Almweiden) zu erledigen.

c) Almsiedlungen: Im Hochsommer genutzte Siedlungen mit viehwirtschaftlicher Nutzung.

d) Bergmähderhütten: Einfachste Unterkünfte/-stände, die während der Mahd der Bergmähder im August für wenige Tage bewohnt werden. Oft keine richtigen Gebäude, sondern Erdhöhlen mit Steingewölbe oder Holzdecke.

Da die saisonalen Wohnortwechsel viel Zeit erfordern und jede Familie mehrere Gebäude benötigt, werden sie heute kaum noch durchgeführt. Dank zahlreicher Flur-, Forst- und Almstraßen können heute die meisten Parzellen schnell mit dem Pkw erreicht werden, die schlecht erreichbaren werden aufgelassen. Damit zerfällt ein traditionelles Merkmal der Gebirgsnutzung, die saisonalen Wanderungen.

3. Temporärsiedlungen: Sporadisch und unregelmäßig genutzte Siedlungen. Im Alpenraum selten. Oft auch sinngleich wie saisonale Siedlung gebraucht.

Siedlungslagen

Die traditionellen Siedlungslagen weisen einen engen Bezug zu den Geländeformen auf, weil sie hochwasser- und lawinensicher angelegt wurden, eine möglichst intensive Besonnung suchten und eine gute Wasserversorgung benötigten.

1. Schwemmkegel- oder Schuttkegel-Siedlungen: Seitenbäche, die in ein größeres Tal münden, bauen an der Mündungsstelle einen mehr oder weniger großen Schwemmkegel oder Schuttfächer auf, der den Hauptfluß an den Gegenhang drückt. Diese Schwemmkegel sind die bevorzugtesten und oft ältesten Siedlungslagen der A., weil sie hochwassersicher (in bezug auf den Hauptfluß) liegen, gut besonnt und klimatisch bevorzugt sind (sie liegen oberhalb des Kaltluftsees im Haupttal), über eine sichere Wasserversorgung verfügen und weil der Boden der Schwemmfächer besonders fruchtbar ist sowie dank leichter Bewässerung intensiv genutzt werden kann. Diese Vorteile wiegen den Nachteil, die Überschwemmungs- und Vermurungsgefahr durch den Seitenbach (jede dieser Siedlungen wurde im Laufe der Geschichte mehrmals überschwemmt), mehrfach auf, so daß heute die meisten Schwemmkegel Siedlungen tragen – vom Einzelhof bis zur Stadt.

2. Hang- oder Haldensiedlungen: Wo keine Schwemmkegel existieren und der flache Talboden wegen Überschwemmungsgefahr gemieden werden muß, werden Siedlungen auf nicht zu steilen Hängen angelegt (meist nur Einzelhöfe oder kleine Weiler); eher selten.

3. Terrassen- oder Leistensiedlungen: In der Regel weisen die meisten Hänge der Alpentäler leichte oder stärkere Verflachungen (Leisten, Terrassen) auf, die auf die eiszeitliche Vergletscherung zurückgehen und die teilweise gestaffelt übereinander liegen. Dies sind bevorzugte Siedlungslagen für kleinere Siedlungen. Gibt es im gleichen Tal auch Schwemmkegelsiedlungen, dann stammen die Terrassensiedlungen häufig aus einer späteren Siedlungsphase.

4. Boden- bzw. Talbodensiedlungen: Wegen der Überschwemmungsgefahr sehr seltene Siedlungslage.

5. Höhensiedlungen („village perché"): Typische Siedlungslage des nördlichen Apennin, die in den Ligurischen Alpen und an der Mittelmeerküste der Seealpen häufig vorkommt, von dort weit in die Südwestalpen hineinreicht und wohl im gesamten Alpenraum als Sonderfall existiert. Die meist eng ineinander verbauten Dörfer liegen auf einem Gipfel, Paß oder Gratrücken in exponierter Lage und bieten ein burgartiges Bild. Als Wohnstandort heute wegen schlechter Pkw-Erreichbarkeit und hoher Infrastrukturkosten oft problematisch, an der Küste teilweise zu Tourismus-Attraktionen musealisiert.

Diese Siedlungslagen sind für Dauersiedlungen und einen Teil der saisonalen Siedlungen (Nr. 1+2) typisch. Almsiedlungen sind aufgrund der Geländeformen häufig Hang- oder Bodensiedlungen. Bis zum Zweiten Weltkrieg orientierten sich alle Gebäude an diesen Siedlungslagen, erst danach gaben die Neubauten diesen Bezug auf: Sie weiteten sich in die zuvor unbesiedelten Talböden bzw. Talauen aus, wo sie trotz aller technischen Verbauungen der Hochwassergefahr ausgesetzt sind.

Siedlungsraum

1. Dauersiedlungsraum: Zu jeder Dauersiedlung gehört eine Flur, die in der Regel sehr intensiv bewirtschaftet wird und die nach oben meist durch Wald, manchmal auch durch Ödland oder Felsen begrenzt wird. Flur und Siedlung bilden zusammen den Dauersiedlungsraum, der sich bandförmig durch den unteren Teil der Alpentäler zieht. Dieser Raum, der alpenweit nur etwa 15–20 % der gesamten Alpenfläche umfaßt, ist die Lebens- und Wirtschaftsgrundlage der Einheimischen. In den wirtschaftlich dynamischen Räumen der A. weist er starke Zersiedlungs-, teilweise sogar Verstädterungstendenzen auf.

2. *Saisonaler Siedlungsraum:* Zu jeder saisonalen Siedlung gehört eine Flur, die nach unten oft durch Wald und nach oben durch Ödland, Felsen oder Gletscher begrenzt ist. Flur und Siedlung bilden zusammen den saisonalen Siedlungsraum, der meist um ein Mehrfaches größer als der Dauersiedlungsraum ist. Wegen der Höhe wirft er allerdings viel weniger Ertrag ab und hat deshalb nur eine Funktion als Ergänzungsraum.

Siedlungstypen

Grundsätzlich gibt es im ländlichen Raum der A. zwei unterschiedliche Siedlungstypen sowie zahlreiche Übergangsformen zwischen ihnen.

1. *Streusiedlung:* Kleinstes Siedlungselement ist der isoliert gelegene *Einzelhof*, der dort, wo er aus mehreren Gebäuden besteht (sog. „Haufenhof"), irrtümlich für einen Weiler gehalten werden kann. Die nächst größere Einheit ist dann der *Weiler*, der aus einer Siedlungsverdichtung (Hofteilungen seit dem Mittelalter lassen aus dem Urhof drei, vier oder fünf locker beieinanderstehende Höfe werden) oder einer zentralen Lage entsteht (um die Kirche herum gruppieren sich locker Pfarr-, Gasthof und ein, zwei weitere Höfe). Vor dem Einsetzen des großen Strukturwandels im 19. Jh. waren die Streusiedlungsgebiete der A. meist durch Einzelhöfe und kleine Weiler geprägt. Durch Siedlungsverdichtungen seit dem 18. Jh., durch Gewerbeansiedlung und Protoindustrialisierung entwickeln sich aus kleinen große Weiler und *Dörfer* mit lockerer Baustruktur. Ein *Marktort* mit oft weniger als 2.000 Einwohnern bildet das Zentrum einer größeren Streusiedlungsregion und steht an der Schwelle zwischen Dorf und Stadt. Größere Städte mit mehr als 5.000 Einwohnern sind im Streusiedlungsgebiet des Agrarzeitalters sehr selten. Sie verdanken ihre Größe meist einer besonderen Funktion (Paßfußort, Fürstenresidenz, Festungsort). Generell weist daher das Streusiedlungssystem eine geringe Bevölkerungsdichte auf.

2. *Agglomerierte Siedlungen:* Kleinstes Siedlungselement ist die *Kleinfraktion* (dt. Bezeichnungen für dieses Siedlungssystem, das v.a. im franz. und ital. Sprachraum vorkommt, gibt es nicht). Hier leben zwei bis fünf Familien in zahlreichen, aneinander und ineinander gebauten Gebäuden. Selten gibt es auch einzeln liegende

Häuser. Größere Fraktionen entstehen entweder durch Siedlungswachstum oder an Standorten, die wegen Lawinengefahr, Wassermangels u.ä. die dezentrale Verteilung von Kleinfraktionen nicht zulassen. Mittelgroße Fraktionen werden von etwa 30–60 Personen bewohnt, große Fraktionen bzw. *Dörfer* mit Pfarrkirche und Gemeindesitz zählen 100 und mehr Personen und sind so eng verbaut, daß sie fast schon städtisch wirken. Wegen der hohen Siedlungsdichte sind *Marktorte*, die hier völlig städtisch wirken, und Kleinstädte wesentlich zahlreicher als im Streusiedlungsgebiet.

Die moderne bauliche Entwicklung, die eigentlich erst nach dem Zweiten Weltkrieg einsetzt, verwischt diese Unterschiede, weil Neubauten bzw. Neubaugebiete alpenweit relativ ähnlich aussehen.

Silageschnitt
Die Produktivität einer Mähwiese wird deutlich erhöht, wenn man stark düngt, alle vier Wochen mäht (statt wie früher zweimal im Jahr) und das Gras im Silo gären läßt (Silage). Diese Innovation erreichte in den 80er Jahren größere Teile der feuchten Nordalpen. Sie führt zu einer erheblichen Artenverarmung auf den Wiesen und zu Umweltproblemen. Da sich die Milch der Kühe bei Silage-Futter verändert, ist dieses bei der Milchproduktion, die für bestimmte Qualitätskäsesorten verwendet wird, verboten.

Sillon alpin
Traditionelle Bezeichnung für ein Längstalsystem in den franz. A. (wörtlich: Alpenfurche), das aus den Tälern von Isère, Arc und Drac besteht. Starke Industrialisierung seit dem 19. Jh., heute starke Deindustrialisierung und Verstädterung (Städteband Grenoble-Chambéry-Albertville).

Skipiste
Angelegte Abfahrstrecke für den Abfahrtsskilauf. In der Pionierphase gab es keine Skipisten, und jeder Skifahrer suchte sich seine Abfahrtsroute selbst. Die ersten Skipisten waren schmal und dem Gelände angepaßt. Mit der Zeit wurden sie immer breiter dimensioniert („Ski-Autobahnen“), wobei zusätzlich Geländeveränderungen und Waldrodungen vorgenommen wurden (in den 70er Jahren meist ohne Rücksicht auf die Umwelt). In den 90er Jahren betreiben viele (wenn auch nicht alle) Seilbahngesellschaften eine

gezielte Pflege der Skipisten (Einsaat von vegetationsfreien Flekken, regelmäßige Mahd, Pflege von Drainagegräben und zugehörigen Retentionsbecken = Wasserbecken, die den verstärkten Oberflächenabfluß auf Skipisten speichern können).

Derzeit gibt es in den A. etwa 15.000–18.000 Skipisten mit einer Gesamtlänge von 18.000–25.000 km. Sie bedecken zusammen etwa 0,9 % der Alpenfläche.

Skischaukel
Wortschöpfung zur Bezeichnung von zwei miteinander verbundenen Skigebieten, deren Talstationen in unterschiedlichen Tälern/Seitentälern liegen. Sind mehrere solcher Skischaukeln miteinander verbunden, spricht man von einem Skizirkus (aus dem Französischen, weil dort erfunden).

Skizug
Erfindung der 90er Jahre, um den PKW-Verkehr der Wintersportler an Wochenenden zu reduzieren. An Samstagen und/oder Sonntagen der Skisaison fahren ein oder mehrere Züge von einer alpenrandnahen Agglomeration in die benachbarten Skigebiete der A. Der Fahrpreis schließt den Tagesskipaß sowie einen evtl. Bustransfer Bahnstation-Skiliftstation ein. Im Land Salzburg seit 1991 mit großem Erfolg durchgeführt (Vorteil: Tauerneisenbahn), auch andernorts praktiziert (z.T. in anderen Formen).

Slowenische A.
Sie haben eine Fläche von 6.850 km² (= 4 % der Alpenfläche) und 1991 eine Bevölkerung von 370.000 (= 3 % der Alpenbevölkerung). Der westliche Teil, der aus den Julischen A. (hier auch der höchste Gipfel, der Triglav, 2863 m) und Teilen der Karawanken sowie den A. von Kamnik und Savinja (Steiner A.) besteht, besitzt noch Hochgebirgscharakter, östlich der Meza erhalten die Berge Mittelgebirgscharakter.

Die slow. A. verzeichneten aufgrund ihrer Zugehörigkeit zum sozialistischen Jugoslawien von 1945 bis 1989 eine völlig andere Wirtschaftsentwicklung als die übrigen A.: Leitbranche war die Industrie, der Tourismus wurde behindert und blockiert und die private Landwirtschaft (die Kollektivierung wurde in den slow. A. seltener realisiert) marginalisiert, so daß wir 1989 einen durch dezentrale Industrialisierung stark geprägten Alpenraum vorfinden.

Lediglich der äußerste Westen (Soca- oder Isonzo-Tal) wurde davon wenig betroffen, hier haben sich strukturschwache Entvölkerungsgebiete herausgebildet.

Mit der Selbständigkeit des demokratischen Staates Slowenien 1991 bricht diese Entwicklung ab, und die slow. A. dürften sich jetzt tendenziell ähnlich wie die übrigen A. entwickeln. Die zahlreichen dezentralen Industrieanlagen mit den damit verbundenen Umweltverschmutzungen stellen jedoch eine große Hypothek für die Zukunft dar. Da die Landwirtschaft sehr schlechte Strukturvoraussetzungen hat und das Tourismusangebot (das erst mühsam aufgebaut werden muß) auf einen übersättigten Markt stößt, müßten sich die slow. A. auf diejenigen Marktnischen konzentrieren, für die sie gute Voraussetzungen besitzen.

Sömmerung
Traditioneller Ausdruck für die Alpfahrt von Tieren, die den Sommer auf der Alm verbringen.

Sommerfrische (ital.: villegiatura)
Traditioneller Sommeraufenthalt einer städtischen Familie im Gebirge, um der Hitze zu entfliehen, dessen Wurzeln auf das Verhalten adliger Familien zurückgehen. Im 19. Jh. wurde dies von Bürgern nachgeahmt. Charakteristisch sind eine lange Dauer (bis zu 2–3 Monate), der Aufenthalt immer im gleichen Haus, eine hohe Bedeutung der Sozialkontakte vor Ort sowie das Fehlen alpinistischer Freizeitaktivitäten. Mit einigen Abstrichen kann der traditionelle Sommerurlauber (1955–1980, heute in Relikten im deutschsprachigen Alpenraum, in den übrigen A. dagegen noch recht stark verbreitet) als Sommerfrischler bezeichnet werden, weil er meist über Jahrzehnte dieselbe Pension bucht und die Sozialkontakte im Urlaubsort einen zentralen Stellenwert im Urlaub besitzen.

Seit kurzem versucht die Tourismus-Werbung, das positive Image der Sommerfrische zur Werbung für den Alpensommer zu nutzen. Dabei handelt es sich jedoch mehr um einen nostalgischen Werbegag, weil die Voraussetzungen der Sommerfrische heute so nicht mehr gegeben sind.

Sommerskigebiet
Flächen, auf denen man im Sommer skifahren kann. In den A. immer hochgelegene Gletschergebiete, die meist in den 60/70er

Jahren erschlossen wurden. Die 28 Sommerskigebiete verteilen sich auf A (8 Gebiete), I (7 Gebiete), CH und F (je 6 Gebiete) und D (Zugspitzplatt) bzw. 14 in den West- und 14 in den Ostalpen.

Die ursprüngliche Zielsetzung, der Sommerskilauf, spielt seit Ende der 70er Jahre nur noch eine randliche bzw. gar keine Rolle mehr. Stattdessen haben sie die Aufgabe, die Saison im Frühjahr und Herbst zu verlängern und – v.a. in schneearmen Wintern – Schneesicherheit zu bieten. Bei weiterer Klimaerwärmung wird ihre ökonomische Bedeutung weiter steigen. Sommerskigebiete stellen ein großes ökologisches Problem dar, weil die Gletscher oft Trinkwassergebiete speisen und sich die Verunreinigung der Gletscher durch den Skilauf auf die Trinkwasserqualität auswirkt. Deshalb ist eine weitere Erschließung von Gletschern alpenweit untersagt. Bereits um das letzte Projekt in den 80er Jahren, die Erschließung des Wurtenkees (aus werbepsychologischen Gründen in Mölltaler Gletscher umbenannt) auf der Kärnter Seite der Hohen Tauern, hatte es sehr heftige Kontroversen gegeben.

Sonderentwicklung der A.
Das übliche Alpenbild geht davon aus, daß die A. in Europa etwas ganz Besonderes, Unvergleichliches sind (Mythos A.) und daß sie deswegen im 19./20. Jh. auch eine Sonderentwicklung (Basis: Tourismus) durchlaufen, die sie von allen anderen europ. Regionen unterscheidet. Dieses Bild entspricht jedoch nicht der Realität, wie die touristische Entwicklung, die Regionstypen und die Strukturwandeltypen zeigen.

Sonn-/Schatthänge oder Sonn-/Schattseite
Der Unterschied ist v.a. bei Tälern in West-Ost-Richtung sehr groß, weil die gut besonnte Sonnseite wesentlich siedlungs- und nutzungsfreundlicher ist als die Schattseite. In der Regel ist die Sonnseite stark entwaldet und hoch hinauf besiedelt, die Schattseite bewaldet und kaum besiedelt. Bei Tälern in Nord-Süd-Richtung werden die west-exponierten Hänge den ost-exponierten vorgezogen. Diese Unterschiede waren früher sehr wichtig, so daß sich dafür verschiedene Dialektausdrücke gebildet haben.

Speicherkraftwerk
Wasserkraftanlage, die Wasser in einem meist hochgelegenen Stausee speichert, um zu bestimmten Tageszeiten, v.a.im Winter, Spitzenstrom zu erzeugen.

Sprachen in den A.

Die A. haben Anteil an den drei großen europ. Sprachfamilien der germanischen, romanischen und slawischen Sprachen, die sich hier teilweise kleinräumig ineinander verzahnen. Allerdings sind die A. weder ein Gebirge mit einer besonders großen Sprachenvielfalt (darin steht der Kaukasus mit großem Abstand auf Platz 1), noch hat sich in den A. die älteste Sprache Europas erhalten: Während das Baskische (in den westlichen Pyrenäen) offenbar auf die Einwanderung des modernen Menschen aus Afrika nach Europa um 100.000 v.Chr. zurückgeht (der Cro-Magnon-Mensch, der den Neandertaler verdrängte), verdanken die heute in den A. gesprochenen Sprachen, die alle zum Indo-Europäischen gehören, ihren Ursprung der Einwanderung von neolithischen Menschengruppen aus dem Nahen Osten ab 5.500 v.Chr., die mit der Ausbreitung von Ackerbau und Wirtschaft die paläolithischen Wildbeuter verdrängten oder assimilierten. Evtl. haben sich in der rätoromanischen Sprache noch Relikte von früheren Sprachen erhalten.
1. Rätoromanisch (schweizer-dt.: Romanisch): Älteste Sprache der A., durch die römische Überprägung der Räter (römische Sammelbezeichnung für verschiedene Sprachgruppen im mittleren Alpenraum) entstanden. Ursprünglich weit verbreitet, wurden diese von Norden und Süden her immer weiter zurückgedrängt, so daß ihr Sprachgebiet in verschiedene Inseln zerrissen wurde: Das Romanische in Graubünden (das seinerseits in vier verschiedene Dialekte zerfällt), das Ladinische in den Dolomiten und das Friulische (Furlan) in den ital. Ostalpen. Das Problem dieser Sprache besteht darin, daß sie nicht als Hochsprache, sondern nur in sehr unterschiedlichen Dialekten existiert und daß es keine gemeinsame Schreibweise und Grammatik gibt, weshalb sie heute immer mehr zurückgedrängt wird. Daran können auch staatliche Förderungen (am stärksten in der Schweiz) wenig ändern. Die meisten Menschen mit Muttersprache Rätoromanisch sind heute von ihrer Zwei- und Mehrsprachigkeit abhängig.

2. Okzitanisch (oft fälschlich Provenzalisch genannt): Im Frühen Mittelalter aus dem Lateinischen entstanden, ist diese Sprache in ganz Südfrankreich und im Osten bis an den piemontesischen Alpenrand verbreitet. Sie entwickelt sich im Hochmittelalter zur ersten Kultursprache Europas (zur Sprache der Troubadoure oder Minnesänger), wird aber ab 1209 mit dem Albigenserkreuzzug des nordfranz. Königs unterdrückt und als Dialekt (Patois) abgewertet. Die franz. Revolution von 1789 verschärft die Situation noch einmal, indem der mündliche Gebrauch des Okzitanischen als reaktionär und Ungleichheit fördernd angegriffen wird und durch ein umfangreiches Bildungsprogramm weitgehend verdrängt wird. Da die okzitanischen Alpentäler im Piemont bis zur ital. Einheit (1860) bzw. bis zu Mussolini (1922) ihre Sprache ungehindert sprechen konnten, hat sie sich hier besser als in Südfrankreich erhalten.

Das Problem ist auch hier, daß die Sprache nur in verschiedenen Dialekten lebt (in den A. v.a. der Dialekt „alpin“, randlich im Südwesten auch noch „provenzalisch“) und keine gemeinsame Grammatik und Schreibweise besitzt.

Die kulturelle und politische Aufwertung des Okzitanischen begann im 19. Jh. mit Frédéric Mistral (1830–1914) und entwickelte sich im 20. Jh. zu einer der großen europ. Regionalbewegungen. Sie fand in den südfranz. A. starken Rückhalt und sprang ab 1961 auch auf Piemont bzw. Italien über. Auch hier sind heute die meisten Menschen mit okzitanischer Muttersprache mehrsprachig (okzit., franz., ital.), aber die zahlreichen okzitanischen Gruppen stellen eine wichtige kulturelle Bereicherung dieser Alpenregion dar.

3. Frankoprovenzalisch: Diese Sprache ist die unbekannteste und heute am schlechtesten dastehende Sprache in den A. Sie entsteht zur gleichen Zeit wie das Okzitanische in einem Grenzgebiet zwischen Französisch und Okzitanisch und wird dadurch stark benachteiligt, daß sich das Sprachgebiet immer auf verschiedene politische Herrschaften aufteilt und ein überregionales kulturelles Zentrum fehlt. Im schweiz. Teil wird das Frankoprovenzalische schon ab 1870–80 durch das Französische ersetzt, in Savoyen führt der Staatswechsel von Italien (Piemont) zu Frankreich im Jahr 1860 zur Dominanz der franz. Sprache. In Italien ist die Situation dadurch geprägt, daß die größte und kulturell selbstbewußteste Sprachgruppe – das Aostatal – 1945 zwar zweisprachig wird, als zweite Sprache aber Französisch wählt, weil man meint, die eigenen Interessen gegenüber der dominierenden Amtssprache besser mit Französisch als dem schwachen Frankoprovenzalisch verteidigen zu können (Ähnliches gilt für die Schweiz). Es gibt zwar Gruppen, die sich für eine sprachliche und kulturelle Wiederaufwertung des Frankoprovenzalischen einsetzen, sie sind aber recht schwach.

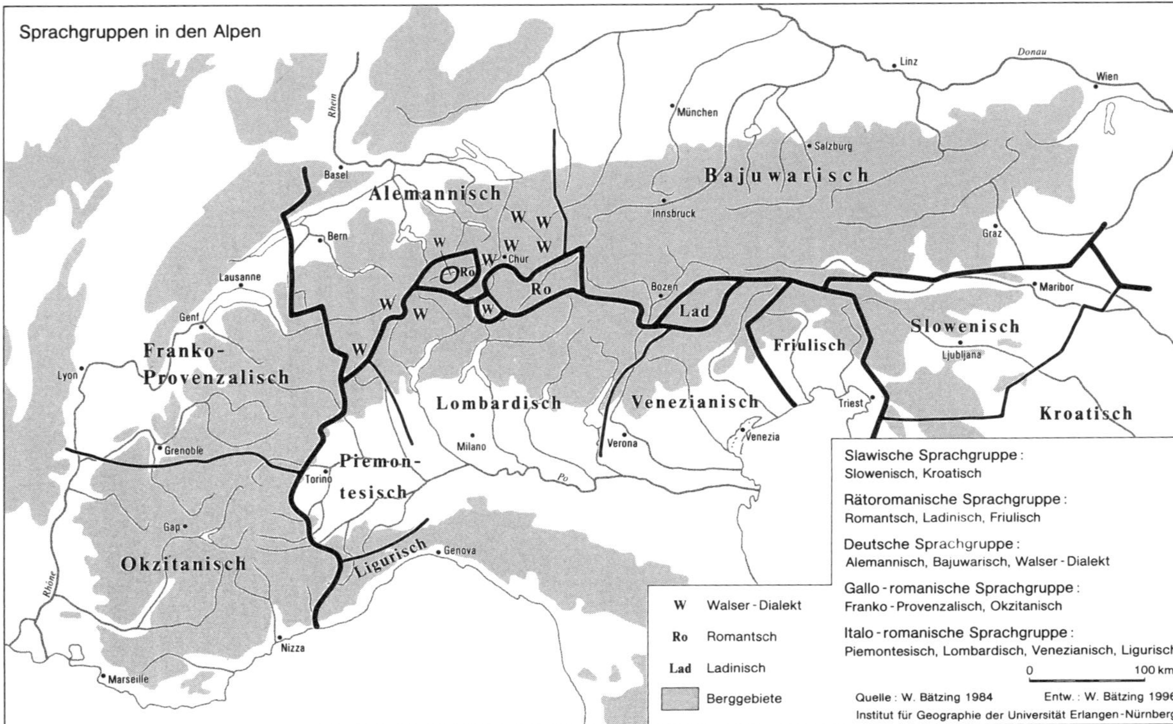
Sprachgruppen in den Alpen
Alemannisch
Bajuwarisch
Franko-Provenzalisch
Okzitanisch
Piemontesisch
Lombardisch
Venezianisch
Ligurisch
Friulisch
Slowenisch
Kroatisch
Lad
Ro
W
Basel
Bern
Lausanne
Genf
Lyon
Grenoble
Gap
Marseille
Nizza
Torino
Genova
Milano
Chur
Verona
Venezia
Bozen
Innsbruck
München
Salzburg
Linz
Wien
Graz
Maribor
Ljubljana
Triest
Rhein
Rhône
Po
Donau
Slawische Sprachgruppe:
Slowenisch, Kroatisch
Rätoromanische Sprachgruppe:
Romantsch, Ladinisch, Friulisch
Deutsche Sprachgruppe:
Alemannisch, Bajuwarisch, Walser-Dialekt
Gallo-romanische Sprachgruppe:
Franko-Provenzalisch, Okzitanisch
Italo-romanische Sprachgruppe:
Piemontesisch, Lombardisch, Venezianisch, Ligurisch
W Walser-Dialekt
Ro Romantsch
Lad Ladinisch
Berggebiete
0 100 km
Quelle: W. Bätzing 1984
Entw.: W. Bätzing 1996
Institut für Geographie der Universität Erlangen-Nürnberg

4. Italienisch: Im Gegensatz zum Französischen, das erst spät in die A. importiert wird, ist das Italienische in Form seiner Dialekte Ligurisch, Piemontesisch, Lombardisch und Venezianisch seit dem Mittelalter im Alpenraum vertreten. Alle ital. Dialekte sind ursprünglich am Rand der Po-Ebene beheimatet und dringen seit dem Hochmittelalter in die A. vor; am stärksten das Lombardische, das in den A. als alpin-lombardischer Dialekt existiert (Überprägung des Rätoromanischen durch das Lombardische).

Im 20. Jh. entsteht im Rahmen der europ. Regionalismusbewegungen in Norditalien die Tendenz, Dialekte wie Piemontesisch oder Lombardisch als eigenständige Sprachen aufzuwerten. Die Alpenregionen werden dadurch sprachlich doppelt unterdrückt (vom Italienischen und von der Regionalsprache), denn die neuen Regionalisten gehen von den bestehenden Regionsgrenzen aus und unterdrücken die sprachlichen Minderheiten in ihrer Region.

5. Slowenisch: Mit dem Vorrücken slawischer Gruppen ab dem 7. Jh. kommt die slowenische Sprache in die A., dringt teilweise weit nach Norden und Nordwesten vor und wird ab dem 9./10. Jh. durch die deutsche Sprache wieder zurückgedrängt. Außerhalb Sloweniens gibt es noch slowenische Minderheiten in Kärnten, in der Steiermark und in Friaul-Julisch Venetien. In beiden Gebieten gibt es zahlreiche aktive slow. Kulturgruppen.

6. Deutsch: Die deutsche Sprache gelangt seit dem 6./7. Jh. von Norden her in die A., und ihre Verbreitung wird seit dem Hochmittelalter durch Grundherren gezielt gefördert. Der alemannische Dialekt umfaßt die deutschsprachige Schweiz, Vorarlberg, das Allgäu bzw. Bayer. Schwaben und die Walser Sprachinseln auf der Alpensüdseite; der bajuwarische Dialekt Oberbayern, ganz Österreich außer Vorarlberg, Südtirol sowie einzelne Sprachinseln im venezianischen und friulischen Sprachgebiet.

Staatsgrenzen in den A.

Die heutige, so natürlich erscheinende Situation, daß die Staatsgrenzen meist auf den hohen Wasserscheiden verlaufen und die A. jeweils ein Randgebiet in drei großen und drei kleinen europ. Staaten (D, F, I – A, CH, SLO) darstellen, hat sich erst seit gut 280 Jahren herausgestellt, ist also ein junges Phänomen, das aber die moderne Alpenentwicklung sehr stark bestimmt. Die wichtigsten Phasen dabei:

1. Westalpen oder franz.-ital. A.: Dieser gesamte Raum ist kulturell und sprachlich einheitlich geprägt (Süden: Okzitanisch, Norden: Frankoprovenzalisch auf beiden Seiten). Die Wasserscheide Rhone-Po wurde in Teilen erstmals 1719 zur Staatsgrenze, und erst mit dem Wechsel Savoyens und Nizzas von Italien an Frankreich im Jahre 1860 wurde sie fast überall zur Grenze. Die letzten Korrekturen wurden 1945 am Moncenis-Paß, in den Seealpen und im Roya-Tal vollzogen.

2. Zentralalpen oder schweiz. A.: Die Wasserscheide Po-Rhone/Rhein/Donau stellt hier zwar meist eine Sprach- und Kulturgrenze dar (im Norden Frankoprovenzalisch/Deutsch/Rätoromanisch, im Süden Italienisch, überlagert von Walser-Einflüssen), trotzdem ist sie aber nur in den Walliser und den Bündner A., nicht aber im Tessin zur Staatsgrenze geworden. Ursache dieser Sonderentwicklung ist, daß die Schweiz ihren hochmittelalterlichen Paßstaatcharakter bis heute bewahrt hat: Das gesamte Tessin wird im Rahmen der großräumigen Paßsicherung als Gotthard-Südrampe seit dem Mittelalter von Norden her, von den schweiz. Urkantonen beherrscht. Das Ende des „Untertanengebietes" Tessin und seine Anerkennung als eigenständiger Kanton in der Eidgenossenschaft geschieht allerdings erst 1815.

In Graubünden ist die Situation jahrhundertelang ähnlich. Das Veltlin auf der Alpensüdseite ist eidgenössisches Untertanengebiet, was erst 1798 durch Napoleon korrigiert und auf dem Wiener Kongreß 1815 endgültig bestätigt wird. Trotzdem besitzt der Kanton Graubünden an allen wichtigen Pässen (Ausnahme: Splügen) kleinere Gebiete jenseits der Wasserscheide: Das Misox (San Bernardino-Südrampe), das Bergell (Maloja-Westrampe), das Puschlav (Bernina-Südrampe) und das Münstertal (Ofen-Ostrampe). Das Hochtal von Livigno, das mit einer tiefen Schlucht in den Inn entwässert, gehört wegen seiner schlechten Erreichbarkeit traditionell zum Veltlin, also zu Italien, das hier auf die Alpennordseite übergreift. Genauso ist es im unbewohnten Val di Lej (Hinterrhein-Zufluß), wobei die Grenzziehung hier sehr jung ist und sich einem schweiz.-ital. Stauseeprojekt (Staatsgrenze genau auf der Staumauer) verdankt.

3. Ostalpen oder ital.-österr. A.: Die Wasserscheide Po-Donau ist nur im Osten teilweise eine Sprach- und Kulturgrenze (Friulisch-Deutsch), was allerdings durch die gegenseitige Verzahnung von deutschen, slowenischen, friulischen und ladinischen

Kulturen relativiert wird. Im Westen dagegen greift in Südtirol die deutsche Sprache weit über den Alpenhauptkamm nach Süden vor. Auch findet sich im Bereich der Dolomiten noch inselförmig die ladinische Sprache. Entgegen dieser Situation wird im 19. und 20. Jh. von italienischer Seite aus vehement die Po-Wasserscheide als „natürliche Grenze" Italiens reklamiert und 1919 auch außenpolitisch durchgesetzt, nachdem es im 19. Jh. noch viele politische Änderungen gegeben hatte (Lombardei 1815–1859, Venetien 1815–1866 unter Habsburger Herrschaft).

4a. Südostalpen oder ital.-slow. A.: Hier verzahnen sich slow., friulische und ital. Kulturen kleinräumig ineinander. Die Staatsgrenzen wechseln hier besonders häufig; die letzten Änderungen: 1866, 1919, 1945. Die heutige Grenze liegt nicht auf der Wasserscheide Adria-Sava, denn der Fluß Soca (slow.)/Isonzo (ital.), der am Triglav in den Julischen A. entspringt und größtenteils zu Slowenien gehört, fließt in die Adria.

4b. Südostalpen oder österr.-slow. A.: Der Kamm der Karawanken, der die Gebiete der Flüsse Drau und Sava trennt, ist keine Sprachgrenze, denn die slow. Sprache war in Südkärnten sehr stark vertreten, teilweise dominant, und nahm erst nach Norden hin allmählich ab. Der größte Teil Sloweniens gehörte jahrhundertelang zu Habsburg (Krain, Triest und Teile der Steiermark und Kärntens), die heutige Staatsgrenze wird 1919–1920 festgelegt.

4c. Südostalpen oder österr.-ungarische Grenze: Das Burgenland gehört im Habsburger Reich zu Ungarn und wird erst 1919 zu drei Vierteln Österreich zugeschlagen. Die genau Grenzziehung auf Gemeindeebene erfolgt erst 1923 nach militärischen Auseinandersetzungen und Volksabstimmungen durch einen internationalen Ausschuß. Wäre damals das gesamte Burgenland mit seiner Hauptstadt Ödenburg/Sopron zu Österreich gekommen, würde die heutige Alpengrenze evtl. weiter östlich liegen und ungarische Gemeinden einschließen.

5. Nordalpen oder deutsch-österr.A.: Der Kamm der Nördlichen Kalkalpen ist keine Sprach- oder Kulturgrenze (im Westen: Alemannen, im Zentrum und Osten: Bajuwaren auf beiden Seiten). Die Grenzziehung zwischen Altbayern (Oberbayern) und Tirol gehört zu den ältesten politischen Grenzen der A. und entsteht bereits gegen Ende des Mittelalters. Im Zeitalter Napoleons gibt es dann kurzzeitig große Veränderungen (u.a. Tirol und Salzburg zu Bayern). 1815 wird die heutige Grenze definitiv außenpolitisch abgesichert: Auflösung der selbständigen geistlichen Territorien Erzbistum Salzburg (1803 an Österreich), Fürstpropstei Berchtesgaden, Hochstift Freising mit dem Werdenfelser Land um Garmisch-Partenkirchen und Hochstift Augsburg mit Teilen des Allgäus (alle 1803 an Bayern) sowie Einverleibung kleiner Herrschaften im Bereich des heutigen Bayerisch-Schwabens. Diese Grenze stimmt jedoch selten mit den wichtigen Wasserscheiden überein, denn sonst wären die Bayerischen A. wesentlich größer (Einzugsgebiete des Lech, der Tiroler Ache, der Saalach). Die bekannteste Ausnahme ist das österr. Kleine Walsertal, das in die Iller entwässert, von Vorarlberg her schlecht erreichbar ist und deswegen deutsches Zollanschlußgebiet geworden ist.

Neue europ. Grenzen: Auch in einer Zeit, in der in Europa die Staatsgrenzen durch die Entwicklung der EU an Bedeutung verlieren, bleiben die A. Grenzgebiet: Indem die Schweiz und Slowenien (noch?) nicht Mitglied der EU sind, verlaufen die EU-Außengrenzen mitten durch die A., erschweren eine gemeinsame Alpenpolitik und entfalten eine trennende Wirkung.

Ursachen und Auswirkungen dieser Grenzziehungen: Während sich noch im Mittelalter und in der Frühen Neuzeit die meisten politischen Grenzen in den A. an den „klassischen" Engstellen der Täler (Klausen, Bergstürze) orientierten, zerreißen die modernen Grenzen Alpengebiete mit einheitlicher Sprache, Kultur und Wirtschaft. Die allmähliche Herausbildung der europ. Nationalstaaten geht von außeralpinen Wirtschafts- und Machträumen aus (Pariser und Wiener Becken, Po-Ebene usw.). Die A. geraten zwischen ihnen immer mehr in eine periphere Lage, mit von außen festgelegten, militärisch leicht zu kontrollierenden Grenzen: Obwohl die A. mitten in Europa sehr zentral liegen, werden sie durch *diese* politische Entwicklung zur Peripherie gemacht. Dies ist eine wichtige Ursache für ihre wirtschaftliche Strukturschwäche im 19. und 20. Jh. und Basis dafür, daß einzelne Alpenteilräume relativ einfach gegeneinander ausgespielt werden können.

Stabilität, ökologische

Hier verstanden als Fähigkeit eines Ökosystems, nach zeitweiser Belastung (z.B. untypisch nasser Sommer) oder Störung (Brand, Lawine) relativ schnell in seine Ausgangssituation zurückzukehren. Viele Waldgesellschaften in den A. sind solche stabilen Ökosysteme; labile Ökosysteme sind z.B. alpine Rasengesellschaften, deren Boden bei Störungen leicht erodiert, so daß sie nicht wieder neu entstehen können, sondern erst die lange Phase der Bodenbildung durchlaufen müssen.

Dieser Begriff bezieht sich auf natürliche Ökosysteme und nicht auf Kulturlandschaften, die als menschlich angelegte = künstliche Ökosysteme eine (vorübergehende) Störung bedeuten. Aus Sicht des Menschen ist dagegen die Frage der ökologischen Stabilität seiner Nutzflächen von existentieller Bedeutung.

Ökologische Stabilität der Kulturlandschaft. Alle Kulturlandschaften sind als künstliche Ökosysteme ökologisch instabil und müssen vom Menschen permanent und dauerhaft mittels Arbeit stabilisiert werden, weil sie sich sonst mittels Sukzession verändern und ihre Funktion als Lebensgrundlage des Menschen einbüßen. Diese Stabilisierung geschieht a) mittels standortgerechter, nachhaltiger Nutzung, b) mittels Reparatur- und Pflegearbeiten (als zusätzliche Stabilisierung besonders neuralgischer und labiler Bereiche der Landschaft), wobei Gebiete mit einer sehr hohen Dynamik (Bergsturzgebiete, Talauen, Lawinenbahnen) nicht oder nur extensiv genutzt werden, weil sich ihre Dynamik der menschlichen Kontrolle entzieht. Unter *diesen* Voraussetzungen kann die ökologische Stabilität der Kulturlandschaften (also das Bestehenbleiben der anthropogen gewollten Ökosysteme) ähnlich groß sein wie die der Naturlandschaften. Besonders labile Teilflächen (z.B. Solifluktionsgebiete der alpinen Höhenstufe) können durch die menschliche Arbeit sogar stabiler als im Naturzustand werden, indem ihre naturräumliche Dynamik reduziert wird.

Stadt

Die ersten Städte der A. werden von den Römern als Garnisons-, Verwaltungs- und Paßfußorte gegrundet. Im frühen Mittelalter verdörflichen diese Orte in den Nord- und Ostalpen wieder, während in den Süd- und Südwestalpen Stadtstruktur und -charakter erhalten bleiben. Der hochmittelalterliche Siedlungsausbau führt alpenweit zur Blüte der Städte, die jedoch in den dicht besiedelten Süd- und Südwestalpen wesentlich zahlreicher werden als in den Nord- und Ostalpen. Als weiterer Stadttyp entsteht jetzt die Residenzstadt (Sitz eines größeren Grundherren oder Fürsten), und viele Marktorte nehmen mit der Zeit einen städtischen Charakter an.

Das verbreitete Alpenbild blendet die alpinen Städte aus und sieht die A. als bäuerlich-ländlichen Raum, was er aber seit dem

Mittelalter nicht mehr ist. Im Jahr 1870, also am Ende des Agrarzeitalters, lebten 26 % der Alpenbevölkerung in Städten (= Gemeinden mit mehr als 5000 Einwohnern), und dieser Anteil dürfte lange Zeit davor stets mindestens 20 % betragen haben. Damit spielen die Alpenstädte nicht nur eine wichtige Rolle in der alpinen Wirtschaft des Agrarzeitalters, ihnen kommt als Orten der Bildung und der Hochkultur auch eine wichtige Funktion für die traditionelle Identität und Kultur zu.

Städte in den A. heute: Jeder Staat definiert „Stadt" anders, und es gibt keine alpenweit anerkannte Definition für die Alpenstadt. Wenn man pragmatisch eine Stadt heute als eine Gemeinde mit mehr als 10.000 Einwohnern (= CH- und A-Definition) definiert, dann gibt es 1990 143 Städte in den A., in denen 27 % der Alpenbevölkerung leben, bei der am Alpenrand etwas großzügigeren Alpenabgrenzung der AK sogar 195 Städte mit 33 % der Alpenbevölkerung.

Die größte Alpenstadt ist Grenoble mit 153.973 Einwohnern, gefolgt von Innsbruck (114.996 E.), Trento (101.416 E.), Bozen (100.707 E.) und Klagenfurt (89.502 E.). Drei der fünf größten Alpenstädte liegen also an der Brenner-Route. 27 Städte verzeichnen 56.000–25.000 E., und die Mehrzahl (111 Städte) sind Kleinstädte (10.000–25.000 E.). Die Alpenstädte sind also relativ klein, und es gibt keine einzige Stadt mit europ. Bedeutung, also mit mind. einer halben Million Einwohner. Dies unterstreicht die Rolle der A. als europ. Peripherie.

Funktion der Alpenstädte: Traditionell spielten die Alpenstädte eine wichtige Rolle als wirtschaftliche und kulturelle Vermittler zwischen alpinen und außeralpinen Regionen (oft als Interessenvertreter und Sprachrohr der A. nach außen). Basis dieser Rolle war ihre zentralörtliche Funktion als Wirtschafts- und Verwaltungszentrum einer größeren Alpenregion.

Heute dagegen haben sich viele Alpenstädte dank sehr guter Verkehrsanbindung schon fast zu Vororten der großen außeralpinen Metropolen entwickelt. Viele der größeren Alpenstädte sind wirtschaftlich und kulturell mit den europ. Großstädten enger verbunden als mit ihrem alpinen Hinterland. Die entscheidende Frage für die Zukunft der A. lautet angesichts der Globalisierung der Wirtschaft und der Konzentration der Wirtschaftskraft in den globalen Mega-Cities: Können kleinere Städte wie die der A. überhaupt noch eine zentralörtliche Funktion – und damit auch eine Vermittlerfunktion für die A. – wahrnehmen? Oder werden diese Funktionen nicht in Zukunft dank verbesserter Infrastrukturen (neue Eisenbahnhochleistungsstrecken, Autobahnen, Flugplätze; EDV-/Internetsysteme) von den großen Städten am Alpenrand (Zürich, München, Wien, Mailand, Turin, Lyon) mit wahrgenommen, die jedoch an einer Vermittlerfunktion für die A. wenig Interesse haben? Sollte das zweite Möglichkeit real werden, wäre eine weitere, noch stärkere Peripherisierung der A. die Folge.

Stockwerkeigentum
Schweizerdeutscher Ausdruck für eine Eigentumswohnung in einem Mehrfamilienhaus, in den A. in der Regel eine Ferien wohnung. Ursprünglich nur im Wallis heimisch (3–4-stöckige Bauernhäuser, die mehreren Eigentümern gehören), wurde das Stockwerkeigentum 1965 vom Schweizer Staat legalisiert, was sofort zu einem Bauboom von großen Appartementwohnblocks mit Eigentumswohnungen führte, die heute das architektonische Bild der meisten schweiz. Touristenorte in den A. prägen.

Strahler
Traditionelle Bezeichnung für einen Mineralsucher. Seit sehr langer Zeit ein Nebenerwerb für landlose oder sehr arme Bauern, der mit der Entdeckung der A. durch den Tourismus erheblich an Bedeutung gewann. Heute gibt es nur noch sehr wenig gewerbsmäßige Strahler in den A.

Strukturschwäche
Die gegenwärtige Strukturschwäche der A., also die mangelnde wirtschaftliche Konkurrenzfähigkeit alpiner Betriebe gegenüber außeralpinen, wird häufig auf den Naturraum zurückgeführt, also als unveränderliches Faktum angesehen. Dies greift jedoch zu kurz, weil die A. erst im Kontext der europ. Industrialisierung zum strukturschwachen Raum degradiert wurden, und weil sie vorher – wenigstens zu bestimmten Zeiten (Bronzezeit) bzw. in Teilräumen (inneralpine Trockenzonen, mediterran geprägte Süd- und Südwestalpen) – zu den europ. Gunstregionen gehört hatten.

Folgende Faktoren haben zur Herausbildung der Strukturschwäche der A. beigetragen:

1. Die neuen Staatsgrenzen, die ab 1713 auf die Hauptwasserscheiden gelegt werden, zerreißen den Alpenraum politisch und degradieren ihn in jedem einzelnen Staat zur Peripherie.

2. Die Enteignung der traditionellen bäuerlichen Wasser- und Waldnutzungsrechte und die Zerschlagung bzw. Schwächung traditioneller Selbstverwaltungsrechte im 18. und 19. Jh. schwächt die Wirtschaftsstrukturen im Alpenraum.

3. Zahlreichen militärische Auseinandersetzungen in den A. wirken zerstörend auf das lokale Wirtschaften.

4. Die Klimaverschlechterung der Kleinen Eiszeit vermindert die Rentabilität des Wirtschaftens im Alpenraum.

5. Der Zusammenbruch des Bergbaus und der Erzverarbeitung (18. Jh.) sowie jener des Saumverkehrs und Handwerks (19. Jh.) im Zusammenhang mit der (Proto)Industrialisierung schwächen die Wirtschaft in den A.

Die Faktoren 1–5 verstärken sich im 19./20. Jh. gegenseitig, so daß es schwierig wird, auf den industriellen Strukturwandel mit gezielten Innovationen und Verbesserungen zu reagieren. Dies gelingt im Kontext förderalistischer Staaten (A, CH, D) und im Wiesen-Alp-Bereich (höhere Innovationsfähigkeit dank der größeren Selbständigkeit des Hofes) besser als im Kontext der zentralistischen Staaten (F, I), die an den A. wenig Interesse zeigen, und im Acker-Alp-Bereich (kulturelle Erstarrung). Deshalb finden sich heute die strukturschwachen Alpenregionen v.a. in den Südwest- und Südalpen.

Strukturwandel der A. im 19./20. Jh.
Die ökonomische, kulturelle, soziale und ökologische Transformation der A. durch die europ. Industrialisierung und Tertiarisierung läßt sich in vier Typen (Entwicklungs- oder Strukturwandeltypen) zusammenfassen:

1. Deagrarisierung: Dort, wo die neuen wirtschaftlichen Möglichkeiten weder im 19., noch im 20. Jh. realisiert werden bzw. nicht greifen, wird die traditionelle Wirtschaftsstruktur durch den Zusammenbruch des Bergbaus, des Saumverkehrs, der Erzverarbeitung und des ländlichen Handwerks geschwächt (Reagrarisierung). Die übrigbleibende Landwirtschaft durchläuft zwar einen Prozeß der allmählichen Betriebsvergrößerung und Modernisierung, wird aber trotzdem im europ. Kontext immer weniger konkurrenzfähig (Strukturschwäche, Bevölkerungsrückgang). In peripheren, abgelegenen Regionen bilden Entsiedlungsregionen den Endpunkt der Entwicklung. Geraten sie aber in den Einflußbereich einer wachsenden Agglomeration, dann transformieren sie sich zu (strukturschwachen) Auspendlerregionen. Die Transformation zu touristisch oder industriell geprägten Regionen ist dagegen unter den gegenwärtigen Rahmenbedingungen nicht mehr möglich.

2. *Industrialisierung/Deindustrialisierung:* Die Industrialisierung einer Region (zuerst oft in ländlich-dezentralen Formen, später mit starker Konzentration auf ein Regionszentrum) führt zum Wirtschafts- und Bevölkerungswachstum. Ab etwa 1980 geraten alpenweit *alle* Industrieregionen in die Krise. Im positiven Fall durchlaufen sie eine erfolgreiche Modernisierung mit neuen Produktionsstrukturen und Produkten; dies ist mit Rationalisierungen und Ausbau produktionsorientierter Dienstleistungen in einem größeren Zentrum verbunden, so daß sich eine zentrendominierte Region herausbildet. Im negativen Fall wird die Krise nicht bewältigt: Viele Arbeitsplätze gehen verloren und die Bewohner wandern ab oder suchen sich außerhalb als Pendler neue Arbeit, so daß eine (strukturschwache) Auspendlerregion entsteht.

3. *Touristische Entwicklung:* Ab 1880 entstehen die ersten touristisch geprägten Regionen, die wegen der starken Stellung der Landwirtschaft und der touristischen Stagnation seit 1914 noch sehr lange agrartouristische Regionen bleiben. Nach 1955 wandeln sie sich zu monostrukturell geprägten Tourismusregionen, entweder durch den massiven Ausbau der touristischen Infrastruktur oder durch den Zusammenbruch der Landwirtschaft. Die weitere Entwicklung führt im positiven Fall zu einem ständigen Sichvergrößern und Erweitern (= Verstädterung der ehemals ländlichen Orte), so daß schließlich städtisch geprägte Tourismusregionen entstehen (Beispiel Davos und Chamonix). Im negativen Fall kann sich ein (kleiner/mittlerer) Tourismusort im Konkurrenzkampf nicht behaupten, gerät in die Krise, baut Arbeitsplätze ab und entwickelt sich zu einer touristisch geprägten Auspendlerregion.

4. *Verstädterung:* Eine kleine Alpenstadt aus vorindustrieller Zeit erlebt durch Eisenbahn-, später Autobahnanschluß ein starkes Wirtschafts- und Bevölkerungwachstum. Im positiven Fall führt das weitere Wachstum nach 1955 zu einem Kranz von Auspendlergemeinden um die Stadt herum (Suburbanisation) und ab 1975/80 zu großräumigeren Pendlerverflechtungen und zur Aus-

bildung von Nebenzentren an der Peripherie des Zentrums (Suburbanisation von Arbeitsplätzen, Periurbanisation des Wohnens). Dadurch entstehen um die zentren-dominierte Region herum eine Reihe von nicht strukturschwachen Auspendlerregionen. Im negativen Fall (periphere Lage) verliert eine Stadt wieder Einwohner und entwickelt sich zu einer ländlichen Gemeinde zurück, was unter den heutigen Rahmenbedingungen eine Auspendlerregion entstehen läßt.

Zusammenfassung: Die A. waren zu Beginn der Industrialisierung ein ländlicher Raum mit einigen städtischen = zentren-dominierten Regionen. Der Strukturwandel führt dazu, daß der ländliche Raum verödet (Entsiedlungsregionen) oder in verschiedenen Formen verstädtert (zentren-dominierte Regionen). Die Auspendlerregionen nehmen eine Zwischenstellung ein: Vom Landschafts- und Siedlungsbild her wirken sie noch wie ländliche Räume, ökonomisch, funktional, sozial und kulturell sind sie jedoch eindeutig städtische Räume.

subalpin

1. Bezeichnung der subalpinen Höhenstufe, die zwischen der montanen und alpinen Höhenstufe liegt, und die im Naturzustand durch Nadelwälder geprägt ist.

2. Auf der Alpensüdseite wird dieser Begriff zur Bezeichnung der am Fuße der A. gelegenen Gebiete, also des Alpenvorlandes, verwendet.

Subsidiarität

Internationaler politischer Fachbegriff, der seit der EU-Konferenz von Maastricht im Jahre 1992 große Popularität in Europa erfährt. Er bezeichnet politische Verhältnisse, in denen die unteren politischen Ebenen eine starke Stellung einnehmen und politischen Verantwortlichkeiten so weit als möglich nach unten abgegeben werden. Dieser Begriff, den v.a. die EU aktiv verwendet, hat die traditionellen Termini mit ähnlicher Stoßrichtung teilweise etwas in den Hintergrund treten lassen: Föderalismus (dt. Sprachraum, franz.-/ital.sprachige Schweiz), Regionalisierung (Italien), Dezentralisierung (Frankreich).

Alpendiskussion: Seit Maastricht sprechen plötzlich alle Politiker davon, daß AK und Subsidiarität untrennbar zusammengehören, während diese Thematik zuvor keinen hohen Stellenwert besaß und sogar gewisse zentralistische Ambitionen in der Diskussion auftauchten. Mit dem Einbezug der Bundesländer und Kantone in die (staatlichen) AK-Arbeitsgruppen wird man der Subsidiarität bereits teilweise gerecht, die untersten Ebenen (Regionen und Gemeinden) sind aber zur Zeit noch marginal beteiligt.

Von allen Staaten mit Alpenanteil besitzt die Schweiz aufgrund ihrer sehr langen föderalistischen Tradition die größte Erfahrung mit Subsidiarität. Deshalb kommt ihr die Aufgabe zu, diesen Aspekt bei der AK zu betonen, versteckte Zentralismen offenzulegen und konkrete förderalistische Alternativen zu entwickeln.

Suburbanisierung
Verstädterung des ländlichen Raumes im Umland einer Stadt, zuerst durch neue Wohnviertel, später auch durch Gewerbe- und Industrieansiedlungen.

Sukzession
Biologischer Fachbegriff für eine mittel-/langfristige, gerichtete Veränderung der Vegetation. Sie beginnt mit der Besiedlung einer vegetationsfreien Fläche durch Pionierpflanzen und gelangt über verschiedene Zwischenphasen zu einem End- oder Klimaxstadium (in den A. meist eine bestimmte Waldgesellschaft), das sich dann nicht mehr wesentlich verändert.

Eine sog. *Primäre Sukzession* läuft ohne menschlichen Einfluß ab und beginnt mit der erstmaligen Besiedlung von vegetationsfreien Flächen; in den A. z.B. als allmähliche Verlandung eines Sees, als Besiedlung einer gerade gletscherfrei gewordenen Fläche, oder einer neuen Schutt- oder Felssturzhalde. Für die oberen Höhenstufen ist typisch, daß solche Sukzessionen oft durch geomorphologische Prozesse unterbrochen werden und von neuen beginnen.

Eine sog. *Sekundäre Sukzession* ist ein menschlich verursachter Prozeß, der allgemein schneller verläuft als die Primäre Sukzession, weil im Boden bereits zahlreiche Pflanzensamen enthalten sind. Am häufigsten sind derzeit die durch Verbrachung ausgelösten Sukzessionen, wo auf ehemaligen Äckern, Wiesen, Weiden über eine Kraut- Strauch- und Sekundärwaldphase ein standortgemäßer Wald (Klimaxgesellschaft) entsteht. Je nach Höhenstufe, Klimasituation und biogeographischem Bereich laufen sehr unterschiedliche Sukzessionsformen ab, wobei tiefe Lagen und hohe

Feuchtigkeit eine schnelle, hohe Lagen und Trockenheit eine langsame Entwicklung bedingen. Alpenweit die schnellste Wiederbewaldung finden wir wohl in den tiefen Lagen des Tessins, wo sich etwa 60–70 Jahre nach Brachfallen ein standortgemäßer Wald auszubilden beginnt, die langsamste Wiederbewaldung dagegen in den inneralpinen Trockenzonen, wo sie im günstigsten Fall mehrere hundert Jahre andauert. In einigen Fällen (Vintschgauer Sonnenberg, Walliser Felsensteppe, Hochprovenzalische Kalkflächen) ist es sogar unklar, ob sich überhaupt jemals wieder Wald ansiedeln wird, oder ob nicht sehr lückenhafte, macchia-ähnliche Trokkenbuschgesellschaften das Endstadium bilden werden.

Sukzession und Artenvielfalt: Das erste Sukzessionsstadium auf ehemaligen Nutzflächen (Krautphase) wird immer wieder als besonders artenreich beschrieben. Die folgenden Sukzessionsstadien sind dagegen meist sehr artenarm (oft Dominanz einer Pflanzenart, z.B. Grünerle), und die Klimaxgesellschaft weist in den A. meist ein geringeres Artenspektrum auf als die frühere kleinräumige Kulturlandschaft.

Talkäserei

Traditionell wurde in den A. nur im Sommer und nur auf der Alm Käse hergestellt. Mit den Veränderungen der europ. Landwirtschaft im frühen 19. Jh. (Einführung von Klee und Luzerne auf den Äckern an Stelle des Brachjahres, nächtliche Einstallung des Viehs auch im Sommer, damit systematische Düngung möglich) stiegen die Viehzahlen pro Betrieb und die Milchleistungen der Kühe, so daß die Milchmenge den Bedarf der Hauswirtschaft weit überstieg. Im Berner Mittelland entstanden direkt am Alpenrand um 1820 die ersten Talkäsereien, die sich schnell entlang des gesamten Alpennordrandes ausbreiten konnten. Weil sie billiger produzieren konnten, machten sie der Käseproduktion auf den Almen Konkurrenz. Die erste Talkäserei in Kiesen bei Thun ist heute ein Museum.

Talschluß

Bezeichnung für den Ursprung eines Alpentales im Gebirge, also sein höchstes Gebiet im Talverlauf.

Talverfüllungen
Die eiszeitlichen Gletscher haben alle Täler stark übertieft und nach ihrem Rückzug Grundmoränen hinterlassen. Die Flüsse haben anschließend in diesen Taltrögen sehr viel erodiertes Material deponiert, was durch eine zeitweilige Seenbildung (erkennbar an heute ausgedehnten, ebenen Talböden hinter Talengen) gefördert wurde. Die Höhe dieser Ablagerungen beträgt bei den großen Alpenflüssen meist mehr als 0,5 km (z.B. Magadino-Ebene/Tessin: 700 m), bei anderen Flüssen oft mehrere hundert Meter.

Talwasserscheide
Die Wasserscheiden sind in den A. nicht überall mit ausgeprägten Graten oder Pässen identisch. Immer wieder gibt es große Trogtäler aus der Eiszeit, die quer zur heutigen Entwässerung stehen. In ihnen bilden leichte Geländeunterschiede (Moränenreste, Schwemmkegel) Wasserscheiden, von denen die Bäche in unterschiedliche Flüsse fließen.

Terrasse
1. Geomorphologie: Durch einen eiszeitlichen Gletscher (glaziale Terrassen am Hang) oder durch einen Fluß (Schotterterrassen im Talboden) geschaffene längliche, höhenparallele Verflachung, teilweise mehrfach übereinander gestaffelt.
2. Landwirtschaft: Vom Menschen angelegte Hangverflachungen zur Reduzierung der Bodenerosion auf Äckern und Weinbergen (nie bei Wiesen und Weiden!). Entweder allmählich entstanden (Feldraine erhöhen sich durch Akkumulation am oberen und Erosion am unteren Ende und durch Deponie von Lesesteinen), oder durch den Bau von Trockenmauern (bis 2–3 m hoch) angelegt. V.a. in den West- und Südalpen landschaftsprägend.

Tertiarisierung
Wirtschaftlicher Strukturwandel, der in Europa und in den A. nach dem Zweiten Weltkrieg voll einsetzt und zum Abbau von Arbeitsplätzen im 2. Wirtschaftssektor (Industrie, Handwerk, Bau- und Wasserwirtschaft) und zum Entstehen neuer Arbeitsplätze im 3. Wirtschaftssektor (private und öffentliche Dienstleistungen, Handel, Banken, Versicherungen, Transportwesen, Forschung, Gesundheitswesen) führt. Mit diesem Strukturwandel

sind zentrale wirtschaftliche Veränderungen und völlig neue Standortvor- bzw. nachteile verbunden.

Thermalquelle
In manchen Alpenregionen gibt es aus geolog. Gründen eine Reihe von Thermalquellen, die bereits nachweislich in vorrömischen Zeiten genutzt wurden. Ihre erste große Blüte erhielten sie zur Römerzeit, anschließend verfielen die aufwendigen Anlagen wieder. Seit dem Mittelalter entstanden dezentral viele Bauernbäder mit einfachster Infrastruktur, von denen dann bald einige wenige (Bad Gastein, Thonon-les-Bains, Pfäfers/Bad Ragaz, Leuk) europaweit bekannt wurden, obwohl ihre Baulichkeiten zunächst sehr bescheiden blieben. Ab 1800 setzte der wirtschaftliche Aufschwung dieser Badeorte ein, der mit dem Eisenbahnbau zu ersten Formen des Massentourismus führte. Damals erhielten sehr viele dieser Orte eine glanzvolle Architektur mit großen Palast-Hotels (am ausgeprägtesten Bad Gastein, die Hotelstadt im Gebirge). Gleichzeitig gerieten die zahlreichen Bauernbäder in die Krise und wurden geschlossen. Mit dem Ausbruch des Ersten Weltkrieges ging es mit den Badeorten bergab, viele Anlagen wurden zurückgebaut oder geschlossen. Heute haben viele dieser Thermalbäder (darunter auch die berühmtesten) erhebliche Strukturprobleme. Seit Anfang der 90er Jahre finden hier umfangreiche Innovationen statt, die diesen Orten eine Zukunft sichern sollen (Umbau der Badeanlagen von reinen Therapie- zu Erlebnisbädern mit Schwerpunkt auf Gesundheitsprävention im Rahmen von Wellness-Marketingkonzepten).

Tiere in den A. (Fauna)
Ähnlich wie die Pflanzen sind auch die Tiere im Gebirge an verschiedene Höhenstufen gebunden. Allerdings ist diese Beziehung wegen ihrer Mobilität viel weniger streng als bei den Pflanzen. Grundsätzlich läßt sich feststellen, daß die Zahl der Tierarten mit steigender Höhe abnimmt, wobei im Bereich der Waldgrenze ein starker Rückgang zu verzeichnen ist.

Vom Tal bis zur Waldgrenze: Viele im Flachland verbreitete Säugetiere kommen auch in der Waldstufe der A. vor: Reh, Fuchs, Wildschwein, Dachs, Marder, Iltis, Hermelin, Feldhase, Eichhörnchen u.a. Das *Rehwild* stammt urspr. aus den Steppengebieten Osteuropas und wurde erst relativ spät in den A. zum reinen

Waldbewohner gemacht. Das *Rotwild* hielt sich früher im Sommer in den Wäldern der A. auf und zog im Winter in die tiefen Tallagen bzw. weit ins Alpenvorland in die Talauen. Mit der starken Veränderung der Talauen im 19./20. Jh. (Beseitigung der Auwälder, Anlage von Straßen) wurden diese Wanderungen unterbunden. Halten sich Reh- und Rotwild ganzjährig im Waldbereich auf (durch Jagddruck, Fütterung, „Zucht"), wie es heute üblich ist, sind hohe Wildschäden die Folge: Der Wald kann sich nicht mehr verjüngen. Wolf, Wildkatze, Luchs und Braunbär lebten jahrtausendelang mit Acker-, Viehbauern und Hirten zusammen in den A. und wurden erst im 19./20. Jh., also in der Industriegesellschaft ausgerottet.

Die Bergwaldstufe zeichnet sich durch eine große Vogelvielfalt aus. Viele *Singvögel* überdauern auch den Winter in den tieferen Lagen des Waldes. Überwiegend handelt es sich jedoch nicht um typische Gebirgsarten, sondern um solche, die auch im Flachland häufig sind: Verschieden Meisen, Finken, Goldhähnchen und Zaunkönig. Typische Vögel in Bergwäldern mit ausreichend Totholzanteil (Insektenquelle) sind die verschiedenen Spechte: Abgesehen vom herkömmlichen Buntspecht finden sich der *Weißrükkenspecht* in der Laubwaldzone, der *Schwarzspecht* in der Bergmischwaldzone und der *Dreizehenspecht* im Bereich der natürlichen Waldgrenze.

Ebenfalls an der Waldgrenze halten sich *Alpenbirkenzeisig* und *Zitronengirlitz* auf. Der *Tannenhäher* ernährt sich bevorzugt von den Nüßchen der Zirbelkiefer (Arve). Als Wintervorrat versteckt er davon bis 100.000 im Jahr und leistet damit einen bedeutenden Beitrag zur Verjüngung der Zirbenwälder. Das Alpengebiet ist der wichtigste mitteleuropäische Rückzugsraum von Hasel-, Auer- und Birkwild; den sog. *Rauhfußhühnern.* Das *Haselhuhn* lebt im Jungwald und unterholzreichen Mischwald bis etwa 1500 m. Intensiv genutzte Wirtschaftswälder, z.B. Fichtenforste, meidet es. Zwischen 1000 und 1700 m bewohnt das *Auerhuhn* naturnahe, stufige und mit Lichtungen aufgelockerte Nadel- und Mischwaldbestände. Das *Birkhuhn* brütet im Grenzbereich zwischen Waldsaum und Zwergstrauchgürtel in Höhen von 1600 bis 2200 m. Verbreitung und Lebensbedingungen des Birkhuhns hängen stark von der Almnutzung ab: Lichter Weidewald und Lärchenwiesen bieten einen kleinräumigen Wechsel von (getrennten) Brut- und Balzbereichen, und auf offenen Almwiesen findet die Gruppenbalz statt. Von der Baumgrenze bis 2800 m findet sich das *Alpenschneehuhn* an stark gegliederten, mit beerenreichen Sträuchern bewachsenen Hängen, in Geröllhalden und Kammlagen.

Zwischen Baum- und Schneegrenze: Bergwiesen und Almweiden sind ein wichtiges Nahrungsbiotop für Vögel, weil ihre Böden sehr reich an Bodentieren sind. Zum Brüten werden dagegen dekkungsreichere Bereiche aufgesucht wie Felsen, Blockschutt, Waldsäume. Nur ein Viertel der Singvogelarten der Bergwaldregion brütet in der alpinen Stufe, und die Vogeldichte beträgt hier im Vergleich zur Waldstufe nur ein Zehntel. Der *Kolkrabe* horstet nur selten über der Baumgrenze, vielmehr in unzugänglichen tieferliegenden Felsbereichen. Er geht aber regelmäßig in der hochalpinen Region auf Nahrungssuche. Natürliche Lebensräume des *Hausrotschwanzes* sind mit Felsbrocken übersäte Bergwiesen und Felsbiotope. Aber er ist enorm anpassungsfähig: Man findet ihn in Höhen um 3000 m bis hinab in die Großstädte; meist überwintert er am Mittelmeer. Der *Wasserpieper* ist als häufigste Art der Alpinstufe ein typischer Vogel der offenen Wiesen und Weiden oberhalb 1600 m. *Bergdohlen* leben das ganze Jahr über im Schwarm (Feindabwehr, Brut in Kolonien). Sie fliegen das gesamte Gebiet oberhalb der Waldgrenze ab. Ihre Nester bauen sie in Felsspalten, Nahrung bieten ihnen Bergwiesen und Wanderer. Als Kulturfolger besuchen sie im Winter die Dörfer im Tal, fliegen von dort aber allabendlich zu den Gemeinschaftsschlafhöhlen zurück. Der *Schneefink* siedelt als einzig echter Hochgebirgsvogel vor allem in der Felsregion und ist selten unterhalb 2000 m anzutreffen. Die verschiedenen *Greifvögel* – Steinadler, Geier, Habicht, Wanderfalke, Baumfalke, Sperber, Sperlingskauz – teilen sich ihre Beute nahezu lückenlos nach der Größe auf. Steinadler finden sich heute in Europa fast nur noch in den Hochgebirgen, auch in den A., und ihr Revier kann oft 100 km^2 umfassen. Gänse- und Bartgeier sind reine Aasfresser; sie wurden an verschiedenen Stellen in den A. wieder eingebürgert.

Zur Gattung der Wühlmäuse zählt die hellgraue, 50 g leichte *Schneemaus* (Vorkommen von 1500–4000 m, überwiegend aber nahe der Schneegrenze). In der Waldstufe und unteren Alpinstufe (1000–2500 m) siedelt die *Alpenspitzmaus* (6–12 g). Der *Schneehase* kommt von ca. 1200 m bis zur Schneegrenze vor. Sein Fell färbt sich von einem erdbraunen Sommerfarbton in ein schneeweißes Wintertarnkleid um.

Ideal für die Sommerbauten des *Murmeltiers* sind Bergmatten und sonnige Hänge mit relativ spärlicher Vegetation und Steinblöcken. Es lebt gesellig in großen Kolonien. Vom Spätsommer an futtern sich die Tiere einen beachtlichen Winterspeck an (Resultat: im Herbst etwa doppelt so schwer wie im Frühjahr) und trocknen Heu für die Winterhöhlen. Der Winterschlaf, zu dem sich bis zu 20 Murmeltiere zu einem Schlafknäuel zusammenfinden, ist durch regelmäßige gemeinsame Aufwärmphasen (von einer Körpertemperatur knapp über dem Gefrierpunkt auf normale 36°C) geprägt.

Der *Alpensalamander* kommt als typischer Gebirgsbewohner in Höhen zwischen 800 und 3000 m vor. Er unterscheidet sich von seinem nächsten Verwandten aus dem Tal, dem Feuersalamander, durch gänzlich schwarze Färbung und wesentlich kleinere Körpergröße. Melanin-Farbstoffe in der Haut absorbieren das Sonnenlicht, einschließlich der gefährlichen UV-Strahlung, und wandeln es in lebenserhaltende Körperwärme um. Den Winter überdauert er kältestarr in frostfreien Unterschlüpfen. Unter den Schlangen verträgt die *schwarze Kreuzotter* am meisten Kälte. Sie läßt sich in den Alpen von den Hochmooren des Alpenvorlandes bis in 3000 m Höhe finden. Das „Sonnenbaden" wärmt die schwarze Schlange auf „Betriebstemperatur" für blitzschnellen Beutefang auf. Noch wärmeliebendere Schlangen der Südalpen sind die *Aspisviper* und die *Sandviper*, die über die Waldgrenze hinausgehen.

Erstaunlich viele *Schmetterlingsarten* sind in den höheren Gebirgslagen unterwegs. Darunter gibt es alpine Arten, aber auch solche, die keine ausgesprochenen Bergbewohner sind, dennoch mit den Verhältnissen zurecht kommen. Typisch für Bergwiesen sind Alpengelbling, Alpenweißing, Scheckenfalter, Perlmutterfalter, Mohrenfalter und Hochalpen-Apollofalter. Admirale und Distelfalter gehören zu den Wanderfaltern, die im Frühjahr aus dem Mittelmeerraum über die A. nach Norden und im Herbst (als neue Generation) nach Süden ziehen.

Das Hochgebirge bietet Lebensräume für die wiederkäuenden Paarhufer *Alpensteinbock*, *Gemse* und *Reh*. Ihre Lebensräume überschneiden sich mehr oder weniger, Raumkonkurrenz und Äsungsdruck bestimmen das Verteilungsmuster.

Das *Steinwild* findet sich fast ausschließlich auf sonnigen Südhängen, auch im Hochwinter. Mit der Körperbreitseite nutzt es die günstigen Strahlungsverhältnisse für den eigenen Wärmehaushalt. Der Alpensteinbock bevorzugt steile Grashänge und Schutthalden am Fuß von Felswänden, während sich die Geißen, im Sommer mitsamt der Kitze, hauptsächlich in den Wänden aufhalten, wenn sie mit Grasbändern durchsetzt sind. Im Winter, vor allem zur Brunftzeit von Dezember bis Januar, sind beide Geschlechter am gleichen Standort zu finden. Die Aufenthaltshöhe ist stark vom Wetter beeinflußt: Bei schönem, heißem Sommerwetter sind die Tiere meist über 2300 m anzutreffen, während sie sich bei Schlechtwettereinbruch und Temperaturrückgang auf die Winterstandorte zwischen 2000 und 2200 m zurückziehen. Diese Einstände erhalten auch noch im Winter mind. 5 Stunden Sonneneinstrahlung pro Tag, tiefer gelegene Standorte sind aufgrund der Abschattung durch Bergrücken ungeeignet. Südexposition und starke Hangneigung fördern ein schnelles Ausapern (Sonne, Wind, Föhn, Schneerutsche), so daß z.B. Polsterpflanzen bereits früh, z.T. auch im Winter, wieder für das Steinwild zur Äsung bereitstehen.

Hohe Flexibilität in bezug auf die Hangposition zeigen *Gemsen*. Sie nutzen auch nordexponierte Hänge, die ihnen nahezu allein zur Verfügung stehen. *Rehe* finden sich nur im Grünerlengebüsch, im Zwergstrauchgürtel und in der Waldstufe. Wildfütterungen locken jedoch Gemsen talwärts, die von Natur aus eigentlich auch den Winter in den Hochregionen verbringen (Paarung im Januar).

Nivale Stufe: Einige Insekten, wie Springschwänze, Steinfliegen und bestimmte Laufkäfer finden auch noch oberhalb der Schneegrenze Existenzmöglichkeiten und Nahrung, was wiederum insektenfressende Arten, Mäuse und Vögel, anzieht. Die Ur-Insekten *Gletscherfloh und Schneefloh* sind auf das Leben in Eis und Schnee spezialisiert und ernähren sich von angewehtem Blütenstaub und Schneealgen. Zur Eiablage wandern die winzigen Tierchen in Scharen zu den Moränen und Schutthaufen am Rand von Gletschern und Firnfeldern.

Torrente

Ital. Bezeichnung für einen Fluß oder Bach im mediterran überprägten Alpenraum, der im Sommer fast trocken ist, im Frühjahr/Herbst nach Starkniederschlägen (in 5 Minuten mind. 5 l/m^2) jedoch plötzlich sehr große Wassermengen führt. Kennzeichen sind sehr breite Flußbetten, in denen sich der Fluß normalerweise fast verliert, mit sehr großen Schuttmassen, die nur bei Hochwasser verlagert werden.

Toteisloch oder Sölle
Am Ende der letzten Eiszeit verblieben in den Lockermassen der End- und Grundmoränen große isolierte Eisblöcke, die nur sehr langsam schmolzen. An ihrer Stelle entstanden Mulden, die zu Seen wurden. Die bekanntesten Toteislandschaften der A. sind die Oberengadiner Seenplatte und das Osterseengebiet in Oberbayern.

Totenprozession
Häufiges alpines Sagenmotiv: Der nächtliche Zug der armen Seelen auf bestimmten Wegen, meist im Hochgebirge, als Vorzeichen sehr gefürchtet. Teilweise sind die Wege der Totenprozessionen mit alten, längst in Vergessenheit geratenen Wegen identisch.

Tourismus
Mit gut 5 Mio. Ferienbetten, 120 Mio. Feriengästen und 500 Mio. Übernachtungen pro Jahr sind die A. eine der größten Tourismusregionen der Welt: Hier soll sich ein Viertel des gesamten Welttourismus abspielen. Trotz dieser extremen Zahlen sind die A. jedoch keinesfalls flächenhaft touristisch erschlossen:

- Nur etwa gut 500 oder knapp 10 % aller Alpengemeinden sind Gemeinden mit einer großen touristischen Infrastruktur und einer touristischen Monofunktion.
- 20 % aller Alpengemeinden besitzen einen relevanten Tourismus (mehr als 0,5 tour. Betten/Einwohner), 40 % einen schwachen Tourismus (0,1–0,5 Betten/Einwohner) und 40 % *keinen* Tourismus (weniger als 0,1 Betten/Einwohner).
- Bei einem Drittel aller Alpenregionen (Kleinregionen) spielt der Tourismus im Rahmen der Regionalwirtschaft eine relevante Rolle.

Der Tourismus ist in den A. (wie anderswo auch) *kein* flächenhaftes, sondern ein punkt- und bandförmiges Phänomen, das sich an besonderen Stellen (Seeufer, Talschlüsse) konzentriert. Lediglich im Bereich der westlichen Ostalpen (Bayern, Vorarlberg, Tirol, Salzburg, West-Kärnten, Südtirol) hat er dank touristischer Erschließung sehr vieler Seitentäler einen flächenhaften Charakter. Größere Tourismuskonzentrationen gibt es darüber hinaus v.a. in den Dolomiten, in Teilen Graubündens und des Wallis, im Aostatal und in Savoyen. Diese Aussagen widersprechen dem verbreiteten Bild einer flächenhaften touristischen Erschließung des gesamten Alpenraumes. Dieses Bild läßt aber die A. erst bei 1000 m Seehöhe beginnen, wodurch die tieferen, nichttouristischen Tallagen ausgegrenzt werden und es ist meist der „Münchner Perspektive" verpflichtet, die die Lage der westlichen Ostalpen fälschlich mit dem gesamten Alpenraum gleichsetzt.

Geschichte des Tourismus:

1. Entdeckungszeit 1760–1880: Mit der Entdeckung der A. als „schöner" Landschaft beginnt die Tourismusgeschichte. 100 Jahre lang bleiben die Übernachtungszahlen, die Hotels und Infrastrukturen sehr bescheiden. Die Alpenbesucher gehen mit Führern in die Berge. Bis 1880 werden alle Hauptgipfel der A. erstiegen.

2. Belle-Epoque 1880–1914: Erste touristische Expansions- und Erschließungsphase, während der ein breites Publikum den Spuren der Pioniere folgt. Neben den großen Palast-Hotels entstehen zahlreiche kleine, einfache Hotels sowie – von den Alpenvereinssektionen erbaut – ein Netz von hochalpinen Schutzhütten. Schmalspur- und Zahnradbahnen erschließen Aussichtsgipfel, Alpenvereinswege die hochalpine Region. Die gebaute Infrastruktur konzentriert sich zu zwei Dritteln in den Schweiz. A. (Berner Oberland, Wallis, Graubünden), der übrige Alpenraum wird davon relativ wenig berührt. Die Alpenbesucher bilden in drei Gruppen:

1. Massentouristen mit Hotelaufenthalt, Gipfelfahrten mit Zahnradbahnen und Spaziergänge im leichten Gelände.
2. Hochtouristen mit Übernachtung auf Schutzhütten und längeren Hochgebirgswanderungen.
3. Alpinisten, die jetzt ohne Bergführer unterwegs sind und sich „zweitrangigen" Gipfeln und schwierigen Routen zuwenden.

3. Zwischenkriegszeit 1914–1955: Schlagartiger Zusammenbruch des Alpentourismus mit nur allmählicher Erholung in den 20er und 30er Jahren, durch Weltwirtschaftskrise und politische Ereignisse immer wieder zurückgeworfen. Ende des Palasthotels als bedeutender Infrastruktur und Entstehung privater Ferienhäuser. In den 20er Jahren erlebt der Wintertourismus einen ersten Aufschwung, ab 1927–28 werden die ersten Skilifte errichtet. Die Alpinisten konzentrieren sich jetzt auf besonders schwierige Touren (Nordwände, Direttissima-Routen).

4. Massentourismus 1955–82: Ab 1955 setzt der Sommermassentourismus, ab 1965 der Wintermassentourismus ein (privater PKW als Reisemittel). Erstmalig besuchen sehr große Menschenmengen die A. Bau zahlreicher Hotels und Pensionen, später auch Eigentumswohnungen in großen Anlagen, sowie Seilbahnen und Skilifte. Die jährlich zweistelligen Wachstumsraten fördern hektische Bau- und Modernisierungswellen in den Tourismusorten. Daneben Modernisierung der Alpenvereinshütten und Ausbau der Wanderwege dank starker Nachfrage.

Trendwende im Alpinismus ab 1970: Abkehr vom Klettern mit großem technischen Materialaufwand (Vernagelung der Routen mit Hunderten von Haken) und Zuwendung zum Freiklettern, bei dem nur wenige Haken (zur Sicherung, nicht mehr zur Erleichterung des Kletterns) angebracht werden.

5. Stagnation auf hohem Niveau 1983 bis heute: Im Rahmen globaler Veränderungen (weltweiter Ausbau der Tourismuskapazitäten, Preisstürze im Flugverkehr) wandelt sich auch in den A. der Verkäufer- zum Käufermarkt mit stagnierender Nachfrage und starker Konkurrenz. An die Stelle von Neuerschließungen, die jetzt aus Umweltschutzgründen kaum noch realisierbar sind, tritt die laufende Modernisierung der bestehenden Infrastruktur. Damit wächst der Abstand zwischen den großen Tourismuszentren (die über Modernisierungskapital verfügen) und den zahlreichen kleinen Tourismusorten deutlich. Der alpine Sommertourismus wandelt sich fundamental, indem der traditionelle Sommerfrische- und Wandertourismus (Markenzeichen: Kniebundhose und kariertes Hemd) durch die neuen Aktivsportarten verdrängt wird (Markenzeichen: modernes out-fit und Sportgerät). Im Alpinismus setzt sich das Sportklettern durch, bei dem nicht mehr Gipfel oder Wände durchstiegen und bezwungen werden, sondern lediglich bevorzugt besonders schwierige Routenabschnitte (z.T. auch in Wettkämpfen) bekettert werden. Im alpinen Wintertourismus nimmt die Bedeutung des Abfahrtskilaufs zugunsten von Snowboarding, Langlauf und Skitouren deutlich ab. Mit der Veränderung dieser Freizeitaktivitäten ist die Krise vieler kleiner, traditioneller Tourismusorte und eine verbesserte Position vieler großer Tourismusorte (die die Möglichkeit haben, in alle modische Bereiche zu investieren) verbunden. Über die Zukunft des Tourismus wird derzeit angesichts billiger Fernreisen schwer geklagt. Als schnell erreichbare Region mitten in Europa mit einem riesigen Einzugsgebiet und einem unvergleichlichen Angebot dürften die A. ihre Position im Touristikmarkt aber langfristig halten, bei steigenden Energiepreisen sogar noch ausbauen können.

Leitlinien für eine nachhaltige Tourismusentwicklung: Angesichts der Krise von Landwirtschaft, Handwerk und Industrie besitzt der Tourismus heute eine wichtige Aufgabe im Erhalt dezentraler Arbeitsplätze und als Gegengewicht zur Verstädterung der Tallagen. Wegen der sehr unterschiedlichen Situationen sind aber vier verschiedene Nachhaltigkeitsstrategien nötig:

1. Der ökologische Umbau touristischer Monofunktionen: Zentrale Aufgabe ist hier die Sanierung der ökologischen Schäden und Belastungen durch den Tourismus (Lösung der Verkehrs-, Abwasser-, Luftverschmutzungs-, Zersiedlungsprobleme, ökologische Skipistenpflege u.ä.) und die Diversifizierung der vom Tourismus dominierten Regionalwirtschaft durch gezielte Förderung von Land-/Forstwirtschaft, Handwerk, umweltverträglicher Industrie, Dienstleistungen und die verstärkte Einbeziehung des Tourismus in die regionalwirtschaftlichen Kreisläufe (gezielte Zusammenarbeit mit Landwirtschaft, Kunsthandwerk). Damit dies gelingen kann, ist ein Stopp des weiteren quantitativen Ausbaus der touristischen Infrastruktur notwendig. Am schwierigsten ist der ökologische Umbau in Entsiedlungsregionen mit touristischer Monofunktion: Die Einheimischen partizipieren hier gar nicht am Tourismus, und die Eigentümer (Kapitalgeber) sitzen in den außeralpinen Metropolen und handeln rein nach marktwirtschaftlichen bzw. Abschreibungskriterien. Die Tourismusunternehmer im Alpenraum selbst sehen dagegen ein Alpental auch als Lebensraum und Heimat und verfolgen mehr als rein marktwirtschaftliche Interessen.

2. Sanfter Tourismus für ländliche und Entsiedlungsregionen: Im strukturschwachen Alpenraum gibt es oft keinen Tourismus, obwohl er hier aus Arbeitsplatzgründen besonders wichtig wäre. Allerdings ist es aus wirtschaftlichen, sozialen und ökologischen Gründen nicht sinnvoll, hier die Entwicklung der Tourismuszentren in kleinerem Rahmen nachzumachen, sondern es bedarf einer anderen Strategie: Konzentration auf Freizeitangebote ohne technische (= harte) Infrastrukturen, kein Aufbau von touristischer Monostruktur, sondern Tourismus als komplementäre Wirtschaftsaktivität der Einheimischen, enge Vernetzung mit Landwirtschaft und Handwerk zur Stärkung regionalwirtschaftlicher

Kreisläufe, Orientierung des touristischen Angebots an den Natur-und Kulturlandschaften, an den geschichtlichen und kulturellen Sehenswürdigkeiten u.ä.

3. Aufbau einer umweltverträglichen und wertschöpfungsintensiven Naherholung: 40–50 Mio. Menschen wohnen so nahe am Alpenrand, daß ein Tagesausflug in die A. leicht möglich ist und auch mehrmals im Jahr realisiert wird. Hinzu kommen die Tagesausflüge in die A. aus größerer Entfernung sowie diejenigen der 11 Mio. Alpenbewohner, so daß die Zahl der Tagestouristen diejenige der Übernachtungstouristen um ein Mehrfaches übersteigt (genaue Zahlen gibt es nicht, die Schätzungen sind unzuverlässig). Viele berühmte Ausflugsziele verzeichnen im Sommer weit mehr als eine halbe Million Besucher (Zahlen existieren nur dort, wo Eintritt oder Maut bezahlt werden muß: Silvretta-Hochalpenstraße: 500.000, Bergbahn Kaprun-Kitzsteinhorn: 643.000, Minimundus/Kärnten: 456.000 Besucher). In der jetzigen Form bringt dieser Tourismus wenig ökonomischen Gewinn (lediglich einige Ausflugsgaststätten profitieren davon; im Winter auch die Seilbahngesellschaften), aber sehr hohe ökologische Belastungen (Abgase, Abfall, Lärm). Die große Herausforderung heißt hier, diesen Ausflugstourismus umweltverträglicher zu machen (dafür gibt es einige konkrete Vorschläge) und ihn zugleich so zu gestalten, daß er für die betroffenen Regionen ökonomisch interessanter wird.

4. Ökologisierung des alpinen Städtetourismus: Diese Form des Tourismus wird oft übersehen, dürfte aber mind. 15 % der Übernachtungen in den A. umfassen. Städte wie Bozen, Trento, Innsbruck, Chur, Sitten, Briançon, Lugano spielen dabei eine wichtige Rolle. Die Ökologisierung des Städtetourismus beginnt mit der An-/Abreise mit der Bahn (kein Flug!), wofür die Voraussetzungen sehr gut sind. Anstelle des Konsums von Sensationen und Mega-Events müßte die aktive Auseinandersetzung mit Kultur, Geschichte, Architektur, Kunst und Umwelt der besuchten Städte treten.

Tragfähigkeit

In der aktuellen Diskussion häufig verwendeter Begriff zur Bezeichnung einer Nutzungsintensität, bei der der Naturhaushalt eines Alpentales oder einer -gemeinde nicht irreversibel geschädigt wird (meist als maximale Bevölkerungszahl pro Gemeinde oder km^2 ausgedrückt). Die Verwendung dieses Begriffes macht große Schwierigkieten, weil die Tragfähigkeit je nach naturräumlicher Dynamik (Klimaänderungen) schwankt, je nach Wirtschaftsweise sehr verschieden ausfällt (bei Wildbeutern sehr gering, bei Viehzüchtern höher, bei Ackerbauern am höchsten) und bei touristischer Nutzung besonders kompliziert zu ermitteln ist. Das größte Problem besteht jedoch darin, daß dabei nur die Zahl der Nutzer und nicht die konkrete Art und Weise ihrer Nutzung betrachtet wird, so daß über eine nachhaltige Nutzung wenig ausgesagt werden kann.

Transfluenzpaß
Gletscher, die über eine Wasserscheide fließen, weiten eine enge Scharte zu einem breiten Übergang. Alle großen, bekannten Alpenpässe sind Transfluenzpässe und besitzen meist einen von den Gletschern geschaffenen See auf der Paßhöhe.

Transhumanz
(franz. Transhumance) oder (manchmal) Wanderschafhaltung. Wirtschaftsform, bei der die Bereiche Ackerbau und Viehwirtschaft räumlich weit voneinander getrennt betrieben werden: Bei der normalen oder aufsteigenden Transhumanz leben die Vieheigentümer in einem Dorf am Alpenrand und schicken ihre Tiere (meist Schafe) unter Aufsicht von bezahlten Hirten im Sommer auf die Almen, im Winter auf Winterweiden in tiefen Lagen. Bei der inversen oder absteigenden Transhumanz leben die Eigentümer der Tiere in einem Bergdorf, und einige Familien bringen sie gegen Bezahlung/Tausch im Winter auf Winterweiden im Alpenvorland, während sie den Sommer auf der Alm verbringen.

Dieses System ist bereits sehr früh, wahrscheinlich schon um 5000 v.Chr., in den Südwest- und Südalpen entstanden. Nur im sommertrockenen Mittelmeerraum, wo die Weidemöglichkeiten im Sommer sehr eingeschränkt sind, ist diese Wirtschaftsform sinnvoll. Die Menschen wurden dazu möglicherweise durch großräumige Weidewechsel von Wildtieren angeregt. Im Kampf um Almflächen gab es nicht selten blutige Auseinandersetzungen mit lokalen Almbauern. Die politischen Rahmenbedingungen sind allerdings nicht zu vernachlässigen: Immer wieder wurde die Transhumanz, die in den A. einen untergeordneten, in den Gebirgen des Mittelmeers jedoch einen zentralen Stellenwert besitzt, im Verlauf der Geschichte von manchem Herrscher gefördert, von anderen wieder zurückgedrängt.

Die Transhumanz gehört zur traditionellen Landwirtschaft der A. untrennbar hinzu, wurde jedoch im 19./20. Jh. von den nationalen Grenzen und Konflikten immer mehr eingeengt: Die Transhumanz bergamaskischer Wanderschäfer (Sommer Engadin, Winter Poebene) wurde zu Beginn des 20. Jh. von der Schweiz aus seuchenpolitischen Gründen untersagt. Der Ausbau der ital.-franz. Grenze in den Südwestalpen zur Alpen-Maginotlinie unter Mussolini beendete die Transhumanz franz. Wanderschäfer in den piemontesischen A.

Seit dem Mittelalter haben sich auch am Alpennordrand analoge Verhältnisse ausgebildet, die hier aber anders benannt werden (Pensionsviehhaltung, Küherwesen, u.ä.), auch Rinder einbeziehen und kleinere Herdengrößen verzeichnen. Heute wird die Transhumanz auf moderne Weise (Lkw-Transport der Tiere zwischen Sommer- und Winterweiden) mit meist sehr großen Herden betrieben, wobei der starke Rückgang der Almwirtschaft ihre Möglichkeiten stark verbessert. Allerdings sind die heutigen, sehr arbeitsextensiven Nutzungsformen oft umweltbelastend, weil die Tiere nicht mehr sorgfältig gehütet werden, die Almpflegearbeiten entfallen und die alten Nutzungsgrenzen (maximale Tierzahlen und Weidedauer) nicht mehr beachtet werden.

Transitverkehr in den A.

Dank der zentralen Lage mitten in Europa gehört der Verkehr seit jeher untrennbar zu den A., und ein gewisser Teil der alpinen Wirtschaft war stets eng mit dem Verkehr verbunden.

Geschichte des alpenquerenden Verkehrs:

1. Vorzeit: Einige der ältesten Funde (Steinwerkzeuge) stammen aus den Paßregionen und dokumentieren die sehr frühe Überschreitung der A. von wahrscheinlich kleineren Menschengruppen. Gebaute Wege gab es nicht, aber im Laufe der Jahrtausende bildeten sich Wege durch ständige Benutzung aus (sog. gewordene Wege), die im Gelände stark eingetieft sind, sich auf ebeneren Strecken verzweigen und bei Engstellen (Klausen, Pässen) wieder zusammenlaufen. Zur Umgehung der kaum passierbaren Schluchten und Klausen der Täler verliefen sie um einiges länger als spätere Wege im Flachrelief der alpinen Höhenstufe.

2. *Römerzeit:* Mit Einbezug der A. ins Römische Weltreich und seine großräumig regionalwirtschaftlichen Arbeitsteilungen und Verflechtungen wuchs der Transitverkehr sprunghaft an (Handels- und Militärverkehr). Die Römer schufen das erste Straßenverkehrsnetz der A., bestehend aus 8 Paß*straßen* (Tenda, Montgenèvre, Kleiner St. Bernhard, Septimer, Maloja-Julier, Reschen, Brenner, Radstädter Tauern), auf denen zwei- und vierrädrige Wagen verkehren konnten, und zahlreiche Saumwege für Lasttierkarawanen. Eine Straßenanlage über die Hohen Tauern im Bereich Mallnitz-Bad Gastein, die bislang der frühen Neuzeit zugeschrieben wurde, ist erst 1990 als Römerstraße erkannt worden.

Mit dem Ende der Römerherrschaft verfielen viele dieser Straßen wieder.

3. *Hochmittelalter bis Ende 18. Jh.:* Der hochmittelalterliche Siedlungsausbau in den A. und in ganz Europa führte erneut zu einem starken Wachstum des Transitverkehrs und zum Bau neuer Verbindungen. Von wenigen Ausnahmen abgesehen entstanden jetzt aber nur Saumwege und keine Straßen. Weil Lasttiere kaum Kurvenradien brauchen und steile Steigungen überwinden können, konnten die Saumwege mit relativ bescheidenen Mitteln dem alpinen Relief angepaßt werden. Im Gegensatz zur Römerzeit gab es jetzt keine besonders wichtigen Hauptverbindungen, der Verkehr verteilte sich vielmehr auf Hunderte von verschiedenen Pässen, die als Paßübergang heute meist keine Bedeutung mehr haben. Ursache war einmal die kleinräumige politische Gliederung der A., zum anderen das Bestreben, Zollstellen zu umgehen und dafür auch größere Umwege in Kauf zu nehmen. Aus diesem Grund wurde auch der erste Straßentunnel in den Jahren 1479–1483 am Colle delle Traversette/Cottische A. in 2882 m Höhe gebaut: Die kleine Markgrafschaft Saluzzo war auf drei Seiten von Piemont-Savoyen eingeschlossen und schuf sich mit diesem Tunnel einen Zugang ins befreundete Frankreich und so zum Mittelmeer. Der zweite Tunnel entstand 1706–08 in der Schöllenenschlucht am Gotthard (genannt: Urner Loch), um eine Felspassage zu umgehen; solche Bauten blieben jedoch Ausnahmen. Der Warentransport wurde in dieser Zeit meist von einheimischen Säumergenossenschaften abgewickelt, selten durch fremde Kaufleute. Im Konfliktfall hatten die Interessen der Landwirtschaft Vorrang vor denen des Transitverkehrs. Aufgrund dieser Struktur und wegen der dezentralen Verteilung des Verkehrsaufkommens stellte

der Transit noch keine Überfremdung und Belastung dar, sondern eine wirtschaftliche Stärkung und Bereicherung.

4. Das Zeitaler der Fahrstraßen (Kunststraßen): Um Transporte zu beschleunigen, wurden im Zeitalter der Protoindustrialisierung überall in Europa Straßen ausgebaut und verbessert. In den A. werden am Ende des 18. Jh. die ersten modernen befahrbaren Paßstraßen gebaut (1772: Brenner, 1788: Tenda), was unter Napoleon auch aus militärischen Gründen forciert wurde (1805: Simplon) und nach dem Wiener Kongreß zu einem wahren Bauboom führte (1815–1840). Damit erhöhte sich die Transportgeschwindigkeit wesentlich. Zugleich wurden die Säumergenossenschaften zerschlagen bzw. aufgelöst, so daß dieser Wirtschaftszweig in kurzer Zeit völlig zusammenbrach. Die meisten dieser neuen Paßstraßen sind Meisterwerke der Ingenieurskunst und oft hervorragend den alpinen Verhältnissen angepaßt. Obwohl sie für vierrädrige Wagen erbaut worden waren, dienten sie später problemlos dem PKW-, teilweise sogar dem LKW-Verkehr.

5. Das Zeitalter der Eisenbahnen: Die Eisenbahnen als das klassische Verkehrsmittel des Industriezeitalters setzten sich ab 1867 (Brenner) in den A. durch (Vorläufer: Semmering-Bahn 1854). Sie ließen den Straßenverkehr schlagartig zurückgehen und konzentrierten bis 1914 den gesamten Transitverkehr auf nur sechs Linien (Fréjus, Lötschberg/Simplon, Gotthard, Brenner, Tauern, Pyhrn; 1928 um die Tenda-Linie Cuneo-Nizza ergänzt), so daß zahlreiche Alpentäler in die Peripherie rückten. Die Längsverbindungen der A. wurden dagegen nur wenig mit Eisenbahnen erschlossen (v.a. in Österreich mit Semmering-, Arlberg- und Wörgl-Schwarzach-Linie, in der Schweiz meist mit Schmalspurbahnen). So spiegelt das Eisenbahnnetz der A. eindeutig die außeralpinen Interessen wider.

Der Eisenbahnboom endet 1914. In der Zwischenkriegszeit werden nur wenig neue Verbindungen gebaut. Nach 1945 gibt es keine neuen Strecken mehr, sondern statt dessen Stillegungen. Zwei technische Erfindungen machten die Eisenbahn alpentauglich: Kehrtunnels (360-Grad-Tunnelstrecken für den Höhengewinn) und lange Tunnel (10–20 km lange Tunnel zur Vermeidung der eigentlichen Paßstrecken). Zahnradsysteme setzten sich dagegen auf den Transitstrecken aus Zeitgründen nicht durch (langsame Fahrt, Lokomotivwechsel).

6. Das Zeitalter des modernen Straßenverkehrs: Mit der Massenmotorisierung nach dem Zweiten Weltkrieg wurde die Eisenbahn ab- und die Straße (wieder) aufgewertet. Noch in der Zwischenkriegszeit war Autofahren in vielen Alpenregionen verboten (am längsten im Kanton Graubünden bis 1928) oder eingeschränkt gewesen; nach 1955 setzte der Boom ein. In vielen Fällen brauchten die Fahrstraßen der 1. Hälfte des 19. Jh. nur leicht modifiziert zu werden, um den neuen Ansprüchen (teilweise bis heute) zu genügen. Seit den 60er Jahren entstanden fast gleichzeitig zwei neue Straßentypen:

1. Zweispurige Autostraße mit Scheiteltunnel (Großer St. Bernhard-Südrampe, Gotthard-Südrampe, San Bernardino-Paß 1964–67), oder Basistunnel (Mt. Blanc-Tunnel 1964, Felbertauern 1967). Zum ersten Mal werden die Straßen vom alpinen Relief unabhängig: Mittels unzähliger aufwendiger Kunstbauten realisiert man eine „ideale" Trassenführung, oft gegen die alpinen Verhältnisse.

2. *Autobahnen, meist mit Basistunnel:* Mit der Brenner-Autobahn (1959–67) entsteht die erste alpenquerende Autobahn. Bis zur ersten Hälfte der 80er Jahre werden vier weitere Straßen gebaut (Fréjus, Gotthard, Tauern, Pyhrn), die bis heute aber noch nicht durchgehend vierspurig ausgebaut sind (Autobahnlücken auf Fréjus- und Pyhrn-Strecke, nur zweispurige Basistunnel auf Gotthard- und Tauernstrecke).

Wegen des heftigen Widerstandes gegen den Transitverkehr wurden seitdem keine neuen Großprojekte begonnen. Mit dem neuen Europ. Binnenmarkt und dem Zusammenbruch der sozialistischen Staaten Osteuropas wächst der Transitverkehr durch die A. noch einmal sprunghaft an, so daß derzeit heftig über zahlreiche neue Autobahntransitlinien diskutiert wird. Neben den Nord-Süd-Verbindungen bekommen jetzt auch wieder die West-Ost-Verbindungen große Bedeutung. Dies ist der Grund für den Ausbau der Semmering-Linie und das Projekt eines Seealpen-Basistunnels.

Transportmengen und Übergänge: Der gesamte alpenquerende Güterverkehr stieg seit 1970 um mehr als das Dreifache an. Diese Verkehrszunahme spielte sich fast ausschließlich auf der Straße ab. Der Schienengüterverkehr stagnierte nahezu überall und erzielte nur in der Schweiz und in Österreich dank Kombiverkehr (LKW-Transport mittels Bahn) in den letzten Jahren leichte Zuwachsraten.

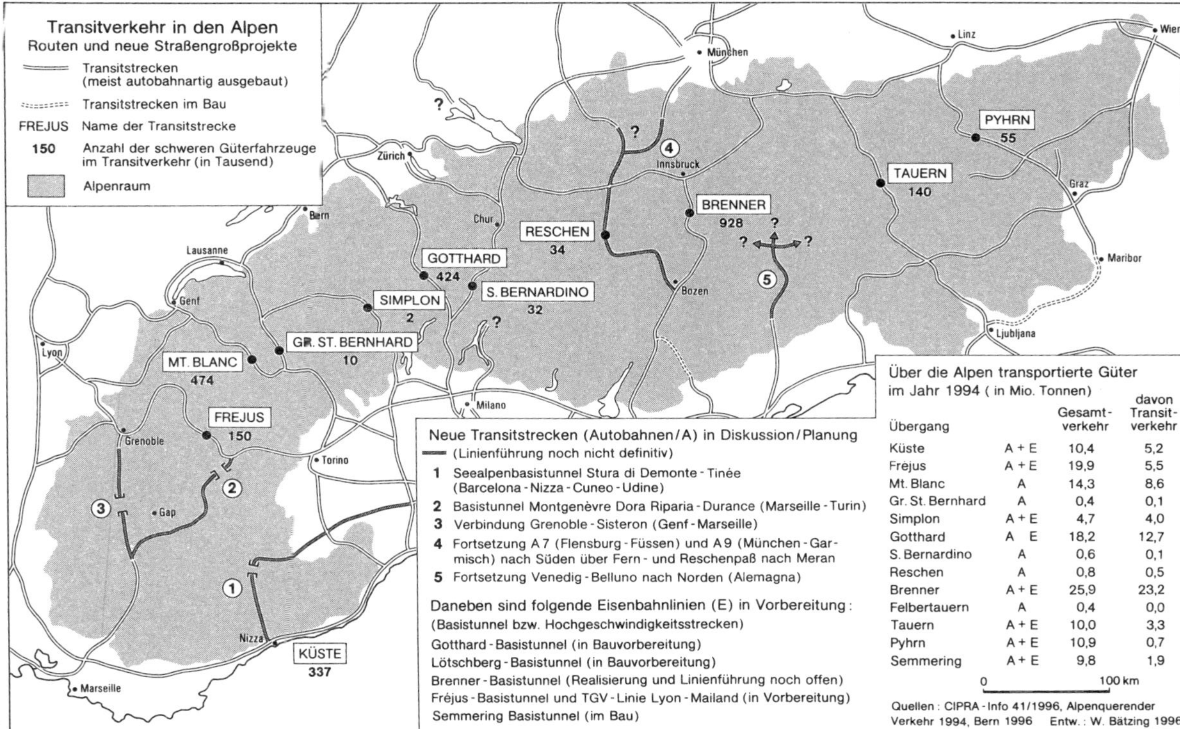

Über die Alpen transportierte Güter im Jahr 1994 (in Mio. Tonnen)

Übergang		Gesamtverkehr	davon Transitverkehr
Küste	A + E	10,4	5,2
Fréjus	A + E	19,9	5,5
Mt. Blanc	A	14,3	8,6
Gr. St. Bernhard	A	0,4	0,1
Simplon	A + E	4,7	4,0
Gotthard	A E	18,2	12,7
S. Bernardino	A	0,6	0,1
Reschen	A	0,8	0,5
Brenner	A + E	25,9	23,2
Felbertauern	A	0,4	0,0
Tauern	A + E	10,0	3,3
Pyhrn	A + E	10,9	0,7
Semmering	A + E	9,8	1,9

Im Jahr 1994 wurden 66,2 Mio. Tonnen im Transitverkehr und 132,8 Mio. Tonnen insgesamt (inkl. Eigen- und Regionalverkehr) über die A. transportiert, davon 62 % auf der Straße und 38 % auf der Bahn. Die am stärksten frequentierten Pässe sind Brenner (20 % des gesamten alpenquerenden Güterverkehrs), Fréjus (15 %) und Gotthard (14 %), wobei die Gotthardstrecke die meistfrequentierte Eisenbahnstrecke der A. ist. Die übrigen Paßstrecken sind dagegen von geringerer Bedeutung: Mt. Blanc mit 11 % des alpenquerenden Güterverkehrs, Pyhrn-, Tauern- und Riviera-Küstenstrecke mit je 8 %, Semmering mit 7 %, österr. Südautobahn Wien-Klagenfurt mit 5 % und Simplon mit 4 %. Großer St. Bernhard, San Bernardino, Reschenpaß und Felbertauerntunnel spielen mit unter 1 % nur noch eine randliche Rolle. Damit konzentriert sich der heutige Verkehr (jeweils Schiene und Straße zusammen) in erster Linie auf drei, in zweiter Linie auf weitere sieben Verbindungen. Mit dieser Konzentration sind wirtschaftliche Standortvorteile und gravierende Alltagsbeeinträchtigungen für die zehn Hauptstrecken verbunden. Noch krasser sieht es bei alpenquerenden LKWs aus: Hier verteilen sich die 2,6 Mio. LKWs zu 70 % auf nur drei Pässe (Brenner, Mt.Blanc, Gotthard).

Als zentrales Argument für den Ausbau der alpinen Transitstrecken (Straße und Bahn) dient der Hinweis auf die bestehenden Kapazitätsengpässe. Dagegen weisen viele Umwelt- und Transitgruppen darauf hin, daß v.a. auf der Schiene die bestehenden Kapazitäten derzeit meist gar nicht voll ausgelastet werden und daß mit vergleichsweise bescheidenen Investitionen (bescheiden in bezug auf die Neubauprojekte) und Verbesserungen an den bestehenden Strecken und ihren Zulaufstrecken ihre Kapazität spürbar erhöht werden kann.

Transitverkehrspolitik nach dem Zweiten Weltkrieg
Österreich forcierte durch Straßenbauten in der Nachkriegszeit den Transitverkehr auf der Straße, ähnlich wie Frankreich. Die Schweiz dagegen blockierte den Straßengütertransit (Beibehaltung des alten 28–Tonnen-Limits für LKWs bis heute, Nachtfahrverbote), wodurch sich der schweiz. Anteil am alpenquerenden Güterverkehr zwischen 1970 und 1994 halbierte. Solche scharfen Gegensätze führen dazu, daß „die Alpen“ in der Verkehrspolitik nicht einheitlich auftreten, so daß Alpenregionen gegeneinander ausgespielt werden können (Empörung in Tirol über die Schweiz,

weil ein Teil des Transitverkehrs über den Brenner eigentlich durch die Schweiz fahren müßte). In den 80er Jahren beginnt alpenweit – zuerst am Brenner und Gotthard – der Widerstand gegen den Transitverkehr, der so stark und erfolgreich wird, daß er die nationale Verkehrspolitik beinflußt (März 1989: erdrutschartige Verluste der Tiroler ÖVP bei den Landtagswahlen, daraufhin Kurswechsel in der Transitpolitik; Februar 1994: Annahme der Alpen-Initiative in der Schweiz) und sogar auf europ. Ebene Einfluß zeigt.

Mit dem Beschluß zur Erarbeitung einer AK im Jahr 1989 entsteht eine neue Phase, weil der Alpenraum zum ersten Mal in der Verkehrspolitik einheitlich aufzutreten versucht und der Verkehr erstmalig an ökologischen Maßstäben gemessen werden soll: „Ziel ist es, die Belastungen und Risiken im Bereich des inneralpinen und alpenquerenden Verkehrs auf ein Maß zu senken, das für Menschen, Pflanzen und Tiere sowie deren Lebensräume erträglich ist“. Die konkrete Umsetzung dieser Richtlinie soll im Verkehrsprotokoll festgelegt werden, allerdings konnte man darüber bislang keine Einigkeit erzielen: Österreich setzt sich für einen griffigen Protokolltext ein, der den Bau weiterer Transitstrecken durch die A. prinzipiell untersagt. Alle anderen Staaten einschließlich der Schweiz (die durch Annahme der Alpen-Initiative eigentlich zur Unterstützung Österreichs verpflichtet wäre) wollen jedoch die Regelungen verwässern und sich den Bau neuer Transitstrecken offenhalten.

Angesichts einer ambivalenten Haltung der EU, die einerseits den massiven Ausbau der europ. Straßen im Rahmen der Transeurop. Netze (TEN) fördert und fordert, andererseits aber für bestimmte „sensible Strecken“ Sonderbedingungen überlegt, kommt den Aktivitäten lokaler und regionaler Initiativgruppen ein hoher Stellenwert zu, besonders wenn sie sich alpenweit zusammenschließen.

Trinkwasser

ist eine der wichtigsten Ressourcen des Alpenraumes für die sehr dicht besiedelten Regionen um die A. herum mit ihren ca. 50 Mio. Einwohnern. Die beiden Großstädte Wien und Turin beziehen ihr Trinkwasser aus hochgelegenen Quellfassungen (1800–2000 m) direkt aus den A. (Hochschwab-Gebiet bzw. südliche Grajische A.), alle anderen Städte jaus Quellen am Alpenrand und aus den

mächtigen Schotterkörpern, deren Grundwasser von den Alpenflüssen regeneriert wird. Im Bereich des Bodensees wird aus den A. stammendes Trinkwasser weit nach Norden, bis nach Stuttgart und Heilbronn gepumpt. Der größte Stausee der A., der See von Serre-Ponçon am Zusammenfluß von Durance und Ubaye in den franz. A., dient in erster Linie der sommertrockenen Provence zur Trink- und Bewässerungswasserversorgung.
Angesichts des zunehmenden Wasserverbrauchs in Europa dürfte die Bedeutung der A. als Trinkwasserreservoir in Zukunft noch erheblich ansteigen.

Triste

Festgestampfter, birnenförmiger Heuhaufen, oft mannshoch, der zur Erleichterung des Errichtens und zur besseren Festigkeit eine lange Holzstange in der Mitte aufweist. Traditionelle Form der Heuaufbereitung, wenn kein Heustadel zur Verfügung steht. Oft nur noch auf Bergmähdern üblich.

Trockenbrache

In den inneralpinen Trockenzonen und in Teilen der Südwestalpen fällt so wenig Niederschlag, daß Getreide nicht mehr jedes Jahr wächst. Wo nicht bewässert werden kann, wird nur jedes zweite Jahr Getreide angebaut, um so die Bodenfeuchtigkeit zweier Jahre zu nutzen.

Tunnel

Zur horizontalen und vertikalen Umgehung von Steilstellen werden für unterschiedlichste Zwecke Tunnelabschnitte in den A. gebaut:

- für bergbauliche Zwecke (ab dem Hochmittelalter)
- für Saumwege (frühester Tunnel: Pertuis du Mont Viso am Monviso/Cottische A. 1479–83)
- für Fahrstraßen als Scheiteltunnel zur Entschärfung der letzten Steigungen vor der Paßhöhe (frühester Tunnel: 1882 Tendapaß/Seealpen)
- für Fahrstraßen als Basistunnel in niedriger Höhe (Mt. Blanc-Tunnel 1964)
- für Autobahnen als Scheitel- und Basistunnel
- für Eisenbahnen als Scheitel- und Basistunnel
- für touristische Wanderwege (ab 1880)

– neuerdings auch für Skipisten (Schruns/Vorarlberg 1995). Eine Sonderform der Tunnel sind die Kehrtunnel (180– oder 360–Grad-Kehre im Berginnern zur Gewinnung von Höhe), die für die Eisenbahn erfunden wurden (bei steilen Talabschnitten teilweise zwei, drei Kehrtunnel übereinander). 1995 wurde der erste Straßenkehrtunnel der A. von überregionaler Bedeutung eröffnet (Umfahrung Brienzwiler auf Brünigroute Interlaken-Luzern).

Übersteilte Talflanken
Von eiszeitlichen Gletschern in Trogtälern ausgebildete steile Felswände, die nach dem Rückzug der Gletscher in Form von Fels- und Bergstürzen abbrechen.

Uhrengipfel
Bergspitzen, deren Namengebung auf die Stundeneinteilung des Tages zurückgeht, wobei die Bergspitzen für ein Dorf die Rolle einer großen Natur-Sonnenuhr übernehmen (Neuner, Elfer, Einser usw.).

UNCEM
Unione Nazionale Comuni, Comunità e Enti Montani = Nationale Union der Berggebietsgemeinden, Berggebietsregionen und der mit Berggebietsfragen befaßten Körperschaften und Organisationen. Halbstaatliche Organisation in Italien, die die Interessen des Berggebiets im politischen System Italiens vertritt, mit Vertretungen in allen Regionen und einer Zentrale in Rom. Die UNCEM hatte und hat starken Einfluß auf die ital. Berggebietspolitik und spielt auch auf der europ. Ebene eine wichtige Rolle (AEM, EU-Berggebietspolitik, Charta der europ. Berggebiete). Seit Anfang der 90er Jahre arbeiten die UNCEM-Vertretungen der sieben Regionen mit Alpenanteil in Form einer regelmäßigen Präsidentenkonferenz enger zusammen.

Unterbesatz/Überbesatz
Traditionelle almwirtschaftliche Ausdrücke für zu wenig bzw. zu viel Vieh auf einer Alm, was in beiden Fällen ökologische Probleme aufwirft: Bei zu geringen Viehzahlen frißt das Vieh selektiv

nur die besten Futterkräuter, die dadurch allmählich verschwinden, so daß Futterwert und Artenvielfalt der Almweide deutlich abnehmen. Bei zu hohen Viehzahlen werden fast alle Pflanzen abgeweidet, die Vegetationsdecke kann sich nicht mehr regenerieren und wird allmählich zerstört. Damit sich bei und mit der Beweidung eine artenreiche Vegetationsdecke gut regenerieren kann, kommt der richtigen Zahl der Tiere ein großer Stellenwert zu.

Valcamonica

Talschaftsbezeichnung für das Tal des Oglio (Lombardei), der die Bergamasker A. von der Adamello-Gruppe trennt. Größte prähistorische Fundstätte der A. mit weit über 100.000 Felzeichnungen, die im Paläolithikum beginnen und bis in die Römerzeit reichen. Sie finden sich auf Felsen im Talboden oder entlang der Hänge im Talabschnitt zwischen Édolo (699 m) und Iseo-See (200 m). Das Zentrum ist der Ort Capodiponte, 362 m; dort auch Freilichtmuseum und wissenschaftliche Forschungsstelle.

Vallée des Merveilles,

das „Tal der Wunder" in den franz. Seealpen ist die zweitgrößte prähistorische Fundstätte der A. mit über 50.000 Felszeichnungen aus der Zeit von 3000 v.Chr. bis Christi Geburt, die in großer Höhe zwischen 2000 und 2600 m liegen und von transhumanten Hirten angelegt wurden. Der Mon Bego, 2872 m, war als heiliger Berg offenbar das sakrale Zentrum dieses Gebietes. Wegen Vandalismus von Besuchern ist die Zugänglichkeit der Felszeichnungen eingeschränkt worden.

Vegetation

Wie bei anderen Naturphänomenen versteht man auch unter der alpinen bzw. alpenspezifischen Vegetation meist nur die Vegetationsgesellschaften der subalpinen, alpinen und nivalen Stufe. Dieser Auffassung wird hier nicht gefolgt. Zur Gliederung und Klassifikation der Vegetation nach Vegetationsgesellschaften und Höhenstufen gibt es eine verwirrende Zahl von Vorschlägen; eine verbindliche alpenweit-anerkannte Klassifikation fehlt jedoch.
Pflanzenarten: Die Vegetation der A. besteht im Naturzustand aus immergrünen Laubwäldern (mediterrane Hartlaubvegetation),

laubabwerfenden Wäldern, Nadelwäldern, Zwergstrauchheiden und alpinen Rasen, auf kleineren Teilflächen auch aus Hoch- und Niedermoorgesellschaften, aus Grün- und Schwarzerlengebüschen und aus Auwäldern. Vor der Veränderung durch den Menschen waren die unteren und mittleren Höhenstufen mehr oder wenig vollständig bewaldet (kleine waldfreie Flächen nur auf sehr nassen und sehr trockenen Standorten, auf steilen Felswänden und auf von Bergsturz, Muren, Lawinen oder Steinschlag betroffenen Standorten). Darüber dominierten Zwergsträucher. Alpine Rasen waren wesentlich kleiner als heute.

Der vierfache Formenwandel: Die Vegetationsentwicklung wird von den klimatischen Verhältnissen sehr stark geprägt. Da diese sich nicht abrupt, sondern allmählich ändern, wird sie mit einem vierfachen Formenwandel beschrieben.

1. Der hypsometrische Formenwandel (Veränderung mit der Höhe: kälter, feuchter, extremere Gegensätze) prägt die Vegetation in den A. am stärksten. Sie wird deshalb nach Vegetationsstufen gegliedert: collin (Laubwälder), montan (Laub-/Nadelwälder), subalpin (Nadelwälder), alpin (Zwergsträucher und Rasen), nival (Flechten, Algen). Diese Stufen gehen allmählich ineinander über, und Steinschlag- und Lawinenbahnen ermöglichen zusätzlich eine gewisse Durchlässigkeit zwischen ihnen.

2. Der peripher-zentrale Formenwandel ist der zweitwichtigste, und er trennt die feuchten und meist aus Kalkstein bestehenden Randalpen von den trockenen, kontinentalen Inneralpen auf Silikatgestein. Daraus ergeben sich wichtige Unterschiede: In der montanen Stufe sind die Randalpen durch Buchen-Tannenwälder, die Inneralpen durch Fichtenwälder geprägt; in der subalpinen Stufe finden wir randalpin Fichten- und inneralpin Lärchen-Zirbenwälder. Auch die Höhengrenzen selbst unterscheiden sich und liegen randalpin wesentlich tiefer als inneralpin.

3. Der planetarische Formenwandel – nach Norden zum Pol hin kälter, südwärts zum Äquator hin wärmer – ist dafür verantwortlich, daß der nördliche Alpenrand kühl (mitteleuropäisch), der südliche warm (mediterran) ist. Allerdings grenzen die A. nur ganz im Südwesten, zwischen der Drôme und Savona (Drôme-Provenzalische, See- und Ligurische A.) direkt an die mediterrane Vegetation (auch eu- oder thermo-mediterrane Stufe genannt), die im Schutz der Täler weit in die A. vordringt. Der Alpeninnenbogen ist dagegen nur sub- oder besser supramediterran geprägt, weil die Po-Ebene im Winter so kalt ist (Kältesee mit Temperaturinversion), daß mediterrane Pflanzen erfrieren. Die Alpenrandseen des Innenbogens nehmen eine Sonderstellung ein, weil ihr Wasser als Temperaturspeicher wirkt und Winterfröste verhindert, so daß vom Menschen eingeführte mediterrane Pflanzen heimisch werden können. Die Unterschiede zwischen kühlem Nord- und warmem Südrand sind v.a. in der collinen Stufe sehr stark ausgeprägt und nehmen mit der Höhe deutlich ab.

4. Der westöstliche Formenwandel kennzeichnet den Wandel vom feuchten, ozeanischen Westen zum trockenen, kontinentalen Osten Europas, der durch den Einfluß des Mittelmeeres aber weit nach Osten verlagert wird. Von Osten aus reicht die pannonische (kontinental geprägte) Vegetation der Ungarischen Tiefebene weit in die A. hinein, und dank der kontinental geprägten Po-Ebene erreichen pannonische Vegetationsgesellschaften den Nordrand der Ligurischen und Seealpen.

Dieser West-Ost-Unterschied wird durch eine geomorphologisch-klimatologische Besonderheit noch akzentuiert: Im Bereich des Gotthard-Massivs verengt sich die hochalpine Region stark, und die randalpinen Niederschläge erreichen durch das Reuß- und Tessin-Tal auf beiden Seiten direkt den Alpenhauptkamm, so daß hier eine trockenere inneralpine Zone fehlt (sog. Tessinerlücke). Dadurch entsteht für subalpine, alpine und nivale Arten eine deutliche floristische Zäsur zwischen den West- und den Ostalpen. Bekanntestes Beispiel ist der Unterschied in der subalpinen Stufe zwischen der aufrechten Bergkiefer (Pinus uncinata) vorwiegend in den Westalpen, die am gleichen Standort in den Ostalpen durch die Latsche (Pinus mugo) ersetzt wird.

Diese vier Formenwandel bilden selten klare Grenzen, sondern meist breite Übergangssäume, so daß fast jedes Alpental seine eigene, besondere Vegetationszusammensetzung besitzt.

Vegetationsgliederung,

biogeographische, des Alpenraumes (siehe dazu die Kartendarstellung). Diese Gliederung stammt von Paul Ozenda (1988) und verwendet als zentrales Element die Unterscheidung zwischen Randalpen (Nr. 1–7) und Inneralpen (Nr. 9), zwischen denen eine Übergangszone, die sog. „Zwischenalpen“ (Nr. 8), ausgewiesen wurde. Die Baumarten beziehen sich auf die potentielle natürliche Vegetation.

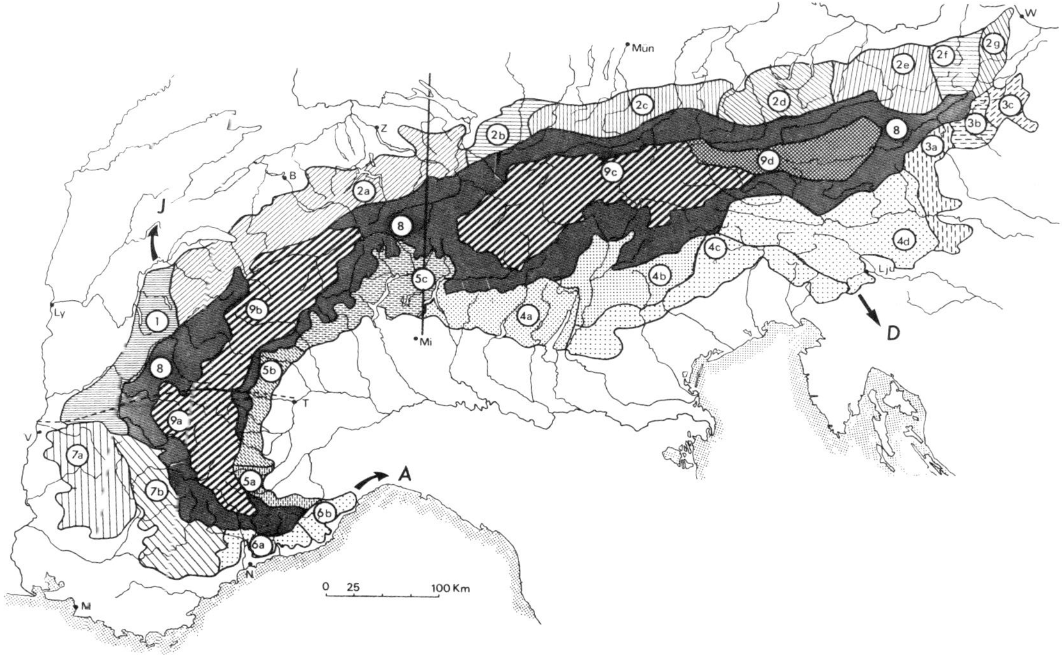

Biogeographische Vegetationsgliederung der Alpen, s. S. 258.
Quelle: Ozenda 1988

Der randalpine Gürtel wird durch Berggruppen gebildet, die nicht so hoch sind wie die Inneralpen, fast durchwegs aus Kalkgestein bestehen (Ausnahmen: Nr. 3 und Nr. 5) und die fast alle unter einem ozeanischen Klimaeinfluß stehen. Die Vegetationsgesellschaften sind sehr verschieden und sind mitteleuropäisch (Nr. 2), (sub)mediterran (Nr. 4–7) oder pannonisch (Nr. 3 und 6) geprägt.

Nr. 1: Delphino-jurassischer Bezirk (mit Fortsetzung im südlichen Jura). Übergangszone zwischen den mitteleuropäischen und den mediterranen Randalpen.

Nr. 2: Nördliche Randalpen: Sehr großes und in sich relativ homogenes Gebiet mit sehr tiefen Vegetationsgrenzen. Die colline Stufe endet meist weit vor den A., die montane Stufe wird vom mitteleurop. Buchen-Tannen-Wald dominiert, die subalpine Stufe von Pinus-Arten (P. uncinata = Bergkiefer im Westen, P. mugo = Latschen im Osten).

Nr. 3: Suprapannonischer Bezirk: Colline Stufe mit trockenen (pannonischen) Eichenarten, montane Stufe Buchen, subalpine Stufe Fichten. Die alpine Stufe ist schwach ausgeprägt.

Nr. 4: Gardesan-illyrischer Bezirk oder südöstliche Randalpen: Colline Stufe stark mediterran beeinflußt (mit Hopfenbuchen und Flaumeichen; im Etschtal besonders weit ins Alpeninnere vordringend), montane Stufe Buchen, subalpine Stufe Latsche.

Nr. 5: Insubrisch-piemontesischer Bezirk: Colline Stufe stark mediterran beeinflußt (mit Flaumeichen und Hopfenbuchen), montane Stufe mit Hainsimsen-Buchenwald, subalpine Stufe mit Bergkiefer.

Nr. 6: Präligurischer Bezirk (Ligurische und Teile der Seealpen): Stark mediterran beeinflußte Region mit pannonischer Begleitflora. Colline Stufe: Flaumeichen, Hopfenbuchen mit Mannaesche, montane Stufe mit Tannen (Buchen selten), subalpine Stufe mit Latsche (aus den Ostalpen!) und pannonischer Begleitflora (Schneeheide und Seggenarten).

Nr. 7: Hochprovenzalischer Bezirk mit der stärksten mediterranen Prägung der gesamten A. Colline Stufe mit Flaumeichen, montane Stufe mit Waldkiefern und Buchen, subalpine Stufe im Westen wenig ausgebildet, im Osten des Bezirks waldfrei (= mediterraner Gebirgstyp).

Nr. 8: Zwischenalpen-Bezirk: Dieser Bereich ist relativ homogen geprägt (deshalb keine weiteren Hauptunterteilungen). Er weist eine hohe mittlere Meereshöhe auf – colline Stufe nur im Bereich der großen Längstäler = inneralpine Trockenzonen – und ist durch Silikatgestein und kontinentales Klima geprägt. Colline Stufe mit Flaumeichen, montane Stufe mit Waldkiefern, subalpine Stufe mit Bergkiefern, Lärchen, Zirben. Das Gotthard-Massiv trennt den inneralpinen Bezirk in zwei Teile mit (leicht) unterschiedlichen Vegetationsgesellschaften im Rahmen des westöstlichen Formenwandels.

Die A. im Kontext der europäischen Gebirge. Alpenspezifische, nicht in anderen Gebirgen vorkommende Vegetationsgesellschaften finden sich nur im inneralpinen Bezirk. Die nördlichen Randalpen können mit den benachbarten Mittelgebirgen (Jura, Schwäbische Alb) zu einem eigenen biogeographischen Gebirgsgebiet zusammengefaßt werden, ebenso die südlichen Randalpen (zusammen mit dem nördlichen/mittleren Apennin und den Dinariden) und der suprapannonische Bezirk (zusammen mit den Karpaten).

Vegetationsstufen

Weil die A. im Südwesten in den mediterranen Bereich ragen, müssen die „klassischen" Höhenstufen collin/montan/subalpin/alpin/nival (= Stufen der Hochgebirge mittlerer Breiten) durch die mediterranen Höhenstufen (thermo-/meso-/supra-/oro-/altimediterran) ergänzt werden. Daraus ergibt sich folgende Stufung mit den jeweiligen Leitpflanzen (nach Ozenda 1988):

1. Mediterrane Stufe (meist meso-, selten thermomediterran) mit Obergrenze bei 500–600 m, nur am südlichen Rand der Südwestalpen zwischen Drôme und Savona, entlang der Täler teilweise weit in die A. hineinreichend. Immergrüne Vegetation (mediterrane Hartlaubvegetation) mit Steineichen und Oliven.

2. Colline Stufe am Alpennordrand mit Obergrenzen bei 500–600 m bzw. *supramediterrane Stufe* am Alpensüdrand mit Obergrenze bei 1000–1100 m. Am Alpennordrand wegen der Höhe des Alpenvorlandes kaum verbreitet, am Alpensüdrand breiterer Gürtel, der teilweise weit ins Innere der A. reicht, in den Drôme- und Provenzalischen Alpen flächenhaft. Stufe der Eichenwälder: mitteleuropäisch Eichen-Hainbuchenwälder mit Stieleichen, pannonisch Zerreichen, mediterran Flaumeichen im Westen und Hopfenbuche im Osten.

3. Montane Stufe am Alpennordrand mit Obergrenze bei 1300–1500 m, am Alpensüdrand bei 1500–1700 m, inneralpin (Sonnseite) bis 1900 m. Breiter Gürtel im Bereich der Randalpen, im Nordosten und Südosten besonders breit, im Piemont besonders schmal; inneralpin schmale Gürtel entlang der großen Längstäler. Stufe der Buchenwälder; der als Gürtel mit mitteleuropäischen, mediterranen und illyrischen Buchenwäldern die Alpen vollständig umschließt (einzige Ausnahme: östliche Seealpen). Mit abnehmender Feuchtigkeit und Ozeanität werden die Buchen mit Tannen durchmischt und inneralpin durch Tannen und Fichten, in den inneralpinen Trockenzonen durch Waldkiefern ersetzt.

4. Subalpine Stufe am Alpennordrand mit Obergrenze bei 1600–1800 m, am Südalpenrand bei 1800–2100 m, inneralpin (Sonnseiten) bis 2400 m. Stufe der Nadelbäume (einzige Laubbäume Birke, Vogelbeere plus Grünerle in Bachbetten), randalpin Fichten und Kiefernarten, inneralpin Fichten, Lärchen, Zirben mit deutlichen Unterschieden zwischen Sonn- und Schattseite.

Die frühere Meinung, daß sich der Wald an seiner klimatischen Höhegrenze von Natur aus in freistehende Einzelbäume auflöst, ist falsch. Erst durch den Einfluß des Menschen rücken Wald- und Baumgrenze deutlich auseinander. Wo Bäume von Natur aus dennoch isoliert stehen, sind lokale Faktoren dafür verantwortlich (Kaltluft, Felsen, Dolinen, Lawinenbahnen, Moorflächen). Bei ausgeglichenen Stadortverhältnissen bildet der Wald eine geschlossene Höhengrenze. Für diese Grenze ist der gesamte Klimacharakter ausschlaggebend, v.a. die Dauer der Vegetationsperiode.

5. Alpine Stufe am Alpennordrand mit Obergrenze bei 2500–2700 m, am Alpensüdrand bei 2600–2900 m, inneralpin (Sonnseiten) bis 3100 m. Die Obergrenze wird durch die klimatische Schneegrenze gebildet. Diese Stufe nimmt die größten Flächen in den A. ein. Sie wird in die untere alpine Stufe = Zwergstrauchstufe und in die obere alpine Stufe = Rasenstufe unterteilt und löst sich nach oben hin in Gruppen von Vegetationsstreifen und -inseln auf, die sich schließlich in Schutthalden und Felsen verlieren. Zwergstrauchstufe: Auf Kalkgestein Alpenbärentrauben-Heide v.a. auf Schatthängen, Wimperalpenrose-Heide, auf Silikatgestein Krähenbeer-Heide, auf allen Gesteinen Rostalpenrosen-Heide, Zwergwacholder-Heiden (Sonnenlagen). Rasenstufe: Auf Kalkgestein Rostseggenrasen, evtl. Violettschwingelrasen, Blaugrashorstseggenrasen, Polsterseggenrasen, Nacktried-Windecke. Auf Silikatgestein Borstgrasrasen, Krummseggenrasen, Buntschwingelhalden und Gamsheideteppich.

6. *Nivale Stufe*: Weitgehend lebensfeindliche Stufe, die v.a. von Flechten (200 Arten), Algen (100 Arten) und Moosen dominiert wird, die bis in die Region der höchsten Gipfel reichen. Eine Sonderform ist der aus Algen gebildete Cryoplankton, der im Schnee gedeiht und der dem Schnee eine auffällig grüne, gelbe oder rote Färbung verleiht. Daneben finden sich jedoch auch in der nivalen Stufe – allerdings nur auf kleinen, im Sommer schneefreien Standorten mit günstigen Mikrobedingungen – bis in größte Höhen (bis über 4000 m) noch mehr als 250 Pflanzenarten, darunter verschiedene Steinbrecharten, Alpenmannsschild und der Gletscher-Hahnenfuß, die höchststeigende Blütenpflanze Europas. Durch die Klimaerwärmung seit dem Ende der kleinen Eiszeit (1850) verändert sich die Pflanzenwelt der nivalen Stufe (mehr Arten in größerer Höhe).

Vergandung

Schweiz. Ausdruck für das Brachfallen, Verwildern von Kulturland (Sukzession).

Vergrünlandung

Landwirtschaftlicher Begriff für das Verschwinden von Ackerflächen, indem sie in Wiesen und Weiden umgewandelt werden. In historischen Zeiten in den A. nur im schweiz. Hirtenland abgelaufen; seit 1955–65 der dominierende Prozeß im gesamten Alpenraum, weil Ackerbau in den A. viel weniger als die Viehwirtschaft konkurrenzfähig ist.

Verkehr

In der öffentlichen Diskussion wird der Verkehr in den A. oft mit Transitverkehr gleichgesetzt, was jedoch nicht richtig ist: Der Verkehr besteht hier aus folgenden Anteilen (die Angaben beziehen sich auf die gefahrenen Kilometer pro Jahr in den A.; sie beruhen teilweise auf Schätzungen):

1. *Eigenverkehr:* 70 Mrd. km/Jahr bei PKW, 4–6 Mrd. km/Jahr bei LKW. Der Eigenverkehr der A. besteht bei den PKW-Fahrten in erster Linie aus den täglichen Fahrten zwischen Wohn- und Arbeitsort, zweitens aus Fahrten zu zentralen Orten in den oder außerhalb der A., drittens aus dem Geschäftsverkehr mit inner-

und außeralpinen Geschäftspartnern. Beim LKW-Verkehr handelt es sich um inneralpine Transporte und um Transporte von und zu außeralpinen Geschäftspartnern.

2. Touristischer Verkehr; 15–25 Mrd. km/Jahr. Dies sind die Fahrten der Tagesausflügler, die An- und Abfahrten der Urlaubsgäste sowie deren Fahrten während ihres Urlaubs in den A.

3. Transitverkehr: 7 Mrd. km/Jahr bei PKW, 1,3 Mrd. km/Jahr bei LKW. Die über die Alpenpässe transportierten Gütermengen auf Schiene und Straße (der Eigenverkehr der Güter läuft im Alpenraum eher selten über die Pässe ab) setzen sich zur Hälfte aus Transitgut und zur Hälfte aus Gütern des Eigenverkehrs zusammen.

Zusammenfassung: Die Masse des Verkehrs im Alpenraum besteht also aus dem Eigenverkehr, was nicht verwundert, wenn man die starke Verstädterung der A. mit ihrem gewaltigen Pendlerverkehr berücksichtigt. Der Transitverkehr erscheint dagegen gering, aber er konzentriert sich in hohem Maße auf einige wenige Pässe, die zugleich durch den touristischen Verkehr stark beansprucht werden, so daß hier sehr hohe Verkehrsbelastungen auftreten.

Verkehrsberuhigung

Der tägliche Verkehr ist in zahlreichen Alpenorten bereits so stark geworden, daß er die Lebensqualität gefährdet. Deswegen finden wir eine Reihe von Verkehrsberuhigungsmaßnahmen, und zwar in erster Linie in den Alpenstädten und in den Tourismusorten. Umfragen bei Kur- und Fremdenverkehrsdirektoren ergeben alpenweit immer das gleiche Ergebnis, nämlich daß der Verkehr das größte Problem der Tourismusorte darstellt, auf das die Gäste inzwischen sehr sensibel reagieren.

In Tourismusgemeinden finden wir alpenweit vier unterschiedliche Strategien zur Verkehrsberuhigung:

1. Die neun schweiz. GAST-Orte (= Gemeinschaft Autofreier Schweizer Tourismusorte) besitzen aufgrund ihrer topographischen Lage entweder gar keine Straße, sondern sind nur durch eine (Schmalspur-)Bahn erschlossen (Wengen, Mürren, Braunwald, Rieder-, Bettmeralp) oder sie endet am Ortsanfang (Saas Fee). Während die erste Gruppe von Orten das Prädikat verkehrsberuhigt in allen Punkten zu Recht verdient, weil auch die An-/Abfahrt mit öffentlichen Verkehrsmitteln erfolgt, handelt es sich bei den Orten der zweiten Gruppe teilweise mehr um eine Verkehrs-

verlagerung an den Ortsrand (großes Parkhaus am Rande von Saas Fee) bzw. in den Nachbarort (Ort Täsch als Parkplatz für Zermatt).

2. Das Straßendorf Serfaus in Tirol (1991 = 1047 Einwohner) hat wegen der unerträglichen Verkehrssituation in der Wintersaison als erster Tourismusort der A. eine U-Bahn unter der Dorfstraße zur Verkehrsberuhigung errichtet, und weitere Orte planen ähnliche Projekte. Diese technische Lösung des Verkehrsproblems, die sich an städtischer Logik orientiert, ist aufgrund der sehr hohen Kosten und der massiven Umwelteingriffe kein Vorbild für andere Alpengemeinden.

3. Sehr viele Tourismusorte experimentieren derzeit mit Maßnahmen der Verkehrsberuhigung wie der Ausweisung von Fußgängerzonen, der Sperrung von Straßen für den Durchgangsverkehr, der Parkraumbewirtschaftung, der Einführung von Hybrid- und Elektrobussen im innerörtlichen Verkehr u.ä. Am konsequentesten sind dabei die österr. Gemeinden Bad Hofgastein, Kleinwalsertal, Lech, Weißensee und Werfenweng, die sich 1994 zur „Interessengemeinschaft für Sanfte Mobilität in Österreichs Kur- und Tourismusgemeinden" zusammengeschlossen haben und die diese Maßnahmen mit dem Einsatz von (kostenlos bzw. mit Gästekarte kostenlos benutzbaren) City-Bussen verbinden und die damit ein sehr attraktives verkehrsberuhigtes Gesamtsystem schaffen, das für viele Alpengemeinden, die nicht über die Vorteile der GAST-Orte verfügen, vorbildlich ist.

4. Eine völlig andere Konzeption der Verkehrsberuhigung haben die am Reißbrett geplanten Integrierten Stationen der 3. und 4. Generation in den franz. A. realisiert: Die gesamte Infrastruktur wird so angeordnet, daß der Wintergast bei Ankunft in die Tiefgarage fährt und dort sein Auto bis zum Ende stehen läßt, weil alle Wege zu Fuß zu erledigen sind. Auch hierbei handelt es sich um eine effiziente, rein technische Lösung, die innerhalb der traditionellen Bau- und Siedlungsstrukturen der A. nicht zu realisieren ist.

Tälerbus: Neben den Verkehrsberuhigungsmaßnahmen in Ortschaften und Städten gibt es auch Maßnahmen in der Landschaft, wo die zahlreichen Güter-, Forst-, Alm- und Erschließungswege oft einen lebhaften Ausflugsverkehr aufweisen.

1. Nationalparks: In allen Nationalparks und in vielen anderen Schutzgebieten bemüht man sich um verkehrsberuhigende oder -verhindernde Maßnahmen für Tourisen (nicht für den wirt-

schaftlich notwendigen Eigenverkehr) wie Sperrung von Straßen, hohe Mautgebühren, Angebot von öffentlichen Verkehrsmitteln u.ä.

2. Lungauer Tälerbus: Im Bezirk Lungau/Salzburg/A gibt es den bislang konsequentesten Versuch im Alpenraum, den touristischen PKW-Verkehr durch einen öffentlichen Busverkehr zu ersetzen: In *alle* (langen) Seitentäler fährt ein schadstoffarmer Kleinbus (später E-Busse) nach einem festen Fahrplan, und parallel dazu werden diese Straßen für den Verkehr (außer Anliegern) gesperrt. Dieses Modell besitzt alpenweit Vorbildcharakter. In diesem Zusammenhang ist darauf hinzuweisen, daß die Möglichkeiten zum Umsteigen vom PKW auf den Bus stark davon abhängen, wie häufig die Busse fahren und wie engmaschig ihr Liniennetz ist. Selbst der bislang dabei vorbildlichste Staat im Alpenraum, die Schweiz, dünnt derzeit aus Kostengründen den Fahrplan aus.

Verklausung
Charakteristisches Ereignis in Wildbächen: An natürlichen oder durch Felssturz, Windwurf, Bodenerosion geschaffenen Engstellen staut sich das Wasser während eines heftigen Niederschlags und bildet einen kleinen See, der ab einer bestimmten Höhe ausbricht und in einer zerstörerischen Flutwelle zu Tal stürzt. Von Natur aus ein häufiges Phänomen; in früheren Zeiten dagegen seltener, weil die Bauern das verklausungsfähige Material (v.a. Bäume und Buschwerk) regelmäßig entfernten. Heute wieder häufiger, weil diese Arbeiten unterbleiben.

Verlagssystem
Wirtschaftssystem der Zeit der Protoindustrialisierung, bei dem ein städtischer Verleger die benötigten Rohstoffe besorgt, die fertigen Produkte vertreibt und die Transporte organisiert, während die eigentliche Arbeit (Weben, Spinnen, Sticken) dezentral auf den Bauernhöfen als Heimarbeit zu festen Stückpreisen ausgeführt wird. In der Ostschweiz (Zürich als Verlagssitz – schweiz. Ostalpen) sehr häufig und teilweise bis zum Beginn des 20. Jh. erhalten.

Vertragsnaturschutz
Im Gegensatz zum staatlichen Naturschutz in Nationalparks und sonstigen Schutzgebieten bezieht sich der Vertragsnaturschutz auf private Parzellen. Der Eigentümer, meist ein Landwirt, verpflich-

tet sich in einem Vertrag mit der Umweltbehörde zur Einhaltung bestimmter Nutzungsformen (z.B. späte Mahd, kein Kunstdünger, Nutzung und Pflege traditioneller Landschaftselemente) und erhält dafür eine finanzielle Abgeltung. Auch in den A. in den letzten Jahren immer häufiger.

Viehgangeln

Hangparallele Treppen auf steileren Almflächen, die dadurch entstehen, daß das Vieh beim Weiden langsam hangparallel vorwärts geht und dabei mit dem Kopf bergwärts frißt (was almungewohnte Tiere erst lernen müssen). Viehgangeln können die Stabilität eines Hanges erhöhen, weil sie Schneekriechen verhindern; sind sie zu stark ausgetreten (Aufreißen der Vegetationsdecke, Bodenverletzungen), dann fördern sie allerdings die Erosion.

Waldenser

Ehemalige mittelalterliche Ketzerbewegung, 1174 vom Kaufmann Petrus Valdes (daher ihr Name) in Lyon gegründet, die sich schnell in großen Teilen Europas und der A. ausbreitete. Die systematische Verfolgung durch die katholische Kirche führte im 14./15. Jh. zum völligen Verschwinden der Waldenser, mit Ausnahme dreier kleiner Alpentäler in den nördlichen Cottischen A., in denen sie bis heute leben. Im Jahr 1532 schlossen sie sich offiziell der Reformation an und waren bis zur verfassungsmäßigen Religionsfreiheit im 19. Jh. die einzigen evangelischen Christen in Italien. Sie erlebten bis ins 19. Jh. hinein eine sehr bewegte Geschichte mit permanenter blutiger Unterdrückung von verschiedensten Seiten. 1687 wurden zahlreiche Waldenser aus Savoyen-Piemont ausgewiesen. Sie flohen in die evangelische Schweiz und von dort nach Baden-Württemberg, Hessen, Brandenburg und die Pfalz, wo sie bis heute ihre Religion bewahrt haben und regelmäßigen Kontakt zu ihrer alten Heimat in den Cottischen A. pflegen.

Waldnutzung

Grundsätzlich ist zwischen einer bäuerlichen Waldwirtschaft und einer modernen Forstwirtschaft zu unterscheiden.

Bäuerliche Waldwirtschaft: Diese Waldnutzung verfolgte eine Vielzahl von Zielen gleichzeitig: Gewinnung von Bau-, Werk- und

Brennholz, Holzkohle, Futterlaub, Streu, Harz, Lohrinde, sowie Waldweide und Jagd. Von den drei Zielen Holz, Viehwirtschaft und sonstige Produkte war die Viehwirtschaft am wichtigsten, gefolgt von der Holzproduktion. Zur besseren und langfristig gesicherten Erfüllung dieser Nutzungen gab es grundsätzlich drei Betriebsarten:

Hochwald: Aus Samen oder Früchten entstandene hochwüchsige Bäume, die meist in Form der Plenterwirtschaft, der gezielten Entnahme einzelner Bäume oder kleiner Baumgruppen, genutzt wurden, so daß sich ein vielfach gestufter Wald mit ungleich alten Bäumen entwickelte. Hauptziel des Holzschlages war die Bauholzgewinnung, weitere wichtige Nutzung war die Waldweide und die Streugewinnung. Bannwälder waren in der Regel Hochwälder.

Niederwald: Aus Stockausschlag entstandene, buschförmige Laubbäume mit schnellem Wachstum, die alle 15–30 Jahre geschnitten wurden und v.a. der Produktion von Brennholz und Holzkohle dienten. Auch Niederwälder dienten der Waldweide sowie der Futterlaub- und Streugewinnung.

Mittelwald: Kombination von Niederwald im Unterholz und Gruppen von hochstämmigen Bäumen, was eine Bauholzgewinnung und gleichzeitige Brennholznutzung ermöglichte.

Verteilung: Hochwald war traditionell auf der Alpennordseite, Niederwald auf der Alpensüdseite häufig. Das im deutschen Sprachraum emotional sehr positiv besetzte Bild des alpinen Hochwaldes (u.a. Romantitel von Ganghofer) ist also nur für einen Teil der A. repräsentativ; fälschlich wird der sehr produktive Niederwald der Alpensüdseite oft gar nicht als Wald bzw. sogar als Walddegradation wahrgenommen.

Forstwirtschaft: Im Gegensatz zur bäuerlichen Waldnutzung war die Forstwirtschaft lange Zeit allein auf Holzgewinnung ausgerichtet. Heute sieht man die forstliche Aufgabe darin, alle Waldfunktionen zu erfüllen (Schutz vor Naturgefahren, ökologische Funktionen, Produktion hochwertiger Rohstoffe, Landschaftsgestaltung, Erholung). Die Forstwirtschaft entstand im 18. Jh., als einige absolutistische Herrscher die traditionellen bäuerlichen Waldnutzungsrechte untersagten, um durch Holzproduktion im Hochwald ihre Einnahmen zu erhöhen (steigende Holznachfrage in der Protoindustrialisierung) und den Wald als herrschaftliches Jagdrevier zu nutzen. Zur ideologischen Absicherung dieser

Enteignung wurde die bäuerliche Waldnutzung (v.a. die Waldweide) als unvernünftig und waldschädigend bezeichnet, was so jedoch nicht richtig war, denn das Ziel der bäuerlichen Waldnutzung war nicht die möglichst hohe (und ausschließliche) Holzproduktion. Die Bauern wehrten sich letztlich erfolglos gegen diese Entwicklung. Das ist der Hintergrund für die lange Tradition der Wilderer und sog. Waldfrevler, die auf den Rechten der traditionellen Waldnutzung beharrten und sie mit Billigung der Dorfgemeinschaft weiterhin heimlich ausübten, was im 19./20. Jh. auch romantisiert wurde. In den Ostalpen mit ihrer starken Stellung der Grundherren wurde die Forstwirtschaft im 19. Jh. verstaatlicht. Dabei kam es zu großen Kahlschlägen mit schweren ökologischen Schäden und anschließenden Pflanzungen von großflächigen Fichtenmonokulturen. In den West- und Südalpen, wo die Grundherren eine schwache Position hatten, setzte die Forstwirtschaft nur zögernd und spät ein und erreichte bescheidene Ausmaße, so daß viele Niederwälder erhalten blieben.

Gegenwärtige Probleme: Die *Niederwälder* liefern heute keine verkäuflichen Produkte mehr. Ihre Nutzung wurde meist vor 30–40 Jahren eingestellt. Die Bäume sind inzwischen sehr groß geworden, stehen viel zu dicht und dürften ohne Durchforstung bald flächenhaft zusammenbrechen. Hier wäre zu untersuchen, ob sie nicht als nachwachsende Rohstoff- und Energielieferanten eine neue Zukunft bieten könnten, um mit diesem Potential ein umweltverträgliches Wirtschaften zu stärken.

Die *Hochwälder* stellten in der Phase der Protoindustrialisierung und der frühen Industrialisierung die wertvollste ökonomische Ressource der A. dar, was zu entsprechend intensiven Nutzungen führte. Der Siegeszug von Braun- und Steinkohle reduzierte den Nutzungsdruck auf die alpinen Hochwälder. Das Holz blieb aber weiterhin ein wertvoller Rohstoff und erzielte sehr gute Preise. Erst mit der Einführung der Erdölnutzung ab 1955, die zu stark fallenden Energiepreisen führte, sanken die Holzpreise soweit ab, daß sich die Forstwirtschaft nur noch auf den produktiveren und leicht erreichbaren Flächen rentierte. Ab 1970 schließlich fielen die Holzpreise (Überangebot auf dem Markt) so tief, daß die Forstwirtschaft in den A. kaum noch kostendeckend arbeiten kann. Große Hochwaldflächen (in CH ein Viertel, alpenweit vielleicht zwei bis drei Fünftel) werden daher heute nicht mehr forstwirtschaftlich genutzt, was mit ökologischen Problemen verbunden ist: 1. Die meisten Hochwälder sind heute gleichaltrige Bestände aus z.T. standortfremden Arten, die bei Erreichen der Vergreisungsphase oder Windwurf flächenhaft zusammenbrechen. 2. Oft ist die Wilddichte im Hochwald so hoch, daß ohne Schutzmaßnahmen (umzäunte Aufforstungen) keine Verjüngung stattfinden kann. 3. Am frühesten wurde die Forstnutzung in der subalpinen Stufe (hier sehr langsames Baumwachstum) eingestellt, wo die Wälder oft Schutzfunktionen übernehmen. Gerade hier, wo von Natur aus oft artenarme Fichtenwälder vorkommen, die nach der Mosaik-Zyklus-Theorie auf Teilflächen zusammenbrechen, kann eine naturnahe Forstwirtschaft die ökologische Stabilität und die Schutzwirkung dieser Wälder deutlich erhöhen.

Waldsterben
Populärer Ausdruck für die „neuartigen Waldschäden", die seit Ende der 70er Jahre auch in den A. auftreten. Allerdings ist der Begriff schief, denn es stirbt keinesfalls der gesamte Wald ab (die Horrorbilder der Anfangsdiskussion haben sich glücklicherweise nicht bewahrheitet). Vielmehr erleiden die Bäume einen auffälligen Vitalitätsverlust, der bei großen Stürmen (Windwurf) zu teilweise dramatischen Auswirkungen führt. Und es wird auch diskutiert, ob diese Waldschäden wirklich neuartig sind. Wie dem auch sei, fest steht jedenfalls, daß wir v.a. in den großen Transittälern und in vielen Tälern mit starkem Eigenverkehr erhebliche Probleme mit dem Wald haben, der gerade hier als Bann- und Schutzwald besonders wichtig ist. Oft ist in der Höhe der Inversionsschicht ein breites Band mit geschädigten Bäumen so deutlich ausgeprägt, daß es auch vom Laien erkannt werden kann (am leichtesten bei einer Seilbahnfahrt), während die anderen Waldbereiche Phänomene der unteren bis mittleren Schadensklassen zeigen, die nicht so leicht wahrzunehmen sind. Wenn auch gegenwärtig Horrormeldungen über das Waldsterben in den A. fehlen, gibt dieses Problem weiterhin zur Sorge Anlaß.

Wallfahrten
Im ganzen Alpenraum finden Wallfahrten zu bestimmten Stätten im Talbereich – am bekanntesten wohl Mariazell in den östlichen Ostalpen – und zu hochgelegenen Kapellen – die höchstgelegene liegt auf dem Gipfel des Rocciamelone, 3538 m (südliche Grajische

Alpen) – oft am 5. August (Maria zum Schnee) statt. Wenige dieser Wallfahrten gehen ins Mittelalter zurück, die meisten haben ihren Ursprung in der frühen Neuzeit (15.–18. Jh.).

Walser

Das heute deutschsprachige Oberwallis wurde erst im frühen Mittelalter von Alemannen besiedelt und germanisiert und verzeichnete im Hochmittelalter einen starken Geburtenüberschuß. Veranlaßt von kleineren Grundherren und ausgestattet mit besonderen Freiheiten wanderten die Walser zwischen 1200 und 1360 n.Chr. über hohe Pässe zuerst nach Süden, später nach Osten (Graubünden, Vorarlberg), wo sie sich in hochgelegenen Talschlüssen oberhalb der damaligen Dauersiedlungen meist mit kleinen Dörfern oder Einzelhöfen niederließen. Aufgrund der Höhenlage war dort kein Ackerbau mehr möglich, weshalb sie sich auf Viehwirtschaft und Saumhandel konzentrierten. Mit der einsetzenden Klimaverschlechterung wurden eine Reihe von Walsersiedlungen aufgegeben bzw. in Almen umgewandelt, andere blieben bestehen und erlebten im 19. Jh. einen Aufschwung als Tourismusorte (Davos, Arosa). Noch heute sind Walsersiedlungen teilweise an ihrer Architektur zu erkennen (Holzbauten in Gebieten mit Steinbauten), während das frühere Unterscheidungsmerkmal – der Walser-Dialekt – heute immer weniger zu hören ist. Seit einiger Zeit arbeiten die Walser-Gemeinden alpenweit zusammen, um ihre Identität zu stärken.

Wasserhaushalt der A.

Die A. erhalten im alpenweiten Durchschnitt 145 cm/Jahr Niederschlag (Europa = 66 cm, Westeuropa 80 cm), von denen 54 cm/Jahr verdunsten und 91 cm/Jahr abfließen (Werte für Europa: 38 cm und 29 cm). Die Funktion der A. als „Wasserschloß" Europas beruht also sowohl auf den hohen Niederschlägen (das Hochgebirge A. als „Regenfänger") als auch auf der relativ geringen Verdunstung (wegen niedrigen Temperaturen in der Höhe). Diese Funktion wird verstärkt durch die Vergletscherung (in den Eismassen ist etwa die Niederschlagsmenge eines Jahres gespeichert), die Schwankungen zwischen feuchten und trockenen Jahren ausgleicht und für einen relativ kontinuierlichen Jahresabfluß sorgt, sowie durch die zahlreichen Alpenrandseen, die die alpinen Hochwasserspitzen dämpfen. Der Wasserhaushalt der einzelnen

Alpenteilräume unterscheidet sich von den Durchschnittswerten je nach Seehöhe und Lage (inner-/randalpin): Die positivste Wasserbilanz weisen die Karnischen und Julischen A. auf (Niederschlag/N = 200–220 cm; Abfluß/A = 140–150 cm; Verdunstung/V = 60–65 cm), gefolgt von den Bayerischen A. (N = 180–200 cm; A = 120–140 cm; V = 45–50 cm), während die inneralpinen und die kontinental geprägten Gebiete deutlich ungünstigere Werte zeigen. Die negativste Bilanz besitzen die Gurktaler A./Klagenfurter Becken (N = 100–120 cm; A = 40–60 cm; V = 55–60 cm) und die Südfranz. A. (N = 100–120 cm; A = 40–60 cm; V = 60–65 cm).

Wasserwirtschaft
Die Kraft des fließenden Wassers wurde schon früh genutzt, um Apparaturen anzutreiben, die menschliche Arbeit ersetzten oder erleichterten (wasserbetriebene Butterfässer, Sägen, Mühlen zum Mahlen, Stampfen, Walken). Besonders in Regionen mit langer Bergbau- und Kleineisentradition gab es hier sehr ausgeklügelte Systeme.

Vier Kraftwerkstypen: Die industrielle Wasserkraftnutzung begann im Jahr 1890 mit der erstmaligen Umwandlung von Wasserkraft in elektrischen Strom. Da anfangs der Strom nicht ohne erhebliche Verluste über längere Entfernungen transportiert werden konnte, mußten sich die Fabriken in unmittelbarer Nähe der (firmeneigenen) Wasserkraftanlagen ansiedeln. So entstanden zwischen 1890 und 1914 zahlreiche lokale Anlagen, gehäuft v.a. im Sillon alpin/F und im Wallis/CH. Nach dem Ersten Weltkrieg, als man Strom über weite Entfernungen transportieren konnte, setzte die nächste Phase, der Bau hochgelegener, großer Speicherbecken (Typ Grimsel-Kraftwerke) ein. Die dritte Phase ab 1955 war durch den Bau noch größerer Anlagen mit Überleitungsstollen aus benachbarten Tälern geprägt, sodaß die Stromproduktion noch einmal erheblich gesteigert werden konnte. Die beiden letztgenannten Typen versorgen nun nicht mehr in erster Linie alpine Standorte, sondern die außeralpinen Agglomerationen mit Strom. Mit der 3. Phase werden die Alpen in das europ. Stromverbundsystem integriert.

In den 70er Jahren entstand ein neuer, 4. Kraftwerkstyp, der bislang selten geblieben ist: Die Speicherkapazität eines hochgelegenen Stausees wird so groß angelegt, daß ihn weder der natürliche Wasserfluß noch Überleitungen füllen können. Stattdessen wird er mit Pumpwasser aus dem Tal zu Zeiten des billigen Nachststroms gefüllt, das dann zur Produktion von teurer Spitzenenergie genutzt wird. Es handelt sich hierbei also nicht um Strom*produktion*, sondern um Strom*veredelung*, die nur dann rentabel ist, wenn der Preisunterschied zwischen Band- und Spitzenstrom groß ist. In den 80er Jahren entstanden alpenweit neue großdimensionierte Stauseepläne (z.B. Ausbau der Grimsel- und Bernina-Werke, Val Madris/CH), die einerseits durch den hartnäckigen Widerstand von Umweltschützern, andererseits durch eine veränderte Preisrelation zwischen Band- und Spitzenstrom bislang nicht realisiert wurden. Es ist unklar, wie sich die aktuellen Veränderungen durch den Europ. Binnenmarkt mit der geplanten Aufhebung der Stromkartelle auf die Wasserwirtschaft der A. auswirken werden.

Energieproduktion: Die installierte Leistung aller Wasserkraftanlagen der A. beträgt knapp 40.000 MW, die sich sehr ungleich auf die einzelnen Alpenregionen verteilen. Ebenfalls ist die Bedeutung des in den A. erzeugten Stroms für die einzelnen Staaten unterschiedlich:

Staat	install. Alpen-Leistungn	in % der install. Staatsleistung	in % der Staatsproduktion
A	8600 MW	58 %	54 %
CH	9900 MW	64 %	45 %
D	500 MW	0,5 %	0.,5%
F	7300 MW	7 %	3 %
I	9500 MW	16 %	11 %
SLO	4000 MW	210 %	17 %

In den relativ kleinen Schweiz. A. (nur 15 % der gesamten Alpenfläche) wird absolut und relativ am meisten Strom produziert. Die alpine Stromproduktion spielt hier und in Österreich mit weitem Abstand eine zentrale Rolle im staatlichen Kontext. Die bayer. A. bilden dagegen das Schlußlicht.

Eigentumsverhältnisse: Die einst so zahlreichen privaten Kleinkraftwerke (= weniger als 300 KW Leistung, oft als Modernisierung traditioneller Wassermühlen), wurden im Laufe der Zeit stark reduziert, je stärker die Stromproduktion monopolisiert wurde. Heute werden die großen Wasserkraftanlagen entweder von verstaatlichten Konzernen (F, I) oder von monopolartigen (außeralpinen) Gesellschaften, die zumindest teilweise der öffentlichen Hand gehören (A, CH, D), betrieben. Wasserwirtschaftspolitik im Alpenraum ist daher v.a. von außeralpinen Kräften bestimmt, was immer wieder als kolonialistische Bevormundung der A. kritisiert wird.

In den zentralistischen Staaten (F, I) erhalten die betroffenen Gemeinden gar keine (I) oder eine geringe (F) Entschädigung für die Wassernutzung. In den föderalistischen Staaten ist die Situation besser; am meisten profitieren die Gemeinden im Wallis und in Graubünden von den sog. Wasserzinsen. Die Schweizer Gebirgskantone fordern seit langem eine Erhöhung der Wasserzinsen von derzeit 54,– auf 80,– sFr./KW, weil diese wichtige Ressource derzeit weit unter Wert vernutzt wird – zum Schaden der gesamten Alpenregion. Die Diskussion um den Heimfall von Kraftwerken – die Wasserrechtskonzessionen vieler Schweizer Kraftwerke laufen in den nächsten zehn Jahren ab – wird eines der großen Themen der Zukunft sein.

Daß sich der Streit um die Wassernutzung so zuspitzt, hängt damit zusammen, daß angesichts der wirtschaftlichen Schwäche von alpiner Land- und Forstwirtschaft, Handwerk und Industrie und steigender Energienachfrage die Wassernutzung ein immer wichtigeres ökonomisches Potential der A. wird.

Arbeitsplätze: Der Ausbau der Wasserkraftanlagen war bis Ende der 70er Jahre mit der Schaffung von dezentralen Arbeitsplätzen verbunden. Seit Beginn der 80er Jahre werden die Anlagen alpenweit automatisiert, so daß die meisten dieser Arbeitsplätze wieder abgebaut werden, die Wasserwirtschaft also trotz ihrer großen wirtschaftlichen Bedeutung eine sehr geringe Beschäftigungswirkung hat.

Ökologische Aspekte: Die Wasserwirtschaft hat die alpinen Fließgewässer fundamental verändert durch:

1. Abflußverschiebung vom Sommer in den Winter;
2. Abflußveränderung durch großräumige Überleitung;
3. Trockenfallen von Gewässerabschnitten.

Umweltschützer haben teilweise sog. Restwasserregelungen erkämpft: Kraftwerke sind verpflichtet, stets eine Mindestwassermenge, das sog. Restwasser, fließen zu lassen, damit ein Gewässerabschnitt nicht völlig trocken fällt und Wassertiere und -pflanzen nicht absterben.

Wein

Der Weinbau, der bereits seit vorrömischen Zeiten (früheste Belege: 1000 v.Chr. in Südtirol) in den A. praktiziert wurde, erlebte seine erste Blüte in der Römerzeit und seine zweite im Hochmittelalter. Damals waren fast alle Acker-Alp-Betriebe bestrebt, zur Eigenversorgung selbst Wein anzubauen, weshalb Rebberge in heute unglaublichen Lagen angelegt wurden. Die folgende Klimaverschlechterung führte zur Aufgabe vieler extremer Standorte, der zweite große Rückgang setzte gegen Ende des 19. Jh. im Kontext der zusammenbrechenden Acker-Alp-Betriebe ein.

Heute ist Weinbau im Alpenraum bis auf einige Gebiete selten geworden, so daß man leicht vergißt, daß er eine lange alpine Tradition und einen wichtigen Stellenwert in der traditionellen Ernährung besaß. Weinbau wird heute noch v.a. in allen inneralpinen Trockenzonen betrieben und ist dort häufig landschaftsprägend. Am mediterran geprägten Südsaum der A. gibt es Weinberge überwiegend an wenigen, klimatisch besonders günstigen Standorten (z.B. am Gardasee, bei Verona-Vicenza, im Piave-, Tagliamento- und Isonzo-Tal, Riviera). Im übrigen Alpenraum ist er mit ganz wenigen Ausnahmen (Genfer See, Rheintal von Chur bis Bodensee, Inntal bei Zirl, Alpenrand in der Steiermark und im Burgenland) verschwunden.

Im Gegensatz zu anderen Landwirtschaftsprodukten der A. wurde nie ein Alpen-Wein mit besonderer Qualität produziert, geschweige denn europaweit vermarktet. Einzige Ausnahme ist der Haida-Wein aus dem Wallis (Haida von Heiden-Reben), dessen Rebstöcke in der Gemeinde Visperterminen bis auf 1200 m Höhe reichen (heute höchster Weinberg Europas; früher: 1300 m im Aosta-Tal), der außerhalb der Schweiz aber kaum erhältlich ist. Legendär ist der Walliser Gletscherwein, ein Rèze, der im Rhonetal angebaut wird und dann in den Weinkellern des Val d'Anniviers nahe der Gletscher jahrelang reifen muß, um seine volle Ausdruckskraft zu erreichen. Leider haben wichtige alpine Weinbaugebiete wie Südtirol und Wallis in den 70er und 80er Jahren auf hohe Quantitäten zu niedrigen Preisen gesetzt. Seit kurzem bemüht man sich darum, diese Fehlentwicklung zu korrigieren. Es gibt praktisch überall in den A. noch traditonelle Reb- und Weinsorten, die man aber aufspüren muß, weil sie nicht über die großen Vertriebswege erhältlich sind.

Weit- und Fernwanderwege

Weitwanderwege sind Wanderwege mit zahlreichen Tagesetappen innerhalb eines Staates, Fernwanderwege solche, die durch mehrere Staaten führen. Einen durchgehenden Alpenfernwanderweg von Wien nach Nizza gibt es nicht, aber die Weitwanderwege in den einzelnen Alpenräumen lassen sich unschwer zu einem durchgehenden Weg kombinieren. Die wichtigsten Alpenlängswege sind:

A: Hochalpiner Zentralalpenweg, Nordalpiner, Südalpiner und Voralpiner Weitwanderweg (Wiener Becken – Bodensee);

CH: Alpenpaßroute (Sargans – Montreux); Rhein-Rhone-Route (Rorschach – Brig – Montreux);

D: Maximiliansweg (Lindau – Berchtesgaden);

F: Sentier de Grande Randonnée (GR) 5 (Genfer See – Nizza), GR 9 (Genfer See – St. Tropez);

I: Sentiero Italia (Genua – Triest) (Weitwanderweg durch ganz Italien, der in den ital. A. alle regionalen Weitwanderwege zusammenfaßt);

SLO: Slowenische Bergtransversale (Maribor – Koper);

A-FL-CH-I: Der große Walserweg (Kleinwalsertal – Zermatt).

Wertewandel

Der moderne sozio-ökonomische Strukturwandel der A. ist untrennbar mit einem Wertewandel verbunden. Er wird oft negativ, als Überfremdung dargestellt. Dahinter verbirgt sich ein romantisches Alpenbild, demgegenüber die moderne Entwicklung als Verfallsgeschichte erscheint. Dagegen ist zu betonen, daß das Individuum früher einen geringen Stellenwert hatte und sich strikt der Familien-, Hof- oder Gemeindetradition unterordnen mußte. Insofern bedeutet der moderne Strukturwandel eine Befreiung für den Einzelnen. Der Wertewandel läuft dann positiv ab, wenn es gelingt, wertvolle Teile der Tradition mit bestimmten neuen, modernen Werten so zu verbinden, daß etwas Neues entsteht, das als Grundlage einer kulturellen Identität ein lebenswertes Leben ermöglicht.

Dabei gibt es in den A. zwei Gefahren:

Erstarrung: Dort, wo bedingungslos am Alten festgehalten wird, um es so zu bewahren, wie es ist, entsteht eine Innovationsabwehr, die zu völliger Erstarrung führt. Je länger dieser Zustand anhält, desto größer wird die Diskrepanz zur übrigen Welt, desto mehr entwickelt sich eine Sackgasse, die zum Totalzusammenbruch führt. Deshalb zerstört ein erstarrtes Festhalten am Alten ebendieses besonders gründlich: Es gibt keine Zukunft für die Tradition ohne einen Bruch mit ihr. In den Altsiedelregionen der A. hat der Familienegoismus oft eine kulturelle Erstarrung ganzer Talschaften ausgelöst. Dieses Phänomen tritt aber auch auf, wenn sich gesellschaftliche Gruppen gegenseitig so blockieren, daß keine Entwicklung möglich ist.

Verdrängung: Dort, wo bedingungslos Neues realisiert werden soll, weil man die alte Welt hinter sich lassen will, entsteht oft eine Innovationseuphorie, die alle traditionellen Erfahrungen mit der Umwelt und mit anderen Menschen verdrängt und rein technisch-ökonomistisch denkt. Es kommt dann zu überzogenen Tourismus- oder Infrastrukturprojekten, die weder ökologisch, kulturell, sozial an ein Alpental angepaßt, noch ökonomisch vernünftig dimensioniert sind, so daß sie fehlschlagen.

In vielen Tourismusgemeinden, die erst relativ spät in die touristische Entwicklung (1970er Jahre) eingestiegen sind, findet sich dieses Phänomen der Verdrängung, das sich auf die weitere Entwicklung blockierend auswirkt.

Erstarrung-Verdrängung: Die problematischste Situation findet sich dann, wenn eine Alpengemeinde nach jahrzehntelanger Erstarrung plötzlich in eine Innovationsphase mit Verdrängung verfällt: Dann ist die Gefahr sehr groß, daß Spekulationsprojekte entstehen, die bei einem wirtschaftlichen Zusammenbruch eine ökologisch, sozial, kulturell und ökonomisch ruinierte Gemeinde hinterlassen.

Wiedereinbürgerung ausgerotteter Tierarten in den A.
Jahrtausendelang lebten die Menschen der A. mit sog. „Raubtieren“ zusammen, die erst im 19. Jh., also in der Industriegesellschaft, ausgerottet wurden. Seit etwa 30 Jahren finden sich ganz oder fast ausgerottete Tierarten wieder vermehrt in den A., sei es durch gezielte menschliche Wiederansiedlung, oder durch natürliche Zuwanderung.

1. Der Steinbock überlebte nur in einer kleinen Kolonie im Jagdgebiet des ital. Königs am Gran Paradiso (heute Nationalpark) und wurde im Verlauf des 20. Jh. von dort aus wieder in vielen Alpenregionen (v.a. Westalpen) heimisch. Heute gibt es etwa 30.000 Steinböcke in den A.

2. *Der Braunbär* (letzte Abschüsse 1904 in Graubünden, 1913 in Tirol, erst 1971 in Kärnten und Osttirol) überlebt bis heute in einer kleinen Kolonie in der Brenta-Gruppe (heute Naturpark Adamello-Brenta), die möglicherweise aber nur noch aus drei Tieren besteht und seit 1990 offenbar keine Junge mehr hat. Eine gesicherte Bärenpopulation mit 500 Tieren besteht in Südslowenien, und von hier aus wandern immer wieder Bären in die Ostalpen ein. Der erste Zuwanderer wurde 1972 in den österr. Ostalpen heimisch, heute leben dort etwa zehn Bären in freier Wildbahn, wobei der Krieg im ehemaligen Jugoslawien die Bärenwanderung gefördert hat. Derzeit bestehen Pläne, der Brenta-Population durch Aussetzung von zehn slowenischen Bären eine dauerhafte Zukunft zu geben. Der WWF hat außerdem darauf hingewiesen, daß große Teile des Tessins wegen des Rückzugs des Menschen heute eigentlich ein ideales Bärengebiet seien.

3. *Der Wolf* (in den A. seit 1900 ausgerottet) überlebte im Apennin in Mittelitalien und breitet sich seit seiner Unterschutzstellung vor 30 Jahren allmählich wieder aus. Ende der 80er Jahre erreichen die ersten Wölfe die Seealpen, und seit Mitte der 90er Jahre leben dort drei Rudel dauerhaft im Mercantour-Nationalpark. Man erwartet, daß sich die Wölfe ohne menschliche Unterstützung weiter ausbreiten und um das Jahr 2000 die Schweizer A. erreichen werden. Das „European Wolf Network" begleitet diese Entwicklung wissenschaftlich.

4. *Das Wildschwein* war vor 1900 stark dezimiert, aber nicht ausgerottet. Seit dem flächenhaften Rückzug der Landwirtschaft breitet es sich v.a. auf der Alpensüdseite sehr stark aus. Die Flurschäden, die die immer zahlreicheren Wildschweine auf Äckern, Wiesen und Almweiden anrichten, sind heute ein erhebliches Problem für die Bergbauern.

5. *Der Luchs* wurde erstmals 1971 in den Schweizer Nordalpen ausgesetzt (aber nur etwa 20 Tiere) und verbreitete sich zunächst schnell in weiten Teilen der A. Heute bereiten aber die geringe Zahl der Tiere (der Luchs ist sehr mobil und benötigt einen sehr großen Lebensraum) und ein hoher Wildererdruck (Abschüsse) massive Probleme: Die Luchspopulation stagniert derzeit alpenweit. Der Kontakt der einzelnen Gruppen untereinander ist offenbar abgebrochen, und es drohen Inzuchtdepressionen. Das internationale SCALP-Projekt will den Luchsen eine Zukunft in den A. geben.

6. Die Adler wurden in den A. nie ganz ausgerottet. Seit 1925 werden sie geschützt, seit den 30er Jahren erholt sich der Bestand wieder. Heute leben etwa 1200 Adlerpaare in den A.; auch in früheren Zeiten dürfte ihre Zahl wohl nicht viel größer gewesen sein.

7. Der Bartgeier (Lämmergeier) war seit 1914 ausgerottet. Seit 1985 werden vom WWF Bartgeier im Rauriser Tal (Hohe Tauern), im Schweizer Nationalpark, in Hoch-Savoyen und in den Seealpen ausgewildert, bislang etwa 60 Jungtiere, von denen heute noch 45 in freier Wildbahn leben. Für eine stabile Population braucht es etwa 100 Tiere mit einer geeigneten Alterspyramide. Dieses Ziel macht sich das Internationale Bartgeier-Projekt zu eigen.

Wiener Becken
Rund 7000 km^2 großes Einbruchsbecken, das die A. von den Karpaten trennt und von der Donau durchflossen wird.

Wiesen-Alp-Betrieb
Volkskundlicher Begriff für die traditionelle Agrarstruktur des feuchten Alpennordsaumes bzw. der Alpenregionen mit germanischer Sprache und Kultur (Gegenbegriff: Acker-Alp-Betrieb). Die Viehwirtschaft nimmt die zentrale Stellung ein, der Ackerbau besitzt nur eine ergänzende Funktion zur Eigenversorgung. In diesem System werden fast alle Kulturflächen im Dauersiedlungsraum als Fettwiesen genutzt. Der Ackerbau wird als Egartwirtschaft betrieben (rotierendes Feld-Gras-Wechselsystem: 2–3 Jahre Ackerfläche, 4–5 Jahre Wiesenfläche) und nimmt relativ kleine Flächen ein.

Ackerterrassen fehlen im Dauersiedlungsraum ganz, weil sie die Mahd der Wiesen stören würden. Im Bereich der Maiensäße gibt es nur noch Wiesen und Weiden, keine Äcker, und die Almen dienen gänzlich der Weidewirtschaft.

Wildleute
In zahlreichen Alpenregionen gibt es Sagen und Legenden von Wildleuten oder Zwergen (mit vielen Dialektausdrücken), die im Wald leben, das Geheimnis der Käseproduktion kennen, teilweise von Gamsmilch leben und über erstaunliche Naturkenntnisse verfügen. Es ist möglich, daß sich darin sehr alte Erfahrungen widerspiegeln, die spätere Zuwanderer in die A. mit paläolithischen oder neolithischen Ureinwohnern der A. machten.

Wirtschaftsgeschichte der A.
Die A. haben an der europ. Wirtschaftsentwicklung stets vollen Anteil, und keine Phase ihrer Geschichte ist durch Abschottung geprägt. Im europ. Kontext sind die A. nie ein insgesamt benachteiligter Raum, sondern bestimmte Teilräume zählten jeweils zu den Gunst-, andere zu den Ungunstregionen Europas.

1. Wildbeutergesellschaften. Wirtschaftsbasis sind Jagd, Sammelwirtschaft und Fischerei. Die vorgefundenen naturräumlichen Verhältnisse werden durch den Menschen nicht verändert.

1.1. Paläolithikum (Altsteinzeit): Die frühesten Hinweise auf Menschen in Europa stammen vom Südwestrand der A. (Höhle an der Riviera bei Monaco) und sind etwa 1 Mio. Jahre alt (= Beginn der Günz-Eiszeit). Wann die ersten Jäger und Sammler in die A. vordrangen, ist unbekannt. Da verschiedene Tiere großräumige Weidewechsel zwischen den A. und dem Alpenvorland unternehmen, können wir annehmen, daß die A. relativ früh von Wildbeutern durchstreift wurden. Die ältesten Funde von Menschen in den A. selbst sind etwa 100.000 Jahre alt (Ende der letzten Zwischeneiszeit) und stammen aus verschiedenen Höhlen (u.a. „Drachenloch", 2445 m, westlich von Chur). Weitere Höhlenfunde aus der Zeit um 40.000–70.000 v.Chr. (u.a. „Wildkirchli" am Säntis) belegen, daß Menschen selbst mitten in der Eiszeit zumindest am Alpenrand gejagt haben.

1.2. Mesolithikum (Mittlere Steinzeit, ca. 10.000–5.500 v.Chr.): Die Zahl der Wildbeuter in den A. erhöhte sich seit dem Ende der letzten Eiszeit stark. Die jetzt sich herausbildenden spezialisierten Wildbeutergesellschaften (auf Höhlenbären oder Rotwild spezialisierte Jäger, spezielle Fischer- und Sammlergruppen) „erfinden" den systematischen Handel in den A., denn sie müssen gegenseitig ihre Produkte austauschen, um eine ausreichend vielseitige Nahrungsgrundlage zu erhalten.

2. Bauerngesellschaften. Diese Phase, die in den A. von 5.500 v.Chr. bis ins 19. Jh. reicht und in der Ackerbau und Viehwirtschaft die Basis des Wirtschaftens bilden, ist die Phase der tiefgreifenden ökologischen Veränderungen der A. durch den Menschen (Waldrodung für Äcker, Wiesen, Weiden). Sie zeichnet sich durch einen Wechsel von Blütezeiten (mit dichter Besiedlung, starker Entwaldung und großräumigen Wirtschaftsverflechtungen) und Krisenzeiten (mit geringer Bevölkerung, großen Waldflächen und ausgeprägter Autarkiewirtschaft) aus.

2.1. Neolithikum (Jungsteinzeit): Ackerbau und Viehwirtschaft werden um 10.000 v.Chr. in den vorderasiatischen Gebirgen erfunden und erreichen die A. einmal über Nordafrika und das westliche Mittelmeer (Südwestalpen, um 5.500 v.Chr.), zum anderen über den Balkan (Ostalpen, um 4.500 v.Chr.). Während die Viehwirtschaft überall in den A. möglich ist, sind die Getreidesorten auf hohe Sonnenscheindauer und eine gewisse Trockenheit angewiesen. Daher werden zunächst nur die inneralpinen Trockenzonen und der mediterran geprägte Südsaum der A. besiedelt und genutzt, u.z. offenbar bereits sehr früh (ab 5.500–4.000 v.Chr.). Zusätzlich entsteht in dieser Zeit – ebenfalls nur in den Südwest- und Südalpen – die Transhumanz. Die restlichen A. bleiben unbesiedelt.

2.2. Chalkolithikum (Kupfer-Steinzeit, ca. 3.800–2.000 v.Chr.): Die Ausbreitung der Kenntnis der Metallverarbeitung aus dem Nahen Orient bis in die A. verbessert die Existenzbedingungen der Menschen und ist mit einer Nutzungsintensivierung verbunden. Der „Mann vom Hauslabjoch" (‚Ötzi') gehört in diese Phase.

2.3. Bronzezeit (2.000–750 v.Chr.): Mit der serienmäßigen Produktion von Metallgeräten aus Bronze (Kupfer und 10 %-Zinnanteil) ist ein sehr starker Wirtschafts- und Bevölkerungsaufschwung in den A. verbunden, da sich Kupferlagerstätten in Europa fast nur in den A. finden. Der Kupferabbau wird meist in sehr großer Höhe betrieben (von 2000 m bis zur Schneegrenze). Zur Versorgung der Bergarbeiter muß die Land- und Almwirtschaft auch in entlegene und wenig ertragreiche Alpentäler eingeführt werden. Von dieser Entwicklung sind besonders die hohen Gebirgsgruppen entlang des Alpenhauptkammes geprägt

2.4. Eisenzeit (750 v.Chr. – 15 v.Chr.): Die Ersetzung der Bronze durch das Eisen führt alpenweit wieder zu Wüstungen und Entsiedlungen. Die Eisenlagerstätten der A. liegen v.a. in den östlichen Ostalpen und in den Südostalpen, so daß Gebiete im heutigen Niederösterreich, in der Steiermark, in Kärnten und Slowenien einen Aufschwung erleben. Daneben erlangt das Salz als Exportprodukt eine große Bedeutung; die Zentren der alpinen Salzgewinnung liegen in Hallstatt (Salzkammergut) und am Dürrnberg bei Hallein (südlich von Salzburg). Von beiden Orten geht eine so große wirtschaftliche und kulturelle Ausstrahlung aus, daß man die ältere Eisenzeit in Mitteleuropa auch als „Hallstattzeit" bezeichnet.

2.5. Römerzeit (15 v.Chr. – 5. Jh. n.Chr.): Die Römer haben an den A. kein wirtschaftliches, sondern lediglich ein militärisch-strategisches Interesse. Um die Verbindung zu ihren transalpinen Gebieten zu sichern, erobern sie im 1. Jh. v.Chr. allmählich die gesamten A. Mit der Gründung von Etappen- und Garnisonstädten beginnt die Geschichte der alpinen Städte. Als Nutzpflanzen werden von ihnen Ölbaum (thermomediterrane Stufe) sowie Reben und Eßkastanien (supramediterrane Stufe) stark gefördert und erreichen eine große Verbreitung, womit die agrarische Produktivität dieser Regionen sich deutlich erhöht. Dank der langen Friedenszeit, dem gut ausgebauten Straßennetz und einem effizienten Transportwesen werden die A. in die großräumigen Wirtschaftsverflechtungen des Römischen Reiches einbezogen. Dieser Aufschwung betrifft aber nur die inneralpinen Trockenzonen und die mediterran geprägten Südwest- und Südalpen, in denen die Bevölkerung so zahlreich wie erst wieder im 13./14. Jh. wird. Der feuchte Alpennordsaum und die östlichen Ostalpen mit ihren ungünstigen Bedingungen für Ackerbau werden von dieser Entwicklung nur randlich erfaßt und bleiben dünn besiedelt.

2.6. Frühes Mittelalter (5. Jh. n.Chr.–1000/1100 n.Chr.): Mit dem Zerfall des Römischen Reiches brechen die großräumigen Wirtschaftsverflechtungen der A. ab, und die Bevölkerung geht alpenweit deutlich zurück (Vordringen des Waldes auf ehemaliges Kulturland). Dies führt in den inneralpinen Trockenzonen und in den Südwest- und Südalpen zu einer Ausdünnung der Bevölkerungsdichte bei kultureller Kontinuität, im Alpennordsaum und in den östlichen Ostalpen zum Rückzug der Bevölkerung auf wenige, inselförmige Siedlungspunkte, zur flächenhaften Wiederbewaldung und zum Abreißen der Traditionen. Ab dem 6. Jh. n.Chr. dringen germanische Stämme (Alemannen im Westen, Bajuwaren im Osten) von Norden her entlang der Flüsse allmählich in die A. vor und werden hier seßhaft. Durch ihre Herkunft aus waldreichen Mittelgebirgs- und Beckenlandschaften verfügen sie über Wirtschaftsformen und Ernährungsweisen (geringerer Stellenwert des Ackerbaues, hohe Bedeutung der Viehwirtschaft), mit denen sie – im Gegensatz zu den mediterran geprägten Kulturen – den feuchten Alpennordsaum gut nutzen können. Gleichzeitig dringen Slawen von Südosten in die A. vor, erreichen das Klagenfurter Becken und allmählich auch höher gelegene Alpentäler. So entsteht in den „leeren" Alpenregionen langsam eine neue Siedlungs- und Nutzungsstruktur.

2.7. Hochmittelalter (1000/1100–1350): Der hochmittelalterliche Siedlungsausbau, der in ganz Europa zu einem starken Bevölkerungswachstum mit starker Siedlungsverdichtung bzw. Besiedlung zuvor dünnbesiedelter Landschaften führt, setzt in den Südwest- und Südalpen um 1000, in den Nord- und östlichen Ostalpen um 1100 herum ein. Jetzt entstehen die Siedlungs-, Wirtschafts-, Nutzungs- und Sozialstrukturen, die die A. bis ins 19./20. Jh. hinein prägen. Die Unterschiede zwischen den Südwest-/Südalpen mit starkem Ackerbau und ergänzender Viehwirtschaft und den Nord-/Nordostalpen mit starker Viehwirtschaft und ergänzendem Ackerbau akzentuieren sich: Hier sehr hohe Siedlungs- und Nutzungsdichten mit sehr starker Waldrodung (franz. A. = 14 % Waldfläche), dort geringere Dichten (etwa ein Viertel der Bevölkerungsdichte) und viele größere Wälder (Österr. A. = 30 % Waldfläche). Hier Realteilung (jedes Kind erbt) mit Besitzzersplitterung, kleine Landwirtschaftsbetriebe, dort Anerbenrecht (nur ein Sohn erbt) mit großen Höfen. Hier Siedlungsausbau durch die Dorfgemeinschaft, dort durch den Grund- oder Landesherren; hier die Kommune (Dorfgemeinschaft), dort der Hof als zentrale Sozialstruktur. Zwischen diesen beiden Idealtypen entwickeln sich zahlreiche Misch- und Übergangsformen. Das Ausbrechen der Pest 1348, Klimaverschlechterungen, die europäische Wirtschaftskrise und politische Instabilitäten beenden um 1350 diese Wachstumsphase abrupt.

2.8. Spätes Mittelalter/Frühe Neuzeit (1350–1650/1700): Nachlassende Siedlungs- und Nutzungsintensität im gesamten Alpenraum mit Absinken der Siedlungsobergrenze und Wiederbewaldung besonders ungünstiger Nutzflächen in schattiger/hoher Lage. Daneben einige kürzere Ausbauphasen, die aber die Gesamtsituation nur wenig verändern.

2.9. Protoindustrialisierung: Die der Industrialisierung Europas vorangehende Manufaktur- oder Protoindustriephase betrifft nicht den gesamten Alpenraum, führt aber in einigen Teilräumen zu einem erheblichen Bevölkerungswachstum: Heimarbeit für Textilindustrie im Verlagssystem in den ostschweiz. A., Erz- und Eisenverarbeitung in den östlichen Ostalpen und im Valcamonica, Uhrmacherei in Genf und im Arve-Tal, Seidenraupenzucht in den mediterran geprägten Tallagen der Südwest-/Südalpen.

3. Industriegesellschaften: Entwertung der Landwirtschaft und zentrale Bedeutung zuerst des zweiten Wirtschaftssektors (Industrie), später des dritten (Dienstleistungen). Dieser von außen kommende Strukturwandel verändert die A. in kurzer Zeit stärker als in den acht vorausgehenden Jahrhunderten zusammen.

3.1. Frühindustrialisierung (1820–1870/80): Keine direkte, aber starke indirekte Auswirkungen der europ. Industrialisierung durch Zerstörung des traditionellen Wirtschaftsaustausches zwischen den A. und ihren Vorländern, Ruinierung des ländlichen und bäuerlichen Handwerks, des Saumhandels, des ländlichen Gewerbes und der Bergwerksbetriebe und Erzverarbeitungsanlagen durch industriell gefertigte Waren = Reagrarisierung des Alpenraumes. Seit der Protoindustrialisierung eine sehr starke, industriell verursachte Waldnutzung zur Herstellung von Holzkohle (vor der Erschließung von Braun-/Steinkohle zentrale Energie der Proto- und Frühindustrialisierung) mit großen Kahlschlägen, überlagert von einer Klimaverschlechterung (kleine Eiszeit).

3.2. Industrialisierung (1870/80–1955): Mit dem Bau von Eisenbahnen (Brenner 1867), der Entstehung eines ersten Massentourismus („Belle Epoque") ab 1880, den ersten Industrieansiedlungen in den A. auf der Basis der Wasserkraftnutzung ab 1890 und der großen europ. Agrarkrise von 1880 dringt „die Industrie" direkt in die A. ein. Die A. werden flächenhaft zur Peripherie und zum strukturschwachen Raum entwertet (Abwanderung) und erleben nur auf kleinen Teilfächen punkt- oder linienhaft eine positive Entwicklung (Industrie, Tourismus, Städtewachstum durch Eisenbahnanschluß).

3.3. Übergangsphase (1955–1980): Mit dem Entstehen eines relativ dezentralen Sommermassentourismus (ab 1955) und des Wintertourismus (ab 1965), mit der Verlagerung industrieller Arbeitsplätze in die A. wegen Vollbeschäftigung in den Zentren (ab 1960) und mit einem inneralpinen Städtewachstum dank besserer Erreichbarkeit (ab 1965) werden größere Teilräume der A. (ca. 40–50 % der Fläche) ökonomisch wieder aufgewertet und verzeichnen ein starkes Wirtschafts- und Bevölkerungswachstum. Zugleich übt die europaweite Vollbeschäftigung eine sehr starke Sogwirkung aus, was zur beschleunigten Entleerung der strukturschwachen Alpenregionen führt. Die Erschließung der A. für den motorisierten Individualverkehr (ab 1955) schafft scharfe kleinräumige Gegensätze zwischen gut erreichbaren Tal- und schwer erreichbaren Berglagen.

3.4. Dienstleistungsgesellschaft (ab 1980): Ca. 1980 gibt es einen Trendbruch, indem die Industrie überall in den A. in die Krise gerät und der Tourismus auf hohem Niveau zu stagnieren beginnt. Gleichzeitig wachsen nicht nur die Städte in den A. (jetzt mit Autobahnanschluß) weiterhin stark, sondern die großen Agglomerationen am Alpenrand (Zürich, München, Wien, Mailand, Turin usw.) erreichen den Alpenrand und funktionieren die Alpentäler zu Wohnstandorten für Pendler um. Die strukturschwachen Alpenregionen entsiedeln sich dagegen völlig, so daß die Gegensätze in den A. wachsen: Die tiefen und gut erreichbaren Tallagen der A. verstädtern zunehmend, der eigentliche Gebirgsraum wird menschenleer. Tourismus (als inzwischen einziger dezentraler Wirtschaftsfaktor) schafft nur an wenigen Standorten im Gebirge punkt- oder bandförmig (flächenhaft nur in den westlichen Ostalpen) eine Gegenbewegung (hin zur touristischen Verstädterung).

Wüstung

Bezeichnung für nicht mehr genutzte Flächen, auf denen Sukzessionsprozesse ablaufen. Man unterscheidet zwischen Orts- und Flurwüstungen. Historische Ortswüstungen sind in den A. selten, weil die Gebäude meist als Alm oder Maiensäß weitergenutzt wurden; Ortswüstungen aus dem 19./20. Jh. sind dagegen v.a. in den Südwestalpen sehr häufig. Flurwüstungen sind nicht mehr genutzte Äcker, Wiesen, Weiden, Wirtschaftswälder des 19./20. Jh., die eine Sukzession hin zum standortgemäßen Wald durchlaufen; sie sind in verschieden fortgeschrittenen Stadien sehr häufig.

Zentrale Orte

Raumplanerischer Begriff für Zentren

1. mit einer wichtigen wirtschaftlichen und infrastrukturellen Bedeutung für ihr Umland, als Markt-, Handels-, Lagerorte mit größerer Eisenbahnstation, Autobahnanschluß, Flugplatz, die die Vermittlung zwischen dem ländlichen Raum und dem europ. bzw. globalen Markt herstellen;
2. mit einer politisch-administrativen Funktion (Verwaltungszentrum).

Üblicherweise werden die zentralen Orte auf Staatsebene in verschiedene Hierarchiestufen gegliedert, aber für die A. existiert dies nicht. Trotzdem lassen sich dazu einige Aussagen machen:

Wirtschaftliche Zentren: Auf der obersten Hierarchiestufe stehen heute die Global Cities, Städte mit weltweiter Bedeutung wie New York oder Tokio, die in Europa selten sind (London, Paris). Dann folgen Städte mit europ. Bedeutung (Mailand, Madrid, Frankfurt) und solche mit nationaler Bedeutung, deren untere Grenze etwas bei einer halben Million Einwohner angesetzt werden kann. Zentrale Orte der oberen drei Stufen gibt es in den A. nicht, erst Zentren 4. Grades mit regionaler Bedeutung (Region im Sinne von Bundesland), von denen es alpenweit drei oder vier (Grenoble, Innsbruck, Trento, Bozen, evtl. Klagenfurt) gibt. Die Zentralen Orte der untersten Stufe sind in den A. besonders klein (2.000 Einwohner), weil die Topographie und die geringe Bevölkerungsdichte keine großen Konzentrationen erlauben.

Bei den politisch-administrativen Zentralen Orten zeigt sich folgendes Bild:

Politische Funktion 1. Ordnung: Die Hauptstädte aller Staaten mit Alpenanteil liegen außerhalb der A., drei davon (Wien/A, Bern/CH, Ljubljana/SLO) jedoch am Alpenrand. Nichtrepräsentative Ausnahme ist nur Vaduz/FL mit 4870 Einwohnern.

Politische Funktion 2. Ordnung: A: Von den acht Bundesländern mit Alpenanteil liegen nur drei Hauptstädte in den A. (Klagenfurt, Innsbruck, Bregenz); D: Weder ein Bundesland noch ein Regierungsbezirkshauptort liegt in den A.; F: Die zwei régions-Hauptstädte (Marseille, Lyon) liegen außerhalb der A., von den neun départements mit Alpenanteil liegen vier Hauptorte (Digne, Gap, Grenoble, Chambéry) in den A.; CH: Von den 16 Kantonen (darunter vier Halbkantone) mit Alpenanteil liegen sechs Kantonshauptorte (Sion, Bellinzona, Chur, Altdorf, Schwyz, Glarus) und vier Hauptorte von Halbkantonen (Stans, Sarnen, Appenzell, Herisau) in den A.; I: Die eigentlichen Hauptorte der sieben regioni mit Alpenanteil liegen alle außerhalb der A. (Aosta, Bozen-Trento gelten gleichzeitig als Regions- und als Provinzhauptstadt). Von den 24 Provinzhauptorten der Provinzen mit Alpenanteil liegen lediglich sieben in den A. (Aosta, Verbania, Como, Sondrio, Bozen, Trento, Belluno). Slowenien kann wegen der politischen Neuordnung derzeit nicht bewertet werden. Zusammengefaßt liegen die Hauptorte der 58 politischen Einheiten zweiter Ordnung (Bundesländer, Kantone, Provinzen, départements) mit Alpenanteil nur zu 38 % in den A., zu 62 % außerhalb.

Diese Verteilung der politisch-administrativen Zentralen Orte unterstreicht die Situation, daß die A. trotz ihrer Größe und Bevölkerungszahl (die wesentlich größer als die vieler kleiner Staaten Europas ist) und trotz ihrer zentralen Lage mitten in Europa politisch eine Peripherie darstellen, über deren Geschichte und Zukunft in außerhalb der A. gelegenen Hauptstädten bestimmt wird.

Zollfreie Gebiete
Einige Gemeinden haben aufgrund ihrer Lage (schlechte Erreichbarkeit vom eigenen, gute vom benachbarten Staatsgebiet) einen besonderen Status als zollfreies Gebiet erhalten. Dies sind: Kleines Walsertal (Vorarlberg/A), Jungholz (Tirol/A), Samnaun (Graubünden/CH), Livigno (Lombardei/I) und Campione am Luganer See (I). Alle Gemeinden haben nach 1955 einen besonders starken Wirtschaftsaufschwung in wenig nachhaltigen Strukturen erlebt, weil die Zollprivilegien jetzt v.a. durch Aufenthalts- und Ausflugstouristen genutzt wurden. Inzwischen steht im Rahmen des europ. Binnenmarktes die Aufhebung dieser Privilegien zur Diskussion.

ZRW Zentralstelle für Regionale Wirtschaftsförderung
Für Berggebietspolitik zuständige staatliche Organisation im Bundesamt für Industrie, Gewerbe und Arbeit/BIGA (Bern) in der Schweiz. Da in der Schweiz die Regionalpolitik bislang auf die Berggebiete begrenzt war (es gibt keine flächendeckende Regionalpolitik), waren Regional- und Berggebietspolitik bislang identisch. Mit der Neuorientierung der Regionalpolitik 1996 werden jetzt erstmalig auch einige ländliche Regionen außerhalb der Berggebiete in die Regionalpolitik einbezogen. Seit Sommer 1996 hat die ZRW ihren Namen geändert und heißt jetzt „Abteilung Regionalpolitik der BIGA".

Zwangskonservativismus
Volkskundliche Bezeichnung für eine Situation, in der traditionelle Strukturen und Verhaltensweisen nicht aus innerer Überzeugung, sondern aus ökonomischen und infrastrukturellen Zwängen aufrecht erhalten werden. Kommt dann der Straßenanschluß oder der touristische Nebenerwerb, werden die alten Dinge (Haus, Werkzeuge) sehr schnell und vollständig modernisiert.

Zweitwohnung

Juristische bzw. amtliche Bezeichnung einer Wohnung, die nicht als Hauptwohnsitz dient. In den A. meist Ferienwohnungen, die in vermietete bzw. mietbare (= öffentlich zugängliche) und rein privat genutzte Wohnungen unterteilt werden.

Wenn vom „Zweitwohnungsproblem" in den A. gesprochen wird, dann sind in der Regel nicht nur die Eigentumswohnungen (in meist größeren Gebäudeblocks), sondern auch die Ferienhäuser (als freistehende Einfamilienhäuser ohne Hauptwohnsitz) gemeint: Die Problematik besteht darin, daß die Eigentümer überwiegend ihre Lebensmittel mitbringen und nur wenig Geld vor Ort ausgeben, daß aber der Gemeinde hohe Infrastrukturkosten entstehen (umfangreiche Wasser-, Elektrizitäts-, Straßenversorgung, Kanalisation), daß ein großer Teil der Gebäude privat genutzt wird und den größten Teil des Jahres leersteht und daß durch auswärtige und ausländische Eigentümer die Einheimischen Gefahr laufen, zur Minderheit zu werden. Eine zusätzliche Gefahr droht in Zeiten einer stärkeren Wirtschaftskrise: Wenn die Eigentümer von bisher privat genutzten Ferienwohnungen/-häusern ökonomisch gezwungen werden, sie zur Vermietung anzubieten (weil sie sie sich andernfalls nicht mehr leisten können), dann entsteht schnell ein Bettenüberangebot auf dem Markt, das zu einem Preisverfall und zu großen ökonomischen Problemen in der gesamten Tourismusbranche führen kann.

Die Boomphase der Zweitwohnungen lag in den 60er, 70er und 80er Jahren, v.a. in der CH, F und I. Seitdem gehen die Neubauzahlen zurück, auch weil viele Gemeinden erkannt haben, daß die ökonomischen Belastungen größer als die Gewinne sind, und deshalb teilweise keine neuen Flächen mehr ausweisen. Darüber hinaus gibt es alpenweit verschiedenste Versuche, diese Entwicklung mit Instrumenten der Steuerpolitik (Zweitwohnungssteuer) oder der Raumplanung (Erstwohnungsanteil: eine Mindestzahl von Wohnungen muß als Erst- oder Hauptwohnung genutzt werden) politisch zu steuern.

Zwergsträucher

Vegetationsform der unteren alpinen Höhenstufe (Alpenrosen, Heidelbeeren, Zwergwacholder u.ä.) mit kleinen Blättern und geringer Wuchshöhe (10–20 cm), die starken Wind, niedrige Temperaturen, lange Schneebedeckung und kurze Vegetationszeit aushalten.

Die Alpen: Eine kleine Auswahlbibliographie

Mit den Alpen beschäftigen sich zwar unzählige Bücher, Bildbände, Broschüren, Aufsätze, Tagungsbände usw., aber es gibt keine einzige Alpen-Bibliographie, die darüber einen Überblick ermöglicht. Um sich nicht in der Überfülle der Titel zu verlieren, orientiert sich diese Auswahl an den folgenden Kriterien:

- Berücksichtigung nur solcher Publikationen, die wirklich *alpenweit* ausgerichtet sind; Werke, die z.B. nur den Ostalpen oder den italienischen Alpen gewidmet sind, werden nicht berücksichtigt.
- Die Auswahl konzentriert sich ausschließlich auf Bücher und umfangreiche Broschüren; Aufsätze werden nicht aufgenommen.
- Neben den wichtigen Klassikern werden v.a. aktuelle Titel aufgenommen, deren Auswahl sich an der Themengewichtung dieses Lexikons orientiert.
- Deutschsprachige Titel stehen zwar im Vordergrund, daneben werden aber auch fremdsprachige Titel angeführt, wenn sie für die aktuelle Alpendiskussion wichtig sind bzw. kein vergleichbares Werk in deutscher Sprache vorliegt.

Die meisten Publikationen verfügen über ausführlichere Literaturverzeichnisse, aus denen man leicht die Fülle der einschlägigen Fachliteratur erschließen kann.

1. Gesamtdarstellungen

1.1 Populäre, touristisch orientierte Alpenbücher

Das große ADAC-Alpenbuch.
München 1980, 620 S.,
12., völlig neu bearb. Aufl. 1995

Sehr ansprechende Gesamtdarstellung mit einer breiten Sacheinführung (200 S.) und hervorragenden Schrägluftbildern. Neuauflage leider ostalpenlastiger als Erstauflage.

Wolf Schneider/Guido Mangold:
Die Alpen: Wildnis - Almrausch - Rummelplatz.
Hamburg 1984, 360 S.

Wie bei allen GEO-Produkten beeindruckt dieses sehr bekannte, inzwischen vergriffene Buch v.a. durch Fotos, und erst in zweiter Linie durch den gründlich recherchierten und gut aufgemachten Text. Dieses Buch hat das aktuelle Bild der Alpen mitgeprägt.

1.2 Wissenschaftliche Gesamtdarstellungen

Werner Bätzing:
Die Alpen - Entstehung und Gefährdung einer europäischen Kulturlandschaft.
München 1991, 287 S.

Alpenweit ausgerichtete Gesamtdarstellung der Alpen (Umwelt, Geschichte, Wirtschaft, Gesellschaft) mit Schwerpunkt auf der Analyse der aktuellen Probleme und ihren Problemvernetzungen sowie der Erarbeitung von Zukunftsperspektiven. Sehr umfangreiches Literaturverzeichnis.

Josef Birkenhauer:
Die Alpen: gefährdeter Lebensraum im Gebirge.
Köln, 2. Aufl., 1996, 47 S.

Knappe, aber sehr anschauliche Gesamtdarstellung mit didaktischer Ausrichtung, die auf dem inzwischen vergriffenen Buch des Autors (Die Alpen, Paderborn 1980) beruht.

Luigi Dematteis:
– Alpinia – testimonianze di cultura alpina.
Ivrea 1975, 400 S.
– Alpinia 2: Le Alpi e la loro gente.
Ivrea 1994, 192 S.

Diese beiden abbildungsreichen Bücher stellen einen der wenigen Versuche dar, aus italienischer Sicht die gesamten Alpen zu thematisieren. Allerdings dominieren bei der Darstellung die traditionellen Wirtschafts-, Kultur- und Lebensformen recht stark.

Rémy Knafou:
Les Alpes.
Paris 1994, 128 S.

Dieses Taschenbuch, das in der populären Reihe „Que sais-je“ (Nr. 1463) den gleichnamigen Titel von Paul Veyret von 1972 ersetzt, stellt eine knappe, aber sehr breite Einführung in die gesamten Alpen aus französischer Perspektive dar.

Karl Ruppert:
Die Alpen – europäische Kulturlandschaft im Blickfeld konkurrierender Interessen.
In: K. Ruppert (Hrsg.): Europa - neue Konturen eines Kontinents.
München 1993, S. 259-277.

Knappe, aber sehr dichte Gesamtdarstellung, in die sehr viele Erkenntnisse und Erfahrungen des Autors eingearbeitet wurden.

Paul u. Germaine Veyret:
Au coeur de l'Europe – les Alpes.
Paris 1967, 546 S.

Der Alpen-Klassiker aus Frankreich, aufbauend auf der Tradition der Grenobler Schule der Alpengeographie seit 1910 (Raoul Blanchard). Auch wenn nicht mehr ganz aktuell, so doch immer noch wichtig.

1.3 Breit angelegte Sammelbände

Die Alpen – Naturpark oder Opfer des künftigen Europas?
Basel 1992, 78 S.

Irreführender Titel, es geht um die aktuellen Probleme der Alpen. Beiträge von M.F. Broggi, J. Maurer, R. Jagmetti, P. Rieder, B. Huber und C. Kaspar.

Die Alpen – ein sicherer Lebensraum?
Disentis 1992, 111 S.

Die Leitfrage wird sehr breit ausgelegt. Beiträge von U. Müller, B. Gilgen, H. Wanner, F. Klötzli, P. Messerli (aus schweizerischer Perspektive).

Le Alpi per l'Europa. Una proposta politica.
Coordinamento: E. Martinengo.
Milano 1988, 2 Bde., 631 S + 744 S.

Tagungsakten des 2. Kongresses „Le Alpi e l'Europa" im März 1985 in Lugano. Sehr materialreich und umfassend, von italienischer Perspektive geprägt.

Herbert Franz (Hrsg.):
Gefährdung und Schutz der Alpen.
Wien 1994, 207 S.

An aktuellen Problemen orientierte Beiträge von H. Franz, W. Bätzing, E. Lichtenberger, H. Mayer, H. Aulitzky, F. Rest, R. Thaler.

Paul Guichonnet (Hrsg.):
Histoire et Civilisations des Alpes.
Bd. 1: Destin historique. Bd. 2: Destin humain.
Toulouse/Lausanne 1980, 420 + 416 S.
Italienische Ausgabe: Milano 1986/87.

Sehr systematisch aufgebautes und wichtiges Werk mit Schwerpunkt auf der Geschichte und der traditionellen Struktur, im deutschen Sprachraum leider kaum zur Kenntnis genommen.

Guglielmo Scaramellini (Hrsg.):
Sustainable Development of Mountain Communities.
Milano 1995, 257 S.

Analyse der Mensch-Umwelt-Beziehung in mediterranen Gebirgen (zu denen die Alpen gezählt werden) mit wichtigen integrativen Erkenntnissen, von der italienischen Perspektive geprägt.

Die Zeitschrift „Revue de Géographie Alpine“ aus Grenoble veröffentlicht in regelmäßigen Abständen wichtige Themenhefte, die Sammelbandcharakter haben, wie z.B.: Moyennes Montagnes - vie ou survie? (83/1995, Nr. 3), Jeux Olympiques d'hiver - montagne et développement (79/1991, Nr. 3), Catastrophes naturelles récentes dans les Alpes (78/1990, Nr. 1-3), Quelle Spécificité Montagnarde? (77/1989, Nr. 1-3).

2. Naturraum Alpen

2.1 Geologie

Dieter Richter:
Grundriß der Geologie der Alpen.
Berlin, New York 1974, 213 S.

Klassische Darstellung in streng wissenschaftlicher Form.

2.2 Geomorphologie

Matthias Kuhle/Christoph Roesrath:
Geographie und Geologie der Hochgebirge.
München 1990, 160 S.

Irreführender Titel, die Geomorphologie steht im Zentrum. Trotz zahlreicher Fotos und Zeichnungen ist der Text nicht ganz leicht verständlich.

Frank Lehmkuhl:
Geomorphologische Höhenstufen in den Alpen.
Göttingen 1989, 113 S.

Sehr dichtes, wissenschaftliches Werk, das eine Synthese zahlloser Einzelarbeiten entwirft.

Die umfassenden Lehrbücher der Geomorphologie (H. Louis/K. Fischer: Allgemeine Geomorphologie, Berlin 1979, 4. Aufl.; F. Ahnert: Einführung in die Geomorphologie, Stuttgart 1996) behandeln ebenfalls alle alpinen Phänomene, aber meist eher knapp.

2.3 Glaziologie

Robert Bachmann (Hrsg.):
Gletscher der Alpen.
Bern/Stuttgart 1978, 304 S.

Sehr anschaulich aufgemachtes Sachbuch, die umfangreichste Monographie zum Thema.

2.4 Klima

Franz Fliri:
Synoptische Klimatographie der Alpen zwischen Mont Blanc und Hohen Tauern.
Innsbruck 1984, 686 S.

Sehr detailliertes, wissenschaftliches Werk. Eine kurze, allgemeinverständliche Einführung in das Klima der Alpen gibt H. Wanner (siehe 1.3).

Martin Beniston (Hrsg.):
Mountain Environments in changing climates.
London, New York 1994, 462 S.

Sammelband, der viele Auswirkungen von Klimaänderungen auf Gebirge untersucht (zahlreiche Beispiele aus Alpen).

2.5 Hydrologie

Albert Baumgarten/Eberhard Reichel/Gerda Weber:
Der Wasserhaushalt der Alpen.
München 1983, 350 S. + Kartenband.

Diese detaillierteste Analyse, die zu diesem Thema bisher erschienen ist, basiert auf den Daten der Jahre 1931-60.

Leben für unsere Alpenflüsse.
Ljubljana 1995, 303 S.
CIPRA-Schriften Bd. 8.

Problemorientierte Aufarbeitung der aktuellen Situation der Flüsse. Darin auch die Darstellung der letzten naturnahen Fließstrecken der Alpenflüsse.

2.6 Vegetation

Heinz Ellenberg:
Vegetation Mitteleuropas mit den Alpen.
Stuttgart, 5. Aufl. 1996, 1200 S.

„Der" Klassiker, der die Alpen (ohne mediterrane Vegetation) einschließt und der auch von Laien verstanden werden kann.

Paul Ozenda:
Die Vegetation der Alpen im europäischen Gebirgsraum.
Stuttgart, New York 1988, 353 S.

Einzige, wirklich alpenweit orientierte Gesamtdarstellung. Die Konzeption des Grenobler Autors („dynamische Vegetationsserie“) ist im deutschen Sprachraum nicht unumstritten.

Herbert Reisigl/Richard Keller:
– Alpenpflanzen im Lebensraum.
Stuttgart, 2. Aufl. 1994, 149 S.
– Lebensraum Bergwald.
Stuttgart 1989, 144 S.

Sehr anschauliche und hervorragend bebilderte Darstellung der wichtigsten Pflanzen und ihrer ökologischen Zusammenhänge. Bd. 1 = Rasen-/Schutthalden-Gesellschaften, Bd. 2 = Wald- und Zwergstrauchgesellschaften.

2.7 Landschaftsökologie (ohne Menschen)

Herbert Franz:
Ökologie der Hochgebirge
Stuttgart 1979, 495 S.

Naturwissenschaftliche Gesamtsynthese aller relevanten Faktoren, allerdings nur für Hochgebirge im engen Sinne (Hochgebirgsstufe). Für Laien schwer verständlich.

Carl Rathjens:
Geographie des Hochgebirges - der Naturraum.
Stuttgart 1982, 210 S.

Knappe Gesamtsynthese, die sich v.a. an Studenten richtet.

Beide Titel sind für die Alpen sehr relevant, weil die Alpen das besterforschte Hochgebirge sind, so daß zahlreiche allgemeine Aussagen über Gebirge hier ihre konkrete Basis besitzen.

3. Geschichte/Traditionelle Wirtschaft und Kultur

3.1 Geschichte der Alpen

Eine „Geschichte der Alpen“ gibt es nicht, allerdings sind in den Titeln unter 1.2 und 1.3 längere Überblicke enthalten.

Ludwig Pauli:
Die Alpen in Frühzeit und Mittelalter.
München 1980, 344 S.

Sehr materialreiche Darstellung der Geschichte der Alpen vom Beginn bis ins Mittelalter, leicht ostalpenlastig. Standardwerk zum Thema.

Der Fund der Gletschermumie vom Hauslabjoch („Ötzi“) hat die Forschung sehr angeregt, und oft werden Erkenntnisse daraus systematisch in den alpenweiten Kontext gestellt: L. Barfield/E. Koller/A. Lippert: Der Zeuge aus dem Gletscher – das Rätsel der frühen Alpen-Europäer. Wien 1992, 208 S.

3.2 Bevölkerungsentwicklung/-regulierung

Eine Gesamtdarstellung gibt es nicht. Wichtige Elemente dafür (Basis: Westalpen) enthält:

> Pier Paolo Viazzo:
> Upland communities – Environment, population and social structure in the Alps since the 16th century.
> Cambridge 1989, 325 S.

3.3 Traditionelle Almwirtschaft

> John Frödin:
> Zentraleuropas Alpwirtschaft.
> Oslo 1940-41, 411 + 579 S.

Zur Almwirtschaft sind zwar unzählige Bücher geschrieben worden, die sich aber alle immer nur auf ein Alpengebiet konzentrieren. Die breiteste und umfassendste Darstellung ist immer noch die von J. Frödin, die heute schon ein historisches Dokument darstellt.

> Wolfgang Hartke/Karl Ruppert (Hrsg.):
> Almgeographie.
> Wiesbaden 1962, 144 S.

Alpenweit orientierte Darstellung. Da führende Fachleute aus „ihren“ Alpen berichten, sind die knappen Texte sehr inhaltsreich. Heute ebenfalls bereits historisches Dokument.

Aktuelle, alpenweit ausgerichtete Darstellungen gibt es nicht.

3.4 Trad. Wirtschaft/Kultur/Brauchtum

> Hans Haid:
> Vom Alten Leben – vergehende Existenz- und Arbeitsformen im Alpenbereich.
> Rosenheim 1986, 344 S.

Sehr anschauliche Foto-/Text-Dokumentation mit Beispielen aus dem gesamten Alpenraum.

Arnold Niederer:
Alpine Alltagskultur zwischen Beharrung und Wandel.
Bern, 2. Aufl. 1996, 518 S.

Fast alle volkskundlichen Darstellungen beziehen sich nur auf bestimmte Teilräume der Alpen. Den breitesten Gesamtüberblick gibt dieser Band des Zürcher Volkskundlers, der 20 Publikationen aus den Jahren 1956-1991 wieder zugänglich macht. Ein sehr umfangreiches Literaturverzeichnis erschließt die wichtigsten volkskundlichen Alpentitel.

3.5 Traditionelles Wege-/Straßensystem

Arge Alp, Kommission Kultur (Hrsg.):
Die Erschließung des Alpenraumes für den Verkehr im Mittelalter und in der frühen Neuzeit.
Bozen 1996, 396 S.

Aus der umfangreichen Literatur zum Thema sei diese Publikation empfohlen, die einen guten Einblick in den Stand der Forschung und in die aktuellen Probleme gibt.

3.6 Die ästhetische Entdeckung der Alpen

Gabriele Seitz:
Wo Europa den Himmel berührt – die Entdeckung der Alpen.
München 1987, 238 S.

Großformatiger Bild-Textband mit ausführlichen Zitaten aus historischen Quellen, die den Wandel des Alpenbildes anschaulich dokumentieren.

4. Der Strukturwandel der Alpen im 19./20. Jh.

4.1 Bevölkerungsentwicklung 1870–1990

Werner Bätzing und Mitarbeiter:
Der sozio-ökonomische Strukturwandel des Alpenraumes im 20. Jh.
Bern 1993, 156 S. mit Beilagekarten.

Erstmalige Analyse der Bevölkerungsentwicklung 1870-1990 im gesamten Alpenraum auf *Gemeindeebene* und problemoriente Auswertung.

4.2 Landwirtschaft

Werner Bätzing (Hrsg.):
Landwirtschaft im Alpenraum – unverzichtbar, aber zukunftslos? Eine alpenweite Bilanz der aktuellen Probleme und der möglichen Lösungen.
Berlin, Wien 1996, 265 S.

Detaillierteste Darstellung der aktuellen Situation der Landwirtschaft in den Alpen, die existiert. Sehr materialreich (zahlreiche Tabellen und Karten). Der Schwerpunkt liegt auf der Analyse der aktuellen Probleme und der Strategien für das Protokoll „Landwirtschaft" der Alpenkonvention.

Landwirtschaftliche Genressourcen der Alpen.
Übersicht, Initiativen und Handlungsbedarf.
Hrsg.: Pro Specie Rara.
Schaan 1995, 544 S.

Erste, sehr umfassende Dokumentation aller trad. Haustierrassen und Kulturpflanzen der Alpen, die heute noch existieren.

4.3 Forstwirtschaft/Wald

Hannes Mayer/Ernst Ott:
Gebirgswaldbau – Schutzwaldpflege. Ein waldbaulicher Beitrag zur Landschaftsökologie und zum Umweltschutz.
Stuttgart, New York, 2. Aufl. 1991, 587 S.

Breit angelegtes Lehrbuch, gegliedert nach Waldgesellschaften (Schwerpunkt auf Ostalpen), das die verschiedenen Waldfunktionen thematisiert.

Herbert Scheiring (Hrsg.):
Das Bergwald-Protokoll. Forderungen an den Wald – Forderungen an die Gesellschaft.
Berlin, Wien 1995, 332 S.

Problemorientierte Analyse der Situation des Waldes im Hinblick auf das Protokoll „Bergwald" der Alpenkonvention.

4.4 Industrie

Hans Gebhardt:
Industrie im Alpenraum – alpine Wirtschaftsentwicklung zwischen Außenorientierung und endogenem Potential.
Stuttgart 1990, 283 S.

Umfangreichste Analyse, die zum Thema Industrie in den Alpen durchgeführt wurde; aufgrund wirtschaftlicher Dynamik nicht mehr ganz aktuell.

Guy Mettan (Hrsg.):
Les Alpes à l'avant-garde de l'Europe?
Genf 1986, 160 S.

Typisches Beispiel für die franz.-ital. Diskussion einer industriellen Zukunft der Alpen (dezentrale Strukturen und modernste Technologien als Basis).

4.5 Tourismus

Eine große alpenweite Tourismusmonographie gibt es nicht. Zusammenfassende Darstellungen finden sich in den Publikationen, die unter 1.2 und 1.3 aufgeführt wurden.

> Tourismusentwicklung in den Alpen. Bilanz – Gefahren – Perspektiven.
> Bensberg 1995, 160 S.

Charakteristisches Beispiel für die aktuelle Tourismusdiskussion in den Alpen, mit ostalpinem Schwerpunkt.

> Kurt Luger/Karin Inmann (Hrsg.):
> Verreiste Berge – Kultur und Tourismus im Hochgebirge.
> Innsbruck 1995, 357 S.

Sammelband, der v.a. die kulturellen Auswirkungen des Tourismus vertieft beleuchtet.

> Peter Haßlacher (Hrsg.):
> Sanfter Tourismus – Theorie und Praxis.
> Innsbruck 1989, 150 S.

Diese vom Österr. Alpenverein hrsg. Broschüre bietet einen guten Einstieg in die umfangreiche Diskussion zum sanften Tourismus in den Alpen. Die Bibliographie zum Sanften Tourismus wird seit 1989 laufend aktualisiert und kann beim ÖAV in Innsbruck bezogen werden.

4.6 Städte und Agglomerationen

Außer der längst veralteten Analyse von G. Dematteis (Le città alpine, Milano 1975) gibt es derzeit noch keine aktuellen Monographien, sondern nur einige wenige Aufsätze.

> Kirk Ingold:
> Agglomerationen und Städte im Alpenraum – Grauzone der Alpenforschung? Analyse, Definition und Abgrenzung.
> Bern 1994, 139 S. mit Beilagekarten.

Diese unveröffentlichte Examensarbeit am Geographischen Institut Bern stellt die Städte/Agglomerationen im Alpenraum auf Gemeindeebene gemäßt den jeweiligen nationalen Definitionen dar, vergleicht sie miteinander und erarbeitet einen Vorschlag für eine alpenspezifische Agglomerationsdefinition.

4.7 Verkehr

Alpenquerender Güterverkehr auf Straße und Schiene 1994 –
Alpenbogen Ventimiglia bis Wien.
Hrsg.: Dienst für Gesamtverkehrsfragen im Eidg.
Verkehrsdepartement.
Bern, Dez. 1995, 109 S.

Detaillierteste quantitative Analyse des Gütertransitverkehrs, die existiert; gegliedert nach Übergängen.

Waldemar Hummer (Hrsg.):
Alpenquerender Transitverkehr aus regionaler und
überregionaler Sicht.
Wien 1993, 400 S.

Die rechtlichen, technischen und wirtschaftlichen Probleme des Transitverkehrs stehen hier im Zentrum, ergänzt durch die politische Dimension.

Verkehr in den Alpen – mehr als nur Transit.
Turin 1994, 158 S.
CIPRA-Schriften Bd. 12.

In diesem Band wird erstmals der Transit-, Tourismus- und Eigenverkehr alpenweit zu erfassen versucht. Sehr wichtig für die Gewichtung der Problematik.

4.8 Entwicklung insgesamt

Union Européenne:
Étude prospective des régions de l'arc alpin et péri-alpin.
Luxembourg 1995, 301 S.
Études de développement régional No. 17.

EU-Studie über die wirtschaftlichen Möglichkeiten des (sehr weit definierten) Alpenraumes im künftigen Europa. Eine knappe Zusammenfassung der wichtigsten Ergebnisse und ihre Positionierung im größeren Kontext findet sich in:

Europäische Kommission:
Europa 2000+: Europäische Zusammenarbeit bei der
Raumentwicklung.
Luxemburg 1995, 246 S.

5. Aktuelle Situation und Probleme

5.1 Berggebietspolitik

Werner Bätzing/Paul Messerli (Hrsg.):
Die Alpen im Europa der neunziger Jahre.
Bern 1991, 315 S.

Systematische Darstellung der Berggebietspolitik in allen Staaten mit Alpenanteil durch einen kompetenten Vertreter des jeweiligen Staates. Ergänzt durch eine sehr umfangreiche Bibliographie.

5.2 Alpenkonvention

Der Österr. Alpenverein gibt in kürzeren Abständen eine aktualisierte Bibliographie zur Alpenkonvention heraus, die alle wichtigen Publikationen lückenlos erfaßt (LID-Bibliographie: Alpenkonvention).

Walter Danz/Stefan Ortner (Hrsg.):
Die Alpenkonvention – eine Zwischenbilanz.
München 1993, 529 S.
CIPRA-Schriften Bd. 10.

Ausführlichste Publikation zur Alpenkonvention, die den Stand im Herbst 1992 dokumentiert. Immer noch wichtig für das Verständnis dieses sehr komplizierten politischen Prozesses.

Walter Danz:
Alpenkonvention – entscheidungsreife Fragen.
Vaduz 1991, 89 S.
Kleine CIPRA-Schriften, Heft 10.

Immer noch aktuelle Zusammenstellung der Punkte, bei denen *keine* Kontroversen bestehen.

5.3 Umweltpolitik

Alpen in Not. Ziele und Strategien für einen handlungsorientierten Natur- und Umweltschutz des Alpenvereins für die 90er Jahre.
Innsbruck 1990, 68 S.

Dokumentation eines Symposiums des Österr., Deutschen und Südtiroler Alpenvereins, das Grundsatzfragen thematisiert.

Arten- und Biotopschutz
München 1991, 656 S.

Dokumentation der Arge Alp über die Situation des Arten- und Biotopschutzes in allen Mitgliedsländern.

Tun und Unterlassen. Elemente für eine nachhaltige Entwicklung in den Alpen.
Vaduz 1996, 166 S.
CIPRA-Schriften Bd. 13.

Erarbeitung einer integrativen Umweltpolitik für die Alpen, die Wirtschaft und Gesellschaft einbezieht.

Die Erhaltung der bäuerlichen Kulturlandschaft in den Alpen.
Basel 1992, 202 S.
CIPRA-Schriften Bd. 9.

Strategien zur Erhaltung der Kulturlandschaften mittels angepaßter Nutzungs- und Bewirtschaftungsformen.

Die geschützten Alpenräume. Ein Panorama.
Grenoble 1995, 115 S. + Beilagekarte.
Dossier Revue de Géographie Alpine Nr. 17.

Erste detaillierte Bestandsaufnahme der versch. Schutzgebiete im gesamten Alpenraum.

5.4 Weitere Politikbereiche

Für die Bereiche Wirtschafts-, Struktur-, Infrastruktur-, Sprach- und Kulturpolitik usw. liegen keine alpenweit ausgerichteten Monographien vor. Zur Verkehrspolitik siehe unter 4.7.

5.5 Entwicklungen von unten

Jürg Frischknecht u.a.:
Alpenglühn. Auf TransALPedes-Spuren von Wien nach Nizza.
Zürich 1993, 293 S.

Bericht über eine viermonatige Wanderung durch die Alpen, bei der zahlreiche Gruppen und Initiativen aufgesucht wurden, bereichert durch Darstellungen von wichtigen aktuellen Problemen und Lösungsvorschlägen.

Hans Haid:
Neues Leben in den Alpen. Mut, Witz und Widerstand – Modelle und Initiativen von Nizza bis Wien.
Innsbruck, 2. Aufl. 1996, 260 S.

Aktualisierte Neuauflage des 1989 erstmalig erschienenen Buches, das die umfangreichste Dokumentation zum Thema darstellt. Zahlreiche Fallbeispiele zeigen sehr konkret, wie neue oder alternative Entwicklungen aussehen können und welche Möglichkeiten sie haben.

5.6 Mythos Alpen

Eine sachliche Diskussion über Zustand und Zukunft der Alpen ist nicht möglich, ohne die Alpen-Mythen zu reflektieren, die im Hinterkopf existieren.

> Mythos Alpen. Tagungsband zur CIPRA-Jahreskonferenz 1996.
> Vaduz 1996, 190 S.
> CIPRA-Schriften Bd. 14.

Problemorientierte Aufarbeitung dieser sehr komplexen Thematik unter der Fragestellung, wie diese Alpen-Mythen direkt oder indirekt das private und politische Handeln prägen.

5.7 Forschung und Wissenschaft

> Ewald Berning:
> Alpenbezogene Forschungskooperation – Perspektiven für eine intensive Zusammenarbeit der Forschung in vorrangigen Problembereichen des Alpenraumes.
> München 1992, 95 S.

Sehr kompetente Darstellung der wissenschaftlichen Strukturen und Konzepte der Alpenforschung und der internationalen Zusammenarbeit. Wegen der schnellen aktuellen Veränderungen teilweise bereits etwas überholt. Die aktuelle wissenschaftliche Vernetzung findet auf der zweijährigen internationalen Tagung AlpenForum statt.

> Martin F. Price:
> Mountain Research in Europe - an Overview of MAB Research from the Pyrenees to Siberia.
> Paris 1995, 230 S.

Die von der UNESCO initiierten Man and Biosphere (MAB)-Forschungen im Hochgebirge stellen die umfangreichsten interdisziplinären Untersuchungen dar, die bislang in den Alpen (A, CH, D, F 1975-85) durchgeführt wurden. Dieser Band faßt die Ergebnisse europaweit zusammen und bietet einen bibliographischen Einstieg in diese Forschungsergebnisse (wichtige nationale Synthesen: A: Cernusca 1989, CH: Messerli 1989, D: Kerner/Spandau/Köppel 1991), die einer breiten Öffentlichkeit teilweise wenig bekannt wurden.

Wichtige Adressen

Diese Liste soll es ermöglichen, sich gezielt weitere Informationen über die Alpen zu besorgen (fast alle Gruppen und Organisationen geben Zeitschriften, Broschüren und Bücher heraus) oder sich an Tagungen, Projekten oder Aktivitäten zu beteiligen.

Gemäß dem Charakter dieses Lexikons werden v.a. solche Adressen genannt, die für eine breitere Öffentlichkeit von Interesse sein dürften und die vorwiegend im deutschsprachigen Raum angesiedelt sind. Wissenschaftliche Institutionen werden nur einige genannt. Auch die zuständigen Stellen der politischen Verwaltung, also die zahlreichen Bundesämter/Ministerien/Abteilungen/Referate für Umweltschutz, Landwirtschaft, Gewerbe, Tourismus, Wasserwirtschaft, Kultur, Raum-/Regionalplanung auf Staats-, Landes- und Regionsebene werden hier aus Platzgründen *nicht* aufgeführt; dort sind aber in der Regel ebenfalls sehr wichtige Informationen zu beziehen bzw. werden ehrenamtliche Mitarbeiter bei bestimmten Aktivitäten oder Projekten gesucht.

Auch diese Adressenauswahl bleibt subjektiv und erhebt keinen Anspruch auf alpenweite Repräsentativität.

Bayerische Akademie für Naturschutz
und Landschaftspflege
Postfach 1261
D-83410 Laufen/Salzach

Wichtige Tagungen und Publikationen auch zum Alpenraum.

Alp Action
6, Place de Eaux-Vives
CH-1207 Genève

Von Aga Khan unterstützte Organisation, die mittels Firmen-Sponsoring konkrete Maßnahmen für eine nachhaltige Entwicklung in den Alpen fördert.

Das Alparchiv
Postfach 987
CH-8021 Zürich

Alternative Vereinigung von Älplern mit eigener Fachbibliothek und Zeitschrift „Z'Alp".

ALP-INFO
c/o Feuer in den Alpen
Postfach 669
CH-3900 Brig

Herausgabe eines vierteljährlichen Infoblattes mit alpenweiten Terminen, Aktivitäten, Buchhinweisen, Adressen.

Alpenforschungsinstitut AFI
Kreuzeckbahnstr. 19
D-82467 Garmisch-Partenkirchen

Neu gegründetes Institut mit anwendungsorientierter Ausrichtung.

AlpenForum
c/o Schweiz. Akademie der Naturwissenschaften
Bärenplatz 2
CH-3011 Bern

Kontaktadresse für die alle zwei Jahre stattfindende internationale Tagung AlpenForum, die sich systematisch um eine alpenweite Vernetzung und Koordination der Forschung im Alpenraum bemüht.

Alpenforum e.V.
Verein zur Förderung alpenländischer Interessen
Post St. Georgen ob Murau
A-8861 Lutzmannsdorf 14

Privater Verein, dessen Ziele sich an der Alpenkonvention orientieren.

Alpen-Initiative/Iniziativa da las Alps
Postfach 29
CH-3900 Brig

Herausgabe der Zeitschrift „Echo".

Alpenkonvention. Ein ständiges Sekretariat der AK existiert (noch) nicht; die Federführung liegt derzeit bei der Slowenischen Regierung.
Kontaktadresse für Fragen/Informationen zur AK:

Alpenkonventionsbüro
CIPRA-Österreich
Alser Str. 21/5
A-1080 Wien

Herausgabe der Zeitschrift "Die Alpenkonvention" sowie diverse Broschüren zur AK.

Alpenvereine:

- Club Alpin Français/CAF
  24, Avenue de Laumière
  F-75019 Paris
- Deutscher Alpenverein/DAV
  Von-Kahr-Str. 2 - 4
  D-80997 München
- Österreichischer Alpenverein/ÖAV
  Wilhelm-Greil-Str. 15
  A-6020 Innsbruck
- Club Alpino Italiano/CAI
  Via Ugo Foscolo 3
  I-20121 Milano
- Schweizer Alpen Club/SAC
  Helvetiaplatz 4
  CH-3005 Bern

Alle genannten Alpenvereine geben Zeitschriften (oft mehrere), Buchreihen und zahlreiche andere Publikationen heraus. Alpenweit am wichtigsten sind die Publikationen des ÖAV, Fachabteilung Raumplanung-Naturschutz

Arbeitsgemeinschaften, alpine:

Arge Alp-Geschäftsstelle
c/o Amt der Tiroler Landesregierung
Landhaus
A-6010 Innsbruck

Keine Zeitschrift, aber regelmäßig Informationen über die Aktivitäten.

Arge Alpen-Adria, Geschäftsstelle
c/o Amt der Kärntner Landesregierung
Arnulfplatz 1
A-9021 Klagenfurt

Zahlreiche Informationen über Tätigkeiten.

COTRAO
c/o Etat du Canton de Vaud
CH-1000 Lausanne

Die COTRAO betreibt weder eine aktive Öffentlichkeitsarbeit, noch gibt sie regelmäßig Informationen für Interessenten heraus; gelegentlich veröffentlicht sie Bücher.

Arbeitsgemeinschaft Alpenstädte
Via Belenzani 19
I-38100 Trento

Herausgabe der Zeitschrift „Info Alpenstädte" (d, f, i, slow. Ausgabe).

Alpe-Adria-Alternativ
Rathausgasse 8
A-9500 Villach

Alternative Organisation im Raum der Arbeitsgemeinschaft Alpe-Adria, v.a. in der Friedensbewegung engagiert. Zeitschrift „Alpe-Adria".

Arbeitsgruppe Demokratischer Sozialisten
im Alpenraum ASA
Vorsitzender: Hans Kolo MdL
Maximilianeum
D-81627 München

Organisation von Tagungen, Erfahrungsaustausch, gemeinsame Politik.

Archiv für Langstreckenwandern e.V.
Tannenbergstr. 68
D-26127 Oldenburg

Informationen über alle Weit- und Fernwanderwege der Alpen (gegen Gebühr), Herausgeber der Zeitschrift „Der Weitwanderer" und von Wanderführern.

Association des Élus de la Montagne AEM
Hôtel du Département du Bas-Rhin
Place du Quartier Blanc
F-67964 Strasbourg Cedex 9

Europaweite Lobby-Organisation nach französischem Vorbild.

BIT-Bürgerinitiativen Tirols
Adamgasse 11
A-6020 Innsbruck

Dachverband versch. Initiativen, Zeitschrift "Lebensraum Tirol".

Bundesanstalt für Bergbauernfragen
Möllwaldplatz 5
A-1040 Wien

Institution, die sich mit der Gesamtentwicklung der österr. Alpen auf dem Hintergrund alpenweiter und europäischer Veränderungen befaßt. Zahlreiche Veröffentlichungen.

CEMAGREF
Groupement de Grenoble
B.P. 76
F-38402 St. Martin-d'Hères Cedex

Herausgabe zahlreicher Publikationen über die franz. Berggebiete/Alpen.

Centro di Ecologia Alpina
Viote del Monte Bondone
I-38100 Trento

Neu gegründete Forschungsorganisation mit interdisziplinärer Ausrichtung.

CIPRA International
Internationale Alpenschutz-Kommission
Heiligkreuz 52
FL-9490 Vaduz

Herausgabe der Zeitschrift "CIPRA-Info" (d, f, i), einer Broschüren- und einer Buchreihe; umfangreiche Öffentlichkeitsarbeit mit regelmäßigen Pressekonferenzen und internationalen Tagungen.

Deutsche Waldenservereinigung e.V.
D-75443 Ötisheim-Schönenberg

Regelmäßige Pflege der Kontakte zwischen den Waldensern in den Südwestalpen, Italien und Deutschland. Zeitschrift "Der Deutsche Waldenser".

ERSAL
Ente Regionale di Sviluppo Agricolo della Lombardia
Milano 2
I-20090 Segrate

Politisch-wissenschaftliche Organisation, die die gesamten ital. Alpen, teilweise auch den gesamten Alpenraum thematisiert. Versch. Publikationen.

Europäische Akademie Bozen
Fachbereich Alpine Umwelt
Waggensteinstr. 12 a
I-39100 Bozen

Neu gegründete Institution, die alpenweit und interdisziplinär ausgerichtet ist. Zeitschrift „Academia".

Feuer in den Alpen
Postfach 669
CH-3900 Brig

Kontaktadresse für alpenweite Aktion „Feuer in den Alpen".

Forum Europeo dello Sviluppo
Corso Luigi Einaudi 2
I-10128 Torino

Ital. Organisation, die im Auftrag der EU verschiedene Alpen-Broschüren (mehrsprachige Ausgaben) erarbeitet.

Grün-Alternative Arge Alp
Wiesengrund 5
A-6143 Pfons

Lockerer Zusammenschluß grüner und alternativer Parteien im Alpenraum, regelmäßige Informationen für Öffentlichkeit. Herausgabe einer Broschürenreihe zur Alpenkonvention.

ICALPE
International Centre for Alpine Environments
Savoie Technolac
B.P. 230
F-73374 Le Bourget-du-lac

Internationale Forschungseinrichtung für den gesamten Alpenraum. Herausgabe von Publikationen und eines Mitteilungsbriefes.

Internationale Gesellschaft für
historische Alpenforschung
c/o Akademie 91 Zentralschweiz
Reusssteg 3
CH-6003 Luzern

1996 gegründete Gesellschaft mit Zeitschrift „Geschichte der Alpen" und Tagungsreihe.

Internationale Vereinigung für Walsertum
Postfach 219
CH-3930 Visp

Herausgabe der Zeitschrift „Wir Walser", Organisation von Tagungen, Kontakt der Walsergemeinden untereinander.

Interpraevent
Postfach 43
A-8010 Graz

Internationale Tagungsreihe im Abstand von 4 Jahren zum Thema Grenzen und Möglichkeiten der Katastrophenvorbeugung in den Alpen. Herausgabe der umfangreichen Tagungsbände.

LAMA
Laboratoire de la Montagne Alpine
17, rue Maurice Gignoux
F-38031 Grenoble Cedex

Mit der Universität Grenoble (Institut de Géographie alpine) verbundene Forschungsstelle mit wichtigen Publikationen und Zeitschrift „Revue de Géographie Alpine".

Medien-Netzwerk Alpen
Wilfried Richter
c/o Radio Eviva
Postfach
CH-8032 Zürich

Wichtige Medienschlüsselstelle für die gesamten Alpen. Wöchentlicher Fax-Rundbrief, 3-SAT-Teletext „Bergblick" Seite 128, Presseinformationen.

Mountain Wilderness International
Place de la Mairie
F-74200 Margencel

Umweltgruppe (v.a. in CH, F, I) mit eigenen Zeitschriften.

Naturfreunde International
Diefenbachgasse 36
A-1150 Wien

Im Rahmen der Kampagne „Alpen-Landschaft des Jahres 1995/96" Herausgabe der Zeitschrift „Alpenpost" und eines „Grünbuches Alpen".

Netzwerk Umweltorganisationen der Bergkantone
c/o Vereinigung der Bündner Umweltschutzorganisationen
Postfach 111
CH-7250 Klosters

Zusammenschluß zur Unterstützung der Alpenkonvention.

Ökosoziales Forum Österreich
Franz-Josefs-Kai 13
A-1010 Wien

Organisation mit breiter Öffentlichkeitsarbeit, die auch immer wieder die Entwicklung der Alpen thematisiert.

Österreichische Bergbauernvereinigung
Herklotzgasse 7/21
A-1150 Wien

Herausgabe der Zeitschrift „Die Bergbauern" Organisation von Seminaren für Bergbauern und -bäuerinnen.

Karl Partsch
Europa-Büro
Völk-Str. 2 a
D-87527 Sonthofen

Alpenpolitische Initiativen auf europäischer Ebene.

Pro Specie Rara
Engelgasse 12 a
CH-9000 St. Gallen

Alpenweites Engagement für trad. Haustierrassen und Kulturpflanzen.

Pro Vita Alpina
Klostergasse 6
A-6020 Innsbruck

Alpenweit organisierter Verein mit eigener Zeitschrift gleichen Namens.

Schweiz. Arbeitsgemeinschaft für die Bergbevölkerung
Laurstr. 10
CH-5201 Brugg 1

Zahlreiche politische Aktivitäten und Initiativen. Monatszeitschrift „Montagna", Publikationsreihe.

Schweizerische Stiftung für Landschaftsschutz und -pflege
Hirschengraben 11
CH-3011 Bern

Diese Stiftung ist auch in den Alpen stark engagiert. Zahlreiche Broschüren und Publikationen.

Stiftung Niederländische Alpenplattform NAP
c/o ANWB
P.O. Box 93200
NL-2509 BA Den Haag

Exemplarisches Beispiel für eine alpenferne Organisation, die sich für eine nachhaltige Entwicklung der Alpen mittels Information und Aufklärung der Alpenbewohner am Wohnort engagiert.

Studienzentrum für Agrarökologie
Technikerstr. 13
A-6020 Innsbruck

Mit gleicher Adresse: Institut für Alpenländische Land- und Forstwirtschaft. Wichtige Publikationen und Aktivitäten zur Ökologisierung der Berglandwirtschaft.

Toblacher Gespräche
Romstr. 21
I-39034 Toblach

Organisation einer jährlichen internationalen Tagung in Toblach/Südtirol, die den ökologischen Problemen der Industriegesellschaft gewidmet ist, oft die Alpen thematisiert und einen wichtigen Brückenschlag zwischen dem deutschen und italienischen Sprachraum darstellt.

Transitforum Austria
Salurnerstr. 4/III/1
A-6020 Innsbruck

Transitdachverband in Österreich.

UNCEM
Via Palestro 30
I-00185 Roma

Italien. Berggebietslobby, Zeitschrift „Montagna Oggi"

Verkehrsclub Deutschland (VCD) e.V.
Rosenheimer Str. 1
D-83115 Neubeuern

Engagement für Reduzierung des Transit-Verkehrs und Verkehrsvermeidung; mit eigener Zeitschrift.

Verkehrs-Club der Schweiz/VCS
Bahnhofstraße
CH-3360 Herzogenbuchsee

Wichtiges Engagement zum Thema Transitverkehr, Verkehrsvermeidung; mit eigener Zeitschrift und Publikationsreihe.

Wildbiologische Gesellschaft München
Linderhof 2
D-82488 Linderhof

Forschungs- und Öffentlichkeitsarbeit zum Thema Wildtiere in den Alpen.

World Mountain Network
International Mountain Society
P.O. Box 1978
Davis, CA 95617-1978, U.S.A.

Weltweite Organisation, die sich auch bei der Vorbereitung der Rio-Konferenz (Gebirgskapitel) engagierte. V.a. auf Gebirge der Dritten Welt orientiert.

Zentralstelle für regionale Wirtschaftsförderung
BIGA, Abt. Regionalpolitik
Bundesgasse 8
CH-3003 Bern

Herausgabe der Zeitschrift „Info Regio".

Zentrum für Umwelt und Kultur
Don Bosco-Str. 1
D-83671 Benediktbeuern

Veranstaltung von Tagungen, Seminaren, Ausstellungen.

Stichwortregister

Zweitwohnung
Juristische bzw. amtliche Bezeichnung einer Wohnung, die nicht als Hauptwohnsitz dient. In den A. meist Ferienwohnungen, die in vermietete bzw. mietbare (= öffentlich zugängliche) und rein privat genutzte Wohnungen unterteilt werden.

Wenn vom „Zweitwohnungsproblem" in den A. gesprochen wird, dann sind in der Regel nicht nur die Eigentumswohnungen (in meist größeren Gebäudeblocks), sondern auch die Ferienhäuser (als freistehende Einfamilienhäuser ohne Hauptwohnsitz) gemeint: Die Problematik besteht darin, daß die Eigentümer überwiegend ihre Lebensmittel mitbringen und nur wenig Geld vor Ort ausgeben, daß aber der Gemeinde hohe Infrastrukturkosten entstehen (umfangreiche Wasser-, Elektrizitäts-, Straßenversorgung, Kanalisation), daß ein großer Teil der Gebäude privat genutzt wird und den größten Teil des Jahres leersteht und daß durch auswärtige und ausländische Eigentümer die Einheimischen Gefahr laufen, zur Minderheit zu werden. Eine zusätzliche Gefahr droht in Zeiten einer stärkeren Wirtschaftskrise: Wenn die Eigentümer von bisher privat genutzten Ferienwohnungen/-häusern ökonomisch gezwungen werden, sie zur Vermietung anzubieten (weil sie sie sich andernfalls nicht mehr leisten können), dann entsteht schnell ein Bettenüberangebot auf dem Markt, das zu einem Preisverfall und zu großen ökonomischen Problemen in der gesamten Tourismusbranche führen kann.

Die Boomphase der Zweitwohnungen lag in den 60er, 70er und 80er Jahren, v.a. in der CH, F und I. Seitdem gehen die Neubauzahlen zurück, auch weil viele Gemeinden erkannt haben, daß die ökonomischen Belastungen größer als die Gewinne sind, und deshalb teilweise keine neuen Flächen mehr ausweisen. Darüber hinaus gibt es alpenweit verschiedenste Versuche, diese Entwicklung mit Instrumenten der Steuerpolitik (Zweitwohnungssteuer) oder der Raumplanung (Erstwohnungsanteil: eine Mindestzahl von Wohnungen muß als Erst- oder Hauptwohnung genutzt werden) politisch zu steuern.

Zwergsträucher
Vegetationsform der unteren alpinen Höhenstufe (Alpenrosen, Heidelbeeren, Zwergwacholder u.ä.) mit kleinen Blättern und geringer Wuchshöhe (10–20 cm), die starken Wind, niedrige Temperaturen, lange Schneebedeckung und kurze Vegetationszeit aushalten.

zweiter Ordnung (Bundesländer, Kantone, Provinzen, départements) mit Alpenanteil nur zu 38 % in den A., zu 62 % außerhalb.

Diese Verteilung der politisch-administrativen Zentralen Orte unterstreicht die Situation, daß die A. trotz ihrer Größe und Bevölkerungszahl (die wesentlich größer als die vieler kleiner Staaten Europas ist) und trotz ihrer zentralen Lage mitten in Europa politisch eine Peripherie darstellen, über deren Geschichte und Zukunft in außerhalb der A. gelegenen Hauptstädten bestimmt wird.

Zollfreie Gebiete
Einige Gemeinden haben aufgrund ihrer Lage (schlechte Erreichbarkeit vom eigenen, gute vom benachbarten Staatsgebiet) einen besonderen Status als zollfreies Gebiet erhalten. Dies sind: Kleines Walsertal (Vorarlberg/A), Jungholz (Tirol/A), Samnaun (Graubünden/CH), Livigno (Lombardei/I) und Campione am Luganer See (I). Alle Gemeinden haben nach 1955 einen besonders starken Wirtschaftsaufschwung in wenig nachhaltigen Strukturen erlebt, weil die Zollprivilegien jetzt v.a. durch Aufenthalts- und Ausflugstouristen genutzt wurden. Inzwischen steht im Rahmen des europ. Binnenmarktes die Aufhebung dieser Privilegien zur Diskussion.

ZRW Zentralstelle für Regionale Wirtschaftsförderung
Für Berggebietspolitik zuständige staatliche Organisation im Bundesamt für Industrie, Gewerbe und Arbeit/BIGA (Bern) in der Schweiz. Da in der Schweiz die Regionalpolitik bislang auf die Berggebiete begrenzt war (es gibt keine flächendeckende Regionalpolitik), waren Regional- und Berggebietspolitik bislang identisch. Mit der Neuorientierung der Regionalpolitik 1996 werden jetzt erstmalig auch einige ländliche Regionen außerhalb der Berggebiete in die Regionalpolitik einbezogen. Seit Sommer 1996 hat die ZRW ihren Namen geändert und heißt jetzt „Abteilung Regionalpolitik der BIGA“.

Zwangskonservativismus
Volkskundliche Bezeichnung für eine Situation, in der traditionelle Strukturen und Verhaltensweisen nicht aus innerer Überzeugung, sondern aus ökonomischen und infrastrukturellen Zwängen aufrecht erhalten werden. Kommt dann der Straßenanschluß oder der touristische Nebenerwerb, werden die alten Dinge (Haus, Werkzeuge) sehr schnell und vollständig modernisiert.